公　　式

● **2 次行列●**　$A = \begin{bmatrix} a & b \\ c & d \end{bmatrix}$ に対して

- 行列式 $|A| = ad - bc$　トレース $\mathrm{tr}\, A = a + d$
- A が正則 $\Longleftrightarrow |A| \neq 0$　このとき $A^{-1} = \dfrac{1}{|A|}\begin{bmatrix} d & -b \\ -c & a \end{bmatrix}$
- ケーリー・ハミルトンの定理　$A^2 - (\mathrm{tr}\, A)A + |A|E = O$

● **平面のベクトル●**　$\boldsymbol{a} = (x_1, y_1),\ \boldsymbol{b} = (x_2, y_2)$ に対して

- 標準的な内積　$\boldsymbol{a} \cdot \boldsymbol{b} = x_1x_2 + y_1y_2 = |\boldsymbol{a}||\boldsymbol{b}|\cos\theta$　(θ は $\boldsymbol{a}$, $\boldsymbol{b}$ の交角)
- 大きさ　$|\boldsymbol{a}| = \sqrt{x_1^2 + y_1^2}$
- 交角　$\theta = \cos^{-1}\dfrac{\boldsymbol{a} \cdot \boldsymbol{b}}{|\boldsymbol{a}||\boldsymbol{b}|} = \cos^{-1}\dfrac{x_1x_2 + y_1y_2}{\sqrt{x_1^2 + y_1^2}\sqrt{x_2^2 + y_2^2}}$
- $\boldsymbol{a}$, $\boldsymbol{b}$ で定まる平行四辺形の面積

$$S = \sqrt{|\boldsymbol{a}|^2|\boldsymbol{b}|^2 - (\boldsymbol{a} \cdot \boldsymbol{b})^2} = |\boldsymbol{a}||\boldsymbol{b}|\sin\theta = \pm\begin{vmatrix} x_1 & y_1 \\ x_2 & y_2 \end{vmatrix} = \pm(x_1y_2 - x_2y_1)$$

● **空間のベクトル●**　$\boldsymbol{a} = (x_1, y_1, z_1), \boldsymbol{b} = (x_2, y_2, z_2), \boldsymbol{c} = (x_3, y_3, z_3)$ に対して

- 標準的な内積　$\boldsymbol{a} \cdot \boldsymbol{b} = x_1x_2 + y_1y_2 + z_1z_2 = |\boldsymbol{a}||\boldsymbol{b}|\cos\theta$　(θ は $\boldsymbol{a}$, $\boldsymbol{b}$ の交角)
- 大きさ　$|\boldsymbol{a}| = \sqrt{x_1^2 + y_1^2 + z_1^2}$
- 交角　$\theta = \cos^{-1}\dfrac{\boldsymbol{a} \cdot \boldsymbol{b}}{|\boldsymbol{a}||\boldsymbol{b}|} = \cos^{-1}\dfrac{x_1x_2 + y_1y_2 + z_1z_2}{\sqrt{x_1^2 + y_1^2 + z_1^2}\sqrt{x_2^2 + y_2^2 + z_2^2}}$
- 外積　$\boldsymbol{a} \times \boldsymbol{b} = (y_1z_2 - y_2z_1, z_1x_2 - z_2x_1, x_1y_2 - x_2y_1)$
- スカラー 3 重積　$(\boldsymbol{a}, \boldsymbol{b}, \boldsymbol{c}) = (\boldsymbol{a} \times \boldsymbol{b}) \cdot \boldsymbol{c} = \begin{vmatrix} x_1 & y_1 & z_1 \\ x_2 & y_2 & z_2 \\ x_3 & y_3 & z_3 \end{vmatrix}$
- ベクトル 3 重積　$[\boldsymbol{a}, \boldsymbol{b}, \boldsymbol{c}] = (\boldsymbol{a} \times \boldsymbol{b}) \times \boldsymbol{c} = (\boldsymbol{a} \cdot \boldsymbol{c})\boldsymbol{b} - (\boldsymbol{b} \cdot \boldsymbol{c})\boldsymbol{a}$
- $\boldsymbol{a}$, $\boldsymbol{b}$ で定まる平行四辺形の面積

$$S = \sqrt{|\boldsymbol{a}|^2|\boldsymbol{b}|^2 - (\boldsymbol{a} \cdot \boldsymbol{b})^2} = |\boldsymbol{a}||\boldsymbol{b}|\sin\theta = |\boldsymbol{a} \times \boldsymbol{b}|$$

$$= \sqrt{(y_1z_2 - y_2z_1)^2 + (z_1x_2 - z_2x_1)^2 + (x_1y_2 - x_2y_1)^2}$$

- $\boldsymbol{a}$, $\boldsymbol{b}$,$\boldsymbol{c}$ で定まる平行六面体の体積　$V = |(\boldsymbol{a}, \boldsymbol{b}, \boldsymbol{c})| = \pm\begin{vmatrix} x_1 & y_1 & z_1 \\ x_2 & y_2 & z_2 \\ x_3 & y_3 & z_3 \end{vmatrix}$

新・演習数学ライブラリ＝1

演習と応用
線形代数

寺田文行・木村宣昭 共著

サイエンス社

サイエンス社のホームページのご案内
http://www.saiensu.co.jp
ご意見・ご要望は　rikei@saiensu.co.jp　まで．

まえがき

本書の理念と目的

（i） **活用できる数学**　数学は科学の基礎として不可欠のものであります．しかしながら，その真の活用をはかるためには，単に理論を学ぶだけではなく，適当な具体例による反復履修が望まれます．演習書の重要な役割がここにあります．

（ii） **基礎を厳選**　真の活用をはかるのであれば，まず重要なことは内容の選択であります．それには，興味本位の特殊問題ではなく，真の応用に通じる基礎的なものの厳選ということが望まれます．演習書によっては，数学を専攻する者でも，生涯ほとんど必要としないテクニックを楽しむ問題を掲載しています．そのような特殊な問題を楽しむことの良さを否定はしませんが，一般の理工系の学生諸君は，まず将来の応用上の基礎となる数学を定着させて欲しいのです．本書のねらいはそこにあります．

（iii） **学期末の試験に向けて**　つぎは目標を目先に転じてみましょう．基礎数学の講義では，差し当たり応用上必要とする内容であることが多く，学期末の試験もそれに沿ったものでありましょう．そこで，（i），（ii）のような配慮の元で，内容のレベルを試験のレベルに置きました．すなわち，かつて著者ら自らが，また現在友人の教授達が期末試験で取り上げるような問題を標準に取り上げたわけです．演習書は学習に弾みをつけるものでありたいです．

（iv） **高校のカリキュラムに接続**　言うまでもなく，大学の理工系で一般に取り扱う数学は，高校の数学カリキュラムに接続したものでなくてはなりません．しかし，講義内容に，ちょっとした気遣いを欠いたり，接続の仕方を誤ったりしますと，学生としては高校の数学と大学の数学に大変なギャップがあるものと錯覚して，学習の意欲を欠くこともあり得るのです．それを助けるのも演習書の役目です．

本書の利用について

線形代数は従来の理工系ばかりか，新分野の情報科学系，さらには経済学分野までの広範囲の基礎となるものです．しかし実際の講義では，時として，やや抽象的な扱いに偏ることもあります．たとえば“1 次独立”とか“次元”とか分かりにくい概念に出会うこともあるでしょう．そんなときに，もっと具体的に分かりやすいコーチ・役に立つまとめ・問題解決法などを希望することもあることでしょう．そのようなときには，本書を頼りにして下さい．

また大学生諸君のなかには，高校数学の全課程を履修しないままに理工系の進学をしている場合もあります．また大学入試で要求されない範囲は学習も薄くなり，大学に進学してはじめて「コマッタ」と言っている方もあるでしょう．本書はそのような高校数学との接続を十分に考慮しています．

君は理工系の大学生です．情報化の時代とはいえ，数学を見て学ぶだけでは役に立つ力は育ちません．例題の後に続く問題は，必ず自分で解決して，内容を納得するようにして下さい．それが君の専門分野において，数学が役に立つようになるただ一つの方法です．

最後に，本書の作成に当たり，終始ご尽力いただいた編集部の田島伸彦氏と伊崎修通氏に心からの感謝を捧げます．

寺田　文行
木村　宣昭

目　次

1 行　　列

行列における種々の概念や演算に慣れることは、線形代数の学習に必須の条件である．行列の性質は成分までかかわってくる行列特有のものと，行列全体のつくる集合の抽象的な代数構造としての性質のものにわけられよう．

1.1 行列の定義

• $m \times n$ (型の) 行列，(m, n) 行列，m 行 n 列の行列 •　mn 個の数 a_{ij} $(i = 1, 2, \ldots, m;\ j = 1, 2, \ldots, n)$ を長方形状に配置したもの：

$$A = \begin{bmatrix} a_{11} & a_{12} & \ldots & a_{1j} & \ldots & a_{1n} \\ a_{21} & a_{22} & \ldots & a_{2j} & \ldots & a_{2n} \\ \vdots & \vdots & & \vdots & & \vdots \\ a_{i1} & a_{i2} & \ldots & a_{ij} & \ldots & a_{in} \\ \vdots & \vdots & & \vdots & & \vdots \\ a_{m1} & a_{m2} & \ldots & a_{mj} & \ldots & a_{mn} \end{bmatrix} \begin{matrix} \leftarrow (\text{第 } 1 \text{ 行}) \\ \leftarrow (\text{第 } 2 \text{ 行}) \\ \\ \leftarrow (\text{第 } i \text{ 行}) \\ \\ \leftarrow (\text{第 } m \text{ 行}) \end{matrix} = [a_{ij}]$$

(第 1 列)　(第 2 列)　(第 j 列)　(第 n 列)

行　行列の横の並びで，上から第 1 行，第 2 行，…，第 m 行という．

列　行列の縦の並びで，左から第 1 列，第 2 列，…，第 n 列という．

(i, j) 成分，i 行 j 列の成分　第 i 行と第 j 列の交差点にある数 a_{ij}

実行列　成分がすべて実数の行列

(n 次) 正方行列　行の個数と列の個数が等しい行列．$n \times n$ 行列

対角成分　正方行列の左上から右下にかけての対角線上の成分 $a_{11}, a_{22}, \ldots, a_{nn}$

n 次行ベクトル　$1 \times n$ 行列

m 次列ベクトル　$m \times 1$ 行列

スカラー　行列の成分に掛けることができる数 (実数または複素数)

注意　1 次の正方行列 $[a]$ は数 a とみなし，[ ] を省略する．

● 行列の演算 ●　($A=[a_{ij}]$, $B=[b_{ij}]$ とする)

行列の相等　$A=B \overset{\text{定義}}{\Longleftrightarrow} \begin{cases} (1) & A, B \text{ はともに } m\times n \text{ 行列} \\ (2) & mn \text{ 個の対応する } (i,j) \text{ 成分がそれぞれ等しい：} \end{cases}$

$$a_{11}=b_{11},\quad a_{12}=b_{12},\quad \ldots,\quad a_{mn}=b_{mn}$$

行列の和，差　行列 A, B がともに $m\times n$ 行列のとき，

$$A\pm B \overset{\text{定義}}{=} [a_{ij}\pm b_{ij}]$$ (複号同順)　(対応する成分ごとの和，差をつくる)

行列のスカラー倍　行列 A，スカラー λ に対し，

$$\lambda A \overset{\text{定義}}{=} [\lambda a_{ij}]$$ (A のすべての成分を λ 倍する)

$(-1)A$ を $-A$ と書く.

行列の積　A の列の個数と B の行の個数が等しいとき，

$$AB \overset{\text{定義}}{=} [c_{ij}],\quad c_{ij}=\sum_{k=1}^{n} a_{ik}b_{kj} \qquad [a_{i1}\ a_{i2}\ldots a_{in}]\begin{bmatrix} b_{1j} \\ b_{2j} \\ \vdots \\ b_{nj} \end{bmatrix}$$

$$B=\begin{bmatrix} b_{11} & \cdots & b_{1j} & \cdots & b_{1l} \\ b_{21} & \cdots & b_{2j} & \cdots & b_{2l} \\ \vdots & & \vdots & & \vdots \\ b_{n1} & \cdots & b_{nj} & \cdots & b_{nl} \end{bmatrix}$$

$$A=\begin{bmatrix} a_{11} & a_{12} & \cdots & a_{1n} \\ \vdots & \vdots & & \vdots \\ a_{i1} & a_{i2} & \cdots & a_{in} \\ \vdots & \vdots & & \vdots \\ a_{m1} & a_{m2} & \cdots & a_{mn} \end{bmatrix}\begin{bmatrix} c_{11} & & \vdots & & c_{1l} \\ & & & & \\ \cdots & \cdots & c_{ij} & & \\ & & & & \\ c_{m1} & & & & c_{ml} \end{bmatrix}=AB$$

注意　同じ型でなければ等しくないし，和と差も考えない.

注意　A が $m\times n$ 行列，B が $n\times l$ 行列ならば AB は $m\times l$ 行列である.

注意　一般に $AB=BA$ は成立しない．$AB=BA$ ならば，A, B はともに同じ型の正方行列であって，A, B は**可換**であるといわれる.

例題 1 **行列の和，積**

$A = \begin{bmatrix} -1 & 3 \\ 1 & 5 \\ 3 & -2 \end{bmatrix}$ のとき，つぎの行列の中で $A+B$ が定義されるものと，AB が定義されるものをえらび，各々の場合に計算せよ．B として，

$$B_1 = \begin{bmatrix} 2 & 1 \\ -3 & 4 \end{bmatrix}, \quad B_2 = \begin{bmatrix} 2 & -3 \\ -4 & 1 \\ 5 & 1 \end{bmatrix}, \quad B_3 = \begin{bmatrix} 3 & 2 & -4 \\ -4 & 1 & 3 \end{bmatrix}$$

$$B_4 = \begin{bmatrix} 1 \\ 2 \\ -1 \end{bmatrix}, \quad B_5 = [4 \; -1 \quad 3], \quad B_6 = \begin{bmatrix} 2 \\ 1 \end{bmatrix}$$

解答 和が定義できるのは，A と同じ 3×2 行列だから B_2 だけである．

$$A + B_2 = \begin{bmatrix} -1 & 3 \\ 1 & 5 \\ 3 & -2 \end{bmatrix} + \begin{bmatrix} 2 & -3 \\ -4 & 1 \\ 5 & 1 \end{bmatrix} = \begin{bmatrix} -1+2 & 3+(-3) \\ 1-4 & 5+1 \\ 3+5 & -2+1 \end{bmatrix} = \begin{bmatrix} 1 & 0 \\ -3 & 6 \\ 8 & -1 \end{bmatrix}$$

積 AB が定義できるのは(A の列の個数)=(B の行の個数)のときだから，2×2 行列 B_1，2×3 行列 B_3，2×1 行列 B_6 である．

$$AB_1 = \begin{bmatrix} -1 & 3 \\ 1 & 5 \\ 3 & -2 \end{bmatrix} \begin{bmatrix} 2 & 1 \\ -3 & 4 \end{bmatrix} = \begin{bmatrix} -1\times2+3\times(-3) & -1\times1+3\times4 \\ 1\times2+5\times(-3) & 1\times1+5\times4 \\ 3\times2+(-2)\times(-3) & 3\times1+(-2)\times4 \end{bmatrix}$$

$$= \begin{bmatrix} -11 & 11 \\ -13 & 21 \\ 12 & -5 \end{bmatrix} \quad (3\times2 \text{ 行列})$$

$$AB_3 = \begin{bmatrix} -1 & 3 \\ 1 & 5 \\ 3 & -2 \end{bmatrix} \begin{bmatrix} 3 & 2 & -4 \\ -4 & 1 & 3 \end{bmatrix} = \begin{bmatrix} -15 & 1 & 13 \\ -17 & 7 & 11 \\ 17 & 4 & -18 \end{bmatrix} \quad (3\times3 \text{ 行列})$$

$$AB_6 = \begin{bmatrix} -1 & 3 \\ 1 & 5 \\ 3 & -2 \end{bmatrix} \begin{bmatrix} 2 \\ 1 \end{bmatrix} = \begin{bmatrix} 1 \\ 7 \\ 4 \end{bmatrix} \quad (3\times1 \text{ 行列})$$

問 題

1.1 $A = \begin{bmatrix} 2 & 3 & 1 \\ 1 & 1 & 2 \\ 1 & 1 & 1 \end{bmatrix}$, $B = \begin{bmatrix} x & -2 & 5 \\ 1 & 1 & -3 \\ 0 & 1 & y \end{bmatrix}$ が $AB = BA$ をみたすとき，x, y を求めよ．

1.2 $A = \begin{bmatrix} 4 & 1 \\ -1 & 5 \\ 2 & 3 \end{bmatrix}$, $B = \begin{bmatrix} 2 & 1 \\ -3 & 4 \end{bmatrix}$ のとき AB, BA を計算せよ．

1.2 演算の法則

● 演算の法則 ●

和についての法則 (A, B, C は $m\times n$ 行列)

(1) $A+B=B+A$ (交換法則)

(2) $(A+B)+C=A+(B+C)$ (結合法則)

(3) 零行列 O: mn 個のすべての成分が 0. $A+O=O+A=A$

(4) $A+X=X+A=O$ をみたす行列 X が存在する：$X=-A=(-1)A$

スカラー倍についての法則 (A, B は $m\times n$ 行列, λ, μ はスカラー)

(5) $(\lambda\mu)A=\lambda(\mu A)$, $1A=A$ (結合法則, 1 の作用)

(6) $(\lambda+\mu)A=\lambda A+\mu A$ (分配法則)

(7) $\lambda(A+B)=\lambda A+\lambda B$ (分配法則)

積についての法則 それぞれの演算が行えるとき,

(8) $(AB)C=A(BC)$ (結合法則)

(9) $A(B+C)=AB+AC$, $(A+B)C=AC+BC$ (分配法則)

(10) $\lambda(AB)=(\lambda A)B=A(\lambda B)$ (結合法則)

(11) **n 次の単位行列** E: 対角成分がすべて 1, 他の成分がすべて 0 である n 次正方行列：

$$E=[\delta_{ij}] \quad \delta_{ij}=\begin{cases}1 & (i=j\text{ のとき})\\ 0 & (i\neq j\text{ のとき})\end{cases}$$ (クロネッカーの $\boldsymbol{\delta}$ 記号)

このとき, $AE=A$, $EA=A$.

とくに $n=2,3$ のときは $E=\begin{bmatrix}1&0\\0&1\end{bmatrix}$, $E=\begin{bmatrix}1&0&0\\0&1&0\\0&0&1\end{bmatrix}$ である.

● 転置行列 ● $m\times n$ 行列 $A=[a_{ij}]$ の行と列を入れかえて得られる行列 ${}^tA$:

$${}^tA=[b_{ji}] \quad \text{とおくと} \quad b_{ji}=a_{ij} \quad (i=1,2,\ldots,m;\ j=1,2,\ldots,n)$$

転置行列の性質

(1) ${}^t({}^tA)=A$ (2) ${}^t(A+B)={}^tA+{}^tB$

(3) ${}^t(\lambda A)=\lambda\,{}^tA$ (4) ${}^t(AB)={}^tB\,{}^tA$ (順序に注意)

注意 A が $m\times n$ 行列ならば ${}^tA$ は $n\times m$ 行列. A と ${}^tA$ は, 互いに a_{11}, a_{22}, ... を対称軸にして折り返したものである.

例題 2　　行列算

$A=\begin{bmatrix}-2&1\\3&2\\1&0\end{bmatrix}$，　$B=\begin{bmatrix}3&-1\\1&-1\\0&2\end{bmatrix}$ のとき，$\begin{cases}X-2Y=A\\X-3Y=B\end{cases}$ となる行列 X, Y を求めよ．

解答　$\begin{cases}X-2Y=A & ①\\X-3Y=B & ②\end{cases}$

とおくと①－②から　$Y=A-B$．①×3－②×2 から　$X=3A-2B$．
よって

$$X=3\begin{bmatrix}-2&1\\3&2\\1&0\end{bmatrix}-2\begin{bmatrix}3&-1\\1&-1\\0&2\end{bmatrix}=\begin{bmatrix}-12&5\\7&8\\3&-4\end{bmatrix}$$

$$Y=\begin{bmatrix}-2&1\\3&2\\1&0\end{bmatrix}-\begin{bmatrix}3&-1\\1&-1\\0&2\end{bmatrix}=\begin{bmatrix}-5&2\\2&3\\1&-2\end{bmatrix}$$

問　題

2.1　$A=\begin{bmatrix}1&-2&3\\2&1&-4\end{bmatrix}$, $B=\begin{bmatrix}-1&0&1\\5&1&0\end{bmatrix}$, $C=\begin{bmatrix}-4&5&2\\1&6&-3\end{bmatrix}$ のとき，つぎの計算をせよ．

（a）$2(C+2A)-3(2C-B)$　　（b）${}^tAB+{}^t({}^tBC)$

2.2　$A=\begin{bmatrix}1&2\\3&4\end{bmatrix}$, $B=\begin{bmatrix}1&-2\\0&4\end{bmatrix}$ のとき，$\begin{cases}7X-2Y=9A\\4X-Y=6B\end{cases}$ をみたす行列 X, Y を求めよ．

2.3　つぎをみたす行列 X を求めよ．

（a）$2X-\begin{bmatrix}3\\-1\end{bmatrix}=\begin{bmatrix}5\\4\end{bmatrix}$　　（b）$3\begin{bmatrix}3&1\\-1&4\\4&-5\end{bmatrix}-X=\begin{bmatrix}2&-3\\-3&2\\1&-1\end{bmatrix}$

（c）$A=\begin{bmatrix}2&-1&3\\1&1&5\\-2&3&-2\end{bmatrix}$, $B=\begin{bmatrix}-3&6&-1\\-4&-1&3\\5&-4&1\end{bmatrix}$ のとき，$2(A+X)=3(X-B)$

2.4　(k,l) 成分が 1 で他の成分がすべて 0 である $m\times n$ 行列を E_{kl} で表わし，**行列単位**という．$\begin{bmatrix}-4&-1&4\\1&0&7\end{bmatrix}$ を $E_{kl}\,(k=1,2;\ l=1,2,3)$ で表わせ．

1.3 正方行列

● 正方行列 (A, B は n 次正方行列) ●

正方行列の性質　和・差 $A \pm B$, スカラー倍 λA, 積 AB, 転置行列 ${}^tA$ は n 次正方行列

指数の定義　正方行列 A に対し，$A^0 \overset{\text{定義}}{=} E$, $A^r \overset{\text{定義}}{=} AA\cdots A$ (A の r 個の積)

負でない整数 r, s に対し，指数法則が成り立つ：

$$A^rA^s = A^sA^r = A^{r+s}, \quad (A^r)^s = (A^s)^r = A^{rs}, \quad A = \begin{bmatrix} a_{11} & a_{12} & \ldots & a_{1n} \\ a_{21} & a_{22} & \ldots & a_{2n} \\ \vdots & \vdots & \ddots & \vdots \\ a_{n1} & a_{n2} & \ldots & a_{nn} \end{bmatrix}$$

トレース　$\operatorname{tr} A = \sum_{i=1}^{n} a_{ii} = a_{11} + a_{22} + \ldots + a_{nn}$　(対角成分の和)

トレースの性質　(1)　$\operatorname{tr}(A \pm B) = \operatorname{tr}A \pm \operatorname{tr}B$　　(2)　$\operatorname{tr}(\lambda A) = \lambda \operatorname{tr}A$

(3)　$\operatorname{tr}(AB) = \operatorname{tr}(BA)$　　(4)　$\operatorname{tr}({}^tA) = \operatorname{tr}A$

正方行列の演算での注意

積は非可換　積の交換法則は一般には成り立たない．したがって普通の文字式における展開・因数分解の公式は一般には用いることができない．ただし，A と B が可換ならば，つぎが成り立つ：

$$(AB)^m = A^mB^m, \qquad (A+B)^m = \sum_{k=0}^{m} {}_m\mathrm{C}_k A^{m-k}B^k$$

ここに，${}_m\mathrm{C}_k = \dfrac{m(m-1)\ldots(m-k+1)}{k!} = \dfrac{m!}{(m-k)!k!}$ は 2 項係数

零因子の存在　$A \neq O$, $B \neq O$ でかつ $AB = O$ となる A, B を**零因子**という．したがって，$AB = O$ から $A = O$ または $B = O$ を結論できない．

● いろいろな正方行列 ●

単位行列　対角成分がすべて 1 で，他の成分がすべて 0：E

スカラー行列　対角成分がすべて同じで，他の成分がすべて 0：aE

対角行列　対角成分以外の成分がすべて 0

三角行列
- **上三角行列**　対角成分より下にある成分がすべて 0
- **下三角行列**　対角成分より上にある成分がすべて 0

対称行列　${}^tA = A$ すなわち $a_{ij} = a_{ji}$

交代行列　${}^tA = -A$ すなわち $a_{ij} = -a_{ji}$

べき等行列　$A^2 = A$ をみたす行列

べき零行列　$A^k = O$ となる自然数 k が存在するような行列

注意　対称行列は対角成分に関して対称である．また，交代行列の対角成分はすべて 0.

例題 3 行列のべき

$A=\begin{bmatrix}2&4&-3\\1&3&-2\\3&7&-5\end{bmatrix}$ とするとき，A^2, A^3 を求めよ．

解答

$$A^2=AA=\begin{bmatrix}2&4&-3\\1&3&-2\\3&7&-5\end{bmatrix}\begin{bmatrix}2&4&-3\\1&3&-2\\3&7&-5\end{bmatrix}=\begin{bmatrix}-1&-1&1\\-1&-1&1\\-2&-2&2\end{bmatrix}$$

$$A^3=A^2A=\begin{bmatrix}-1&-1&1\\-1&-1&1\\-2&-2&2\end{bmatrix}\begin{bmatrix}2&4&-3\\1&3&-2\\3&7&-5\end{bmatrix}=\begin{bmatrix}0&0&0\\0&0&0\\0&0&0\end{bmatrix}=O \quad (A\text{ はべき零である})$$

問　題

3.1 つぎの行列 A の A^2 を求めよ．またべき零，べき等であるものを指摘せよ．(→ 問題 7.1 (a), (b))

(a) $\begin{bmatrix}2&5\\1&-2\end{bmatrix}$ (b) $\begin{bmatrix}1&-1\\1&-1\end{bmatrix}$ (c) $\begin{bmatrix}-2&-6\\1&3\end{bmatrix}$ (d) $\begin{bmatrix}-1&3\\0&1\end{bmatrix}$

3.2 つぎの行列 A の A^2, A^3 を求めよ．

(a) $\begin{bmatrix}0&1&2\\0&0&3\\0&0&0\end{bmatrix}$ (b) $\begin{bmatrix}3&2&-2\\4&5&-4\\7&7&-6\end{bmatrix}$ (c) $\begin{bmatrix}5&-2&-2\\6&-2&-3\\8&-3&-3\end{bmatrix}$

(d) $\begin{bmatrix}1&-6&4\\-1&4&-2\\-2&9&-5\end{bmatrix}$ (e) $\begin{bmatrix}0&-3&-1\\-1&1&0\\4&-7&-1\end{bmatrix}$ (f) $\begin{bmatrix}1&-2&6\\3&-4&9\\1&-1&2\end{bmatrix}$

3.3 つぎの行列のべき（n 乗）を求めよ．

(a) $\begin{bmatrix}a&0\\0&b\end{bmatrix}$ (b) $\begin{bmatrix}a&1\\0&a\end{bmatrix}$ (c) $\begin{bmatrix}1&a\\0&1\end{bmatrix}$ (d) $\begin{bmatrix}a&b\\0&a\end{bmatrix}$

(e) $\begin{bmatrix}0&1&0\\0&0&1\\0&0&0\end{bmatrix}$ (f) $\begin{bmatrix}a&0&0\\0&b&0\\0&0&c\end{bmatrix}$ (g) $\begin{bmatrix}a&1&0\\0&a&1\\0&0&a\end{bmatrix}$

3.4 $A=\begin{bmatrix}2&1&3\\1&-1&2\\1&2&1\end{bmatrix}$, $B=\begin{bmatrix}1&2&1\\-1&3&2\\1&4&-1\end{bmatrix}$ のとき $AB\neq BA$, $(AB)^2\neq A^2B^2$, $\mathrm{tr}\,(AB)=\mathrm{tr}\,(BA)$ を示せ．

3.5 トレースを考えて $AB-BA=E$ となる n 次正方行列 A, B は存在しないことを示せ．

例題 4 **行列のみたす代数方程式**

$A = \begin{bmatrix} 1 & 2 & 0 \\ -2 & -3 & 4 \\ 1 & 0 & 2 \end{bmatrix}$ のとき,

(1) $A^3 - 3A - 10E = O$ を示せ.

(2) A^6 を求めよ.

解答 (1) $A^3 = A^2 A = \begin{bmatrix} -3 & -4 & 8 \\ 8 & 5 & -4 \\ 3 & 2 & 4 \end{bmatrix} \begin{bmatrix} 1 & 2 & 0 \\ -2 & -3 & 4 \\ 1 & 0 & 2 \end{bmatrix} = \begin{bmatrix} 13 & 6 & 0 \\ -6 & 1 & 12 \\ 3 & 0 & 16 \end{bmatrix}$

だから

$$A^3 - 3A - 10E = \begin{bmatrix} 13 & 6 & 0 \\ -6 & 1 & 12 \\ 3 & 0 & 16 \end{bmatrix} - \begin{bmatrix} 3 & 6 & 0 \\ -6 & -9 & 12 \\ 3 & 0 & 6 \end{bmatrix} - \begin{bmatrix} 10 & 0 & 0 \\ 0 & 10 & 0 \\ 0 & 0 & 10 \end{bmatrix} = O$$

(2) x^6 を $x^3 - 3x - 10$ で割ると

$$x^6 = (x^3 + 3x - 10)(x^3 - 3x - 10) + 9x^2 + 60x + 100$$

だから

$$\begin{aligned} A^6 &= (A^3 + 3A + 10E)(A^3 - 3A - 10E) + 9A^2 + 60A + 100E \\ &= 9A^2 + 60A + 100E \\ &= 9\begin{bmatrix} -3 & -4 & 8 \\ 8 & 5 & -4 \\ 3 & 2 & 4 \end{bmatrix} + 60\begin{bmatrix} 1 & 2 & 0 \\ -2 & -3 & 4 \\ 1 & 0 & 2 \end{bmatrix} + 100\begin{bmatrix} 1 & 0 & 0 \\ 0 & 1 & 0 \\ 0 & 0 & 1 \end{bmatrix} \\ &= \begin{bmatrix} 133 & 84 & 72 \\ -48 & -35 & 204 \\ 87 & 18 & 256 \end{bmatrix} \end{aligned}$$

注意 多項式 $f(x) = a_k x^k + a_{k-1}x^{k-1} + \cdots + a_1 x + a_0$ に対し, $f(A) \overset{\text{定義}}{=} a_k A^k + a_{k-1}A^{k-1} + \cdots + a_1 A + a_0 E$ と定める. また, $f(x) = q(x)g(x) + r(x)$ ならば, $f(A) = q(A)g(A) + r(A)$ である. 定数項に単位行列がつくことに注意.

問 題

4.1 $A = \begin{bmatrix} a & b \\ c & d \end{bmatrix}$ は, $A^2 - (a+d)A + (ad - bc)\,E = O$ をみたすことを示せ.

4.2 $A = \begin{bmatrix} 1 & 2 & 2 \\ 2 & 1 & 2 \\ 2 & 2 & 1 \end{bmatrix}$ のとき, $A^2 - 4A - 5\,E = O$ を示せ. また, A^5 を求めよ.

例題 5 **対称行列，交代行列**

(a) 任意の正方行列 A に対して，つぎの(i)，(ii)を示せ．

(i) $A+{}^tA$ は対称行列，$A-{}^tA$ は交代行列である．

(ii) A は対称行列と交代行列の和として表される．

(b) $A=\begin{bmatrix} 0 & 4 & -1 \\ -2 & -3 & -4 \\ 5 & 0 & 2 \end{bmatrix}$ を対称行列と交代行列の和として表せ．

解答 (a) (i) ${}^t(A+{}^tA)={}^tA+{}^t({}^tA)={}^tA+A=A+{}^tA$．よって，$A+{}^tA$ は対称行列．${}^t(A-{}^tA)={}^tA-{}^t({}^tA)={}^tA-A=-(A-{}^tA)$．よって，$A-{}^tA$ は交代行列．

(ii) $A=\dfrac{1}{2}(A+{}^tA)+\dfrac{1}{2}(A-{}^tA)$ で $\dfrac{1}{2}(A+{}^tA)$ は対称行列，$\dfrac{1}{2}(A-{}^tA)$ は交代行列．

(b) (ii)を利用する．

$$\frac{1}{2}(A+{}^tA)=\frac{1}{2}\left(\begin{bmatrix} 0 & 4 & -1 \\ -2 & -3 & -4 \\ 5 & 0 & 2 \end{bmatrix}+\begin{bmatrix} 0 & -2 & 5 \\ 4 & -3 & 0 \\ -1 & -4 & 2 \end{bmatrix}\right)=\begin{bmatrix} 0 & 1 & 2 \\ 1 & -3 & -2 \\ 2 & -2 & 2 \end{bmatrix}$$

$$\frac{1}{2}(A-{}^tA)=\frac{1}{2}\left(\begin{bmatrix} 0 & 4 & -1 \\ -2 & -3 & -4 \\ 5 & 0 & 2 \end{bmatrix}-\begin{bmatrix} 0 & -2 & 5 \\ 4 & -3 & 0 \\ -1 & -4 & 2 \end{bmatrix}\right)=\begin{bmatrix} 0 & 3 & -3 \\ -3 & 0 & 2 \\ 3 & 2 & 0 \end{bmatrix}$$

よって，$A=\begin{bmatrix} 0 & 1 & 2 \\ 1 & -3 & -2 \\ 2 & -2 & 2 \end{bmatrix}+\begin{bmatrix} 0 & 3 & -3 \\ -3 & 0 & -2 \\ 3 & 2 & 0 \end{bmatrix}$

問　題

5.1 $A=\begin{bmatrix} x & a & 4 \\ 5 & y & c \\ b & -1 & z \end{bmatrix}$ において，つぎの場合，a, b, c, x, y, z を求めよ．

(a) A が対称行列のとき　(b) A が交代行列のとき

5.2 $A=\begin{bmatrix} 3 & 4 & 1 \\ -2 & 3 & -4 \\ -1 & 0 & 5 \end{bmatrix}$ を対称行列と交代行列の和として表せ．

5.3 A, B を n 次対称 (交代) 行列とすると，$A\pm B$ も対称 (交代) 行列であることを示せ．

5.4 任意の行列 A に対し，$A{}^tA$ は対称行列であることを示せ．

5.5 A が対称行列でも交代行列でもあると $A=O$ であることを示せ．

5.6 A を対称行列と交代行列の和として表す仕方はただ 1 通りしかないことを示せ．

例題 6 **可換な行列**

$\begin{bmatrix} 0 & -1 \\ 1 & 0 \end{bmatrix}$ と可換な 2 次の正方行列を求めよ．また，それらは互いに可換であることを示せ．

解答 $\begin{bmatrix} 0 & -1 \\ 1 & 0 \end{bmatrix}\begin{bmatrix} a & b \\ c & d \end{bmatrix} = \begin{bmatrix} a & b \\ c & d \end{bmatrix}\begin{bmatrix} 0 & -1 \\ 1 & 0 \end{bmatrix}$ とすると，

$$-c = b \qquad -d = -a$$
$$a = d \qquad b = -c$$

よって，求める行列の形は，$\begin{bmatrix} a & b \\ -b & a \end{bmatrix}$ （a, b は任意である）．

また，

$$\begin{bmatrix} a & b \\ -b & a \end{bmatrix}\begin{bmatrix} c & d \\ -d & c \end{bmatrix} = \begin{bmatrix} ac-bd & ad+bc \\ -bc-ad & -bd+ac \end{bmatrix}$$

$$\begin{bmatrix} c & d \\ -d & c \end{bmatrix}\begin{bmatrix} a & b \\ -b & a \end{bmatrix} = \begin{bmatrix} ac-bd & ad+bc \\ -bc-ad & -bd+ac \end{bmatrix}$$

で両者は等しい．

問　題

6.1 つぎの行列と可換な 2 次の正方行列を求めよ．

(a) $\begin{bmatrix} 0 & 1 \\ 0 & 0 \end{bmatrix}$　(b) $\begin{bmatrix} 0 & -1 \\ -1 & 0 \end{bmatrix}$　(c) $\begin{bmatrix} 1 & -1 \\ 1 & 1 \end{bmatrix}$　(d) $\begin{bmatrix} 1 & 2 \\ 2 & 1 \end{bmatrix}$

6.2 つぎの行列と可換な 3 次の正方行列を求めよ．

(a) $\begin{bmatrix} 0 & 0 & 0 \\ 1 & 0 & 0 \\ 0 & 0 & 0 \end{bmatrix}$　(b) $\begin{bmatrix} 0 & 1 & 0 \\ 0 & 0 & 1 \\ 0 & 0 & 0 \end{bmatrix}$　(c) $\begin{bmatrix} \lambda & 1 & 0 \\ 0 & \lambda & 1 \\ 0 & 0 & \lambda \end{bmatrix}$

6.3 2 次の正方行列 A が，任意の 2 次の正方行列 X と可換なとき，A はどんな形の行列か．またこれを 3 次正方行列の場合に一般化せよ．

6.4 つぎの形の行列は積について**閉じている**こと（積が同じ形の行列であること）を示せ．

(a) $\begin{bmatrix} a & b \\ -b & a \end{bmatrix}$　(b) $\begin{bmatrix} a & b \\ 2b & a \end{bmatrix}$　(c) $\begin{bmatrix} a & b & c \\ 0 & a+b & 0 \\ c & -c & a \end{bmatrix}$

(d) 対角行列

例題 7 **行列の平方**

$A^2 = \begin{bmatrix} 0 & -1 \\ 1 & 0 \end{bmatrix}$ となる成分が実数の 2 次正方行列 A を求めよ．

解答 $A = \begin{bmatrix} x & y \\ z & u \end{bmatrix}$ とおくと，$A^2 = \begin{bmatrix} x^2+yz & (x+u)y \\ (x+u)z & yz+u^2 \end{bmatrix}$

$$x^2+yz=0 \quad \cdots① \qquad (x+u)y=-1 \quad \cdots②$$
$$(x+u)z=1 \quad \cdots③ \qquad yz+u^2=0 \quad \cdots④$$

①−④から $(x+u)(x-u)=0$．②から $x+u \neq 0$ よって，

$$x = u \cdots ⑤$$

また，②＋③から，

$$(x+u)(z+y)=0 \qquad \therefore \quad y=-z$$

これを①へ代入して，$(x+z)(x-z)=0$．もし $z=-x$ とすると③，⑤から $2x^2=-1$ だから不適．よって $z=x$．このとき③，⑤から，$x^2=\dfrac{1}{2}$．よって，$x=\pm\dfrac{1}{\sqrt{2}}$，$y=\mp\dfrac{1}{\sqrt{2}}$，$z=\pm\dfrac{1}{\sqrt{2}}$，$u=\pm\dfrac{1}{\sqrt{2}}$ (複号同順) を得るから，

$$A = \pm\frac{1}{\sqrt{2}}\begin{bmatrix} 1 & -1 \\ 1 & 1 \end{bmatrix}$$

問 題

7.1 つぎをみたす 2 次の正方行列 A をそれぞれ求めよ．

(a) $A^2 = A$ (べき等)　(b) $A^2 = O$ (べき零)　(c) $A^2 = E$ (対合)

(d) $A{}^tA = {}^tAA$　(e) $A\,{}^tA = O$　(f) $A^2 + A + E = O$

(g) $\begin{bmatrix} 1 & 2 \\ 2 & 4 \end{bmatrix} A = O$　(h) $\begin{bmatrix} 3 & -5 \\ -2 & 3 \end{bmatrix} A = \begin{bmatrix} -1 & 0 \\ 0 & 1 \end{bmatrix}$

7.2 つぎをみたす 2 次の正方行列 A は存在しないことを示せ．

(a) $\begin{bmatrix} 1 & 1 \\ 0 & 0 \end{bmatrix} A = E$　(b) $\begin{bmatrix} 1 & -2 \\ -2 & 4 \end{bmatrix} A = E$　(c) $A^2 = \begin{bmatrix} 0 & 1 \\ 1 & 0 \end{bmatrix}$

1.4　正則行列，行列のブロック分割

● 正則行列，逆行列 ●

逆行列 A^{-1}　正方行列 A に対して $AX = XA = E$ となる正方行列 X を $X = A^{-1}$ とかき A の**逆行列**という．

正則行列　逆行列をもつ正方行列を**正則行列**という．

正則行列の性質　(A, B を正則行列とする)

（1）積 AB は正則行列で，$(AB)^{-1} = B^{-1}A^{-1}$　(順序に注意)

（2）単位行列は正則で，$E^{-1} = E$

（3）逆行列 A^{-1} も正則で，$(A^{-1})^{-1} = A$

（4）A の転置行列 ${}^tA$ も正則で，$({}^tA)^{-1} = {}^t(A^{-1})$

2 次正則行列　2 次行列 $A = \begin{bmatrix} a & b \\ c & d \end{bmatrix}$ が正則行列 (逆行列をもつ)$\Longleftrightarrow ad - bc \neq 0$

このとき A の逆行列は $A^{-1} = \dfrac{1}{ad-bc}\begin{bmatrix} d & -b \\ -c & a \end{bmatrix}$

負のべきの定義　正則行列 A に対し，$A^{-k} \overset{\text{定義}}{=} (A^{-1})^k$　(k は正整数)．任意の整数 r,s について，指数法則が成り立つ：

$$A^rA^s = A^sA^r = A^{r+s},\quad (A^r)^s = (A^s)^r = A^{rs}$$

直交行列　$A{}^tA = {}^tAA = E$ をみたす実正方行列を**直交行列**という：$A^{-1} = {}^tA$

● 行列のブロック分割 ●　$m \times n$ 行列 A をつぎのように rs 個のブロックに分けること：

$$A = \begin{array}{c} \\ m_1 \\ m_2 \\ \\ m_r \end{array}\!\!\begin{array}{c} \begin{array}{cccc} n_1 & n_2 & & n_s \end{array} \\ \left[\begin{array}{c:c:c:c} A_{11} & A_{12} & \cdots & A_{1s} \\ \hdashline A_{21} & A_{22} & \cdots & A_{2s} \\ \hdashline \vdots & \vdots & & \vdots \\ \hdashline A_{r1} & A_{r2} & \cdots & A_{rs} \end{array}\right] \end{array} = \begin{bmatrix} A_{11} & A_{12} & & A_{1s} \\ A_{21} & A_{22} & & A_{2s} \\ \vdots & \vdots & & \vdots \\ A_{r1} & A_{r2} & & A_{rs} \end{bmatrix}$$

(ここに，A_{ij} は上から i 番目，左から j 番目にある $m_i \times n_j$ 型の**小行列**である．)

演算　ブロック分割された行列の和，スカラー倍および積は，各ブロックの小行列を成分とみなして演算が可能ならば，ブロックごとの演算を実行することができる．

例題 8　　**正則行列**

(a) $\begin{bmatrix} 1 & -3 \\ 2 & a \end{bmatrix}$ が正則行列で，$\begin{bmatrix} a+1 & 2 \\ 5 & a+4 \end{bmatrix}$ が正則行列でないように a を定めよ．

(b) $X = \begin{bmatrix} x_{11} & x_{12} & x_{13} \\ x_{21} & x_{22} & x_{23} \\ x_{31} & x_{32} & x_{33} \end{bmatrix}$ が，$A = \begin{bmatrix} 1 & -1 & 2 \\ 0 & 1 & 3 \\ 0 & 0 & 1 \end{bmatrix}$ に対して $AX = E$ をみたすように X を定め，つぎに，これが $XA = E$ をみたすことを確かめよ．

解答　(a) $\begin{bmatrix} 1 & -3 \\ 2 & a \end{bmatrix}$ が正則だから，$1 \times a - (-3) \times 2 = a + 6 \neq 0$. 一方 $\begin{bmatrix} a+1 & 2 \\ 5 & a+4 \end{bmatrix}$ が正則でないから，$(a+1)(a+4) - 2 \times 5 = (a-1)(a+6) = 0$.

$$\therefore \quad a = 1 \quad \text{または} \quad a = -6.$$

以上から $a = 1$.

(b)
$$AX = \begin{bmatrix} 1 & -1 & 2 \\ 0 & 1 & 3 \\ 0 & 0 & 1 \end{bmatrix} \begin{bmatrix} x_{11} & x_{12} & x_{13} \\ x_{21} & x_{22} & x_{23} \\ x_{31} & x_{32} & x_{33} \end{bmatrix}$$
$$= \begin{bmatrix} x_{11} - x_{21} + 2x_{31} & x_{12} - x_{22} + 2x_{32} & x_{13} - x_{23} + 2x_{33} \\ x_{21} + 3x_{31} & x_{22} + 3x_{32} & x_{23} + 3x_{33} \\ x_{31} & x_{32} & x_{33} \end{bmatrix}$$
$$= \begin{bmatrix} 1 & 0 & 0 \\ 0 & 1 & 0 \\ 0 & 0 & 1 \end{bmatrix}$$

$$\therefore \quad \begin{cases} x_{11} = 1, & x_{12} = 1, & x_{13} = -5 \\ x_{21} = 0, & x_{22} = 1, & x_{23} = -3 \\ x_{31} = 0, & x_{32} = 0, & x_{33} = 1 \end{cases} \qquad \therefore \quad X = \begin{bmatrix} 1 & 1 & -5 \\ 0 & 1 & -3 \\ 0 & 0 & 1 \end{bmatrix}$$

また，$XA = \begin{bmatrix} 1 & 1 & -5 \\ 0 & 1 & -3 \\ 0 & 0 & 1 \end{bmatrix} \begin{bmatrix} 1 & -1 & 2 \\ 0 & 1 & 3 \\ 0 & 0 & 1 \end{bmatrix} = \begin{bmatrix} 1 & 0 & 0 \\ 0 & 1 & 0 \\ 0 & 0 & 1 \end{bmatrix}$

問　題

8.1　$A = \begin{bmatrix} 2 & -3 \\ 4 & -5 \end{bmatrix}$ のとき，$A + 2A^{-1}$ を計算せよ．

8.2　$\begin{bmatrix} x-4 & 2 \\ 2 & x-1 \end{bmatrix}$ が正則，$\begin{bmatrix} x-5 & 5 \\ -3 & x+3 \end{bmatrix}$ が正則でないように x を定めよ．

例題 9 **行列の負のべき**

$A = \begin{bmatrix} 2 & -1 & 1 \\ -1 & 2 & -1 \\ 1 & -1 & 2 \end{bmatrix}$ のとき

(a) $A^2 - 5A + 4E = O$ を示せ.

(b) (a)を利用して, A^{-1}, A^{-2} を求めよ.

$A^2 - (a+b)A + abE = (A - aE)(A - bE) = (A - bE)(A - aE)$ である.

解答 (a)

$$A^2 - 5A + 4E = (A - E)(A - 4E) = \begin{bmatrix} 1 & -1 & 1 \\ -1 & 1 & -1 \\ 1 & -1 & 1 \end{bmatrix} \begin{bmatrix} -2 & -1 & 1 \\ -1 & -2 & -1 \\ 1 & -1 & -2 \end{bmatrix} = O$$

注意 もちろん直接確かめてもよい.

(b) A が正則, すなわち, 逆行列 A^{-1} が存在するならば, (a)において (左から) A^{-1} をかけて,

$$A^{-1}(A^2 - 5A + 4E) = O \qquad \therefore \quad A - 5E + 4A^{-1} = O$$

$$\therefore \quad A^{-1} = \frac{1}{4}(5E - A) \qquad \left(\text{実際 } A\frac{1}{4}(5E - A) = \frac{1}{4}(5E - A)A = E\right)$$

$$\therefore \quad A^{-1} = \frac{1}{4}\left(5\begin{bmatrix} 1 & 0 & 0 \\ 0 & 1 & 0 \\ 0 & 0 & 1 \end{bmatrix} - \begin{bmatrix} 2 & -1 & 1 \\ -1 & 2 & -1 \\ 1 & -1 & 2 \end{bmatrix}\right) = \frac{1}{4}\begin{bmatrix} 3 & 1 & -1 \\ 1 & 3 & 1 \\ -1 & 1 & 3 \end{bmatrix}$$

同様に (a) において A^{-2} をかけて整とんすると,

$$A^{-2} = \frac{1}{4}(5A^{-1} - E) = \frac{1}{4}\left(\frac{5}{4}\begin{bmatrix} 3 & 1 & -1 \\ 1 & 3 & 1 \\ -1 & 1 & 3 \end{bmatrix} - \begin{bmatrix} 1 & 0 & 0 \\ 0 & 1 & 0 \\ 0 & 0 & 1 \end{bmatrix}\right) = \frac{1}{16}\begin{bmatrix} 11 & 5 & -5 \\ 5 & 11 & 5 \\ -5 & 5 & 11 \end{bmatrix}$$

または $A^{-2} = (A^{-1})^2$ から求めてもよい.

問 題

9.1 $A = \begin{bmatrix} 1 & 2 & -1 \\ 2 & -2 & 2 \\ -1 & 2 & 1 \end{bmatrix}$ のとき $A^2 + 2A - 8E = O$ を示し A^{-1}, A^{-2} を求めよ.

例題 10 **ブロック分割**

行列 A をつぎのように分割した．

$$A=\left[\begin{array}{cc:c:cc} 2 & 3 & 1 & 0 & 0 \\ 1 & -1 & 0 & 0 & 0 \\ \hdashline 0 & 0 & 0 & 3 & 2 \\ 0 & 0 & 0 & -1 & 4 \\ \hdashline 0 & 0 & 0 & 0 & 0 \end{array}\right] \quad \text{このとき} \quad B=\begin{bmatrix} 2 & -2 & 0 & 0 & 0 \\ 0 & 3 & 0 & 0 & 0 \\ 3 & -3 & 0 & 0 & 0 \\ 0 & 0 & 1 & 5 & 2 \\ 0 & 0 & -3 & 2 & 3 \end{bmatrix}$$

を分割して，AB をブロックごとの計算によって求めよ．

解答 AB がブロックごとに計算されるためには，B の行方向の分割の仕方は A の列方向の分割の仕方と同じでなければならない．B の列方向は任意に分割してよいから，たとえば，

$$B=\left[\begin{array}{cc:ccc} 2 & -2 & 0 & 0 & 0 \\ 0 & 3 & 0 & 0 & 0 \\ \hdashline 3 & -3 & 0 & 0 & 0 \\ \hdashline 0 & 0 & 1 & 5 & 2 \\ 0 & 0 & -3 & 2 & 3 \end{array}\right]=\begin{bmatrix} B_{11} & B_{12} \\ B_{21} & B_{22} \\ B_{31} & B_{32} \end{bmatrix}$$

$$B_{11}=\begin{bmatrix} 2 & -2 \\ 0 & 3 \end{bmatrix}, \quad B_{12}=O\,(2\times 3\text{ 行列}), \quad B_{21}=[3 \ \ -3]$$

$$B_{22}=O\,(1\times 3\text{ 行列}), \quad B_{31}=O\,(2\times 2\text{ 行列}), \quad B_{32}=\begin{bmatrix} 1 & 5 & 2 \\ -3 & 2 & 3 \end{bmatrix}$$

とすると $AB=\begin{bmatrix} A_{11} & A_{12} & O \\ O & O & A_{23} \\ O & O & O \end{bmatrix}\begin{bmatrix} B_{11} & O \\ B_{21} & O \\ O & B_{32} \end{bmatrix}=\begin{bmatrix} A_{11}B_{11}+A_{12}B_{21} & O \\ O & A_{23}B_{32} \\ O & O \end{bmatrix}$

ここで $A_{11}B_{11}+A_{12}B_{21}=\begin{bmatrix} 7 & 2 \\ 2 & -5 \end{bmatrix}$，$A_{23}B_{32}=\begin{bmatrix} -3 & 19 & 12 \\ -13 & 3 & 10 \end{bmatrix}$

だから，

$$AB=\begin{bmatrix} 7 & 2 & 0 & 0 & 0 \\ 2 & -5 & 0 & 0 & 0 \\ 0 & 0 & -3 & 19 & 12 \\ 0 & 0 & -13 & 3 & 10 \\ 0 & 0 & 0 & 0 & 0 \end{bmatrix}$$

問 題

10.1 例題 10 で B を適当に分割した上で BA を計算せよ．

10.2 $\begin{bmatrix} 1 & 2 & 0 & 0 \\ 1 & -1 & 0 & 0 \\ 0 & 0 & -1 & 5 \\ 0 & 0 & 3 & 1 \end{bmatrix}\begin{bmatrix} -1 & 1 & 0 & 0 \\ 1 & -2 & 0 & 0 \\ 0 & 0 & 0 & -1 \\ 0 & 0 & 4 & 2 \end{bmatrix}$ を計算せよ．

例題 11 **正則行列の性質**

つぎを証明せよ．

(a) A, B を正則行列とすると，AB も正則で $(AB)^{-1} = B^{-1}A^{-1}$ である．

(b) A が正則行列ならば，A は零因子ではない．

解答 (a) $(AB)(B^{-1}A^{-1})=A(BB^{-1})A^{-1}=AEA^{-1}=(AE)A^{-1}=AA^{-1}=E$

$$(B^{-1}A^{-1})(AB) = B^{-1}(A^{-1}A)B = B^{-1}EB = (B^{-1}E)B = B^{-1}B = E$$

だから，定義より AB は正則で，$(AB)^{-1} = B^{-1}A^{-1}$ である．

(b) もし A が零因子とし，$AB = O, B \neq O$ とする．A が正則だから逆行列 A^{-1} を両辺に左からかければ，$A^{-1}AB = A^{-1}O = O$．よって $B = O$．これは矛盾である．

注意 (b)の対偶をとれば「零因子は正則行列でありえない.」となる．

注意 一般に，$(A_1A_2\ldots A_k)^{-1} = A_k^{-1}\ldots A_2^{-1}A_1^{-1}$ である．

問 題

11.1 $AB = AC$ で A が正則行列ならば，$B = C$ であることを証明せよ．

11.2 A が n 次正則行列のとき，つぎを証明せよ．

(a) 任意の $n\times m$ 行列 B に対し，$AX = B$ となる行列 X がただ一つ存在する．

(b) 任意の $m\times n$ 行列 C に対し，$YA = C$ となる行列 Y がただ一つ存在する．

11.3 A, B を正方行列とする．A および AB が正則ならば B も正則であることを示せ．

11.4 べき零行列は正則でないことを証明せよ．

11.5 単位行列でないべき等行列は正則でないことを証明せよ．

11.6 $A^2=E$ ならば A は正則で $A^{-1}=A$ であることを示せ．一般に $A^k=E$ となる自然数 k が存在するならば A は正則で $A^{-1}=A^{k-1}$ であることを証明せよ．

11.7 A が正則ならば ${}^tA$ も正則で $({}^tA)^{-1} = {}^t(A^{-1})$ であることを示せ．

11.8 A を正方行列，P を正則行列とするとき $\mathrm{tr}\,(P^{-1}AP) = \mathrm{tr}A$ を示せ．

例題 12　　**交代行列，直交行列**

A を n 次実正方行列とし，$E+A$ を正則行列とするとき，つぎを示せ．

（a）　$(E-A)(E+A)^{-1} = (E+A)^{-1}(E-A)$

（b）　A が交代行列ならば $(E-A)(E+A)^{-1}$ は直交行列

解答　（a）　$(E+A)(E-A) = (E-A)(E+A)\ (= E-A^2)$ において $E+A$ の逆行列 $(E+A)^{-1}$ を右から，左からかけて，

$$(E-A)(E+A)^{-1} = (E+A)^{-1}(E-A)$$

（b）　A が交代行列とすると ${}^tA = -A$ である．$E+A$ が正則だから ${}^t(E+A) = E+{}^tA = E-A$ も正則であり（a）と同様に

$$(E+A)(E-A)^{-1} = (E-A)^{-1}(E+A)$$

が成り立つ．よって

$$\begin{aligned} {}^t((E-A)(E+A)^{-1}) &= {}^t(E+A)^{-1}\,{}^t(E-A) = (E+{}^tA)^{-1}(E-{}^tA) \\ &= (E-A)^{-1}(E+A) \\ &= (E+A)(E-A)^{-1} = ((E-A)(E+A)^{-1})^{-1} \end{aligned}$$

したがって $(E-A)(E+A)^{-1}$ は直交行列である．

問　題

12.1　上の例題で A が直交行列ならば $(E-A)(E+A)^{-1}$ は交代行列であることを示せ．

12.2　$A = \begin{bmatrix} 0 & a \\ -a & 0 \end{bmatrix}$ のとき $(E-A)(E+A)^{-1}$ を求めよ．

12.3　A を n 次正方行列，P を n 次正則行列とすると任意の自然数 k に対し，つぎを示せ．

$$(P^{-1}AP)^k = P^{-1}A^kP$$

12.4　n 次正方行列 A, B が可換のとき，つぎを示せ．

（a）　$(A+B)(A-B) = A^2 - B^2$

（b）　2 項定理が成り立つ：$(A+B)^m = \displaystyle\sum_{r=0}^{m} {}_m\mathrm{C}_r A^r B^{m-r}$

12.5　A, B が可換なべき零行列とするとき，つぎを示せ．

（a）　$A \pm B,\ AB$ はべき零である．　　（b）　$E \pm A$ は正則である．

12.6　A, B を直交行列とすると，AB も直交行列であることを示せ．

2　行基本操作とその応用

はき出し法で連立 1 次方程式を解くことを習得し，“階数” が行列にとって基本的なものであることを理解する．行列の正則性や逆行列への応用や連立 1 次方程式の解の構造も重要である．

2.1　行基本操作

● 基本操作 ●

基本操作
- 行基本操作
  - (1)　2 つの行を入れかえる．
  - (2)　1 つの行にある数をかけたものを他の行に加える．
  - (3)　1 つの行に 0 でない数をかける．
- 列基本操作
  - (1)　2 つの列を入れかえる．
  - (2)　1 つの列にある数をかけたものを他の列に加える．
  - (3)　1 つの列に 0 でない数をかける．

● 行列の階数 ●

階段行列　左側に連続して並ぶ 0 の個数が行番号の増加につれて増す行列：

$$\begin{bmatrix} 0 \cdots & 0 & c_{1j_1} & * & \cdots & \cdots & \cdots & \cdots & \cdots & \cdots & \cdots & \cdots & * \\ 0 \cdots & \cdots & \cdots & \cdots & 0 & c_{2j_2} & * & \cdots & \cdots & \cdots & \cdots & \cdots & * \\ \vdots & & & & & & & \ddots & & & & & \vdots \\ 0 \cdots & & & & & & & \cdots & 0 & c_{rj_r} & * & \cdots & * \\ 0 \cdots & & & & & & & & & & & \cdots & 0 \\ \vdots & & & & & & & & & & & & \vdots \\ 0 \cdots & & & & & & & & & & & \cdots & 0 \end{bmatrix}, \quad c_{1j_1}c_{2j_2}\cdots c_{rj_r} \neq 0$$

上記のように $r+1$ 行以下の成分がすべて 0 であるとき，**階数は r である**という．

任意の行列 $A(\neq O)$ は行基本操作を有限回くりかえして，階段行列に直すことができる．

行列の階数　行列 $A(\neq O)$ が行基本操作によって階数 r の階段行列に変形されるとき，行列 A の**階数**は r であるという：$\mathrm{rank}\, A = r$．また，$\mathrm{rank}\, O = 0$ と定める．

注意　零行列でない $m \times n$ 行列 A の階数は自然数で，

$\mathrm{rank}\, A \leqq \min(m, n)$　（m と n の小さい方），　$\mathrm{rank}\, \lambda A = \mathrm{rank}\, A \quad (\lambda \neq 0)$

例題 1 **階数**

行列 $A=\begin{bmatrix}1&2&3&4\\5&6&7&8\\9&10&11&12\end{bmatrix}$ につぎの行基本操作を順に行ない，rank A を求めよ．

(a) Aで第1行の-5倍を第2行に加え，つぎに第1行$\times(-9)$を第3行に加えよ．

(b) つぎに第2行を $\left(-\dfrac{1}{4}\right)$ 倍，第3行を $\left(-\dfrac{1}{8}\right)$ 倍せよ．

(c) つぎに第2行 $\times(-1)$ を第3行に加えよ．

解答

(a) $\begin{bmatrix}1&2&3&4\\5+1\times(-5)&6+2\times(-5)&7+3\times(-5)&8+4\times(-5)\\9&10&11&12\end{bmatrix}$

$=\begin{bmatrix}1&2&3&4\\0&-4&-8&-12\\9&10&11&12\end{bmatrix},\quad\begin{bmatrix}1&2&3&4\\0&-4&-8&-12\\0&-8&-16&-24\end{bmatrix}$

(b) $\begin{bmatrix}1&2&3&4\\0&1&2&3\\0&-8&-16&-24\end{bmatrix},\quad\begin{bmatrix}1&2&3&4\\0&1&2&3\\0&1&2&3\end{bmatrix}$ (c) $\begin{bmatrix}1&2&3&4\\0&1&2&3\\0&0&0&0\end{bmatrix}$

(c)で得られた行列は階数2の階段行列だから，rank $A=2$ である (→p.18 行列の階数)．

問　題

1.1 行列 $\begin{bmatrix}1&2&1&4\\2&4&3&5\\-1&-2&0&-7\end{bmatrix}$ につぎの行基本操作を順に行ない，階数を求めよ．

(a) 第1行 $\times(-2)$ を第2行に加える．

(b) つぎに，第1行を第3行に加える．

(c) さらに，第2行 $\times(-1)$ を第3行に加える．

1.2 つぎの行列の階数を求めよ．

(a) $\begin{bmatrix}8&-1&5&-8\end{bmatrix}$ (b) $\begin{bmatrix}1&1&1\\1&1&1\\1&1&1\\1&1&1\end{bmatrix}$ (c) $\begin{bmatrix}1&2&-1&4\\2&4&3&5\\-1&-2&6&-7\end{bmatrix}$

(d) $\begin{bmatrix}x&1&0\\1&x&1\\0&1&x\end{bmatrix}$ (e) $\begin{bmatrix}1&x&x\\x&1&x\\x&x&1\end{bmatrix}$ (f) $\begin{bmatrix}1&2&3&5\\-1&a-2&4&1\\-2&-4&a-3&-10\end{bmatrix}$

2.2 連立1次方程式の解法とその応用

● **係数行列，拡大係数行列** ●　$x_1, x_2, \ldots, x_n$ を未知数とする連立1次方程式：

$$\begin{cases} a_{11}x_1 + a_{12}x_2 + \cdots + a_{1n}x_n = b_1 \\ a_{21}x_1 + a_{22}x_2 + \cdots + a_{2n}x_n = b_2 \\ \quad \vdots \qquad\quad \vdots \qquad\qquad\quad \vdots \qquad \vdots \\ a_{m1}x_1 + a_{m2}x_2 + \cdots + a_{mn}x_n = b_m \end{cases} \qquad \left(\begin{array}{l} n \text{ は未知数の個数} \\ m \text{ は方程式の個数} \\ m = n \text{ でなくてもよい} \end{array}\right)$$

において，

$$\text{係数行列} \quad A = \begin{bmatrix} a_{11} & a_{12} & \cdots & a_{1n} \\ a_{21} & a_{22} & \cdots & a_{2n} \\ \vdots & \vdots & & \vdots \\ a_{m1} & a_{m2} & \cdots & a_{mn} \end{bmatrix}$$

$$\text{拡大係数行列} \quad [A\ \boldsymbol{b}] = \begin{bmatrix} a_{11} & a_{12} & \cdots & a_{1n} & b_1 \\ a_{21} & a_{22} & \cdots & a_{2n} & b_2 \\ \vdots & \vdots & & \vdots & \vdots \\ a_{m1} & a_{m2} & \cdots & a_{mn} & b_m \end{bmatrix} \left(\begin{array}{l} A \text{ に } n+1 \text{ 列目として} \\ \text{定数項ベクトル } \boldsymbol{b} \text{ を付} \\ \text{け加えたもの} \end{array}\right)$$

● **連立1次方程式の解法** ●　拡大係数行列 $[A\ \boldsymbol{b}]$ につぎの手順ではき出し法を行なう．

(1)　拡大係数行列に行基本操作を行なって，つぎの形の階段行列に直す：

$$[A\ \boldsymbol{b}] \xrightarrow{\text{行基本操作}} \left[\begin{array}{ccccccccc:c} 0 & \cdots & 0 & c_{1j_1} & * & \cdots & \cdots & \cdots & * & d_1 \\ 0 & \cdots & \cdots & \cdots & 0 & c_{2j_2} & * & \cdots & * & d_2 \\ \vdots & & & & & & \ddots & & \vdots & \vdots \\ 0 & \cdots & & & \cdots & 0 & c_{rj_r} & \cdots & * & d_r \\ 0 & \cdots & & & & & & \cdots & 0 & d_{r+1} \\ 0 & \cdots & & & & & & \cdots & 0 & 0 \\ \vdots & & & & & & & & \vdots & \vdots \\ 0 & \cdots & & & & & & \cdots & 0 & 0 \end{array}\right]$$

$$c_{1j_1}c_{2j_2}\cdots c_{rj_r} \neq 0, \quad r = \operatorname{rank} A$$

(2)　$\operatorname{rank}[A\ \boldsymbol{b}] \neq \operatorname{rank} A$ ならば $d_{r+1} \neq 0$ より，解は存在しない．

(3)　$\operatorname{rank}[A\ \boldsymbol{b}] = \operatorname{rank} A$ ならば $d_{r+1} = 0$．上の階段行列を表す連立1次方程式において，$x_{j_1}, x_{j_2}, \ldots, x_{j_r}$ 以外の $n-r$ 個の未知数に任意の値を与え，それらを用いて $x_{j_1}, x_{j_2}, \ldots, x_{j_r}$ を求める．

解の存在定理　連立1次方程式が解をもつ　$\iff$　$\operatorname{rank}[A\ \boldsymbol{b}] = \operatorname{rank} A$

解の一意性の定理

連立1次方程式がただ1組の解をもつ　$\iff$　$\operatorname{rank}[A\ \boldsymbol{b}] = \operatorname{rank} A =$(未知数の個数)

● **正則行列であるための条件** ●　n 次正方行列 A が正則　$\iff$　$\operatorname{rank} A = n$

例題 2　　**解の存在**

つぎの連立 1 次方程式を解け．

$$\begin{cases} \quad\quad\quad x_2 + 2x_3 + 3x_4 = 1 \\ -x_1 \quad\quad + x_3 + 3x_4 = 1 \\ -2x_1 - x_2 \quad\quad + 3x_4 = 1 \\ -3x_1 - 3x_2 - 3x_3 \quad\quad = 1 \end{cases}$$

解答　右のようにはき出し法を行なうと，最後に得られた結果の第 3 行は

$$0x_1 + 0x_2 + 0x_3 + 0x_4 = 1$$

を示し，どのような x_1, x_2, x_3, x_4 に対しても，成り立たない．したがって解は存在しない．

注意　連立 1 次方程式が解をもつ必要十分条件は，

$$\mathrm{rank}\,[A\ \boldsymbol{b}] = \mathrm{rank}\,A$$

右の表の最後の結果は，

$$\mathrm{rank}\,[A\ \boldsymbol{b}] = 3$$
$$\mathrm{rank}\,A = 2$$

を示している．$\mathrm{rank}\,[A\ \boldsymbol{b}] \neq \mathrm{rank}\,A$ のときは連立 1 次方程式は解をもたないことがわかる．

x_1	x_2	x_3	x_4	定数	
0	1	2	3	1	
−1	0	1	3	1	
−2	−1	0	3	1	
−3	−3	−3	0	1	
1	0	−1	−3	−1	②×(−1)
0	1	2	3	1	①
−2	−1	0	3	1	
−3	−3	−3	0	1	
1	0	−1	−3	−1	
0	1	2	3	1	
0	−1	−2	−3	−1	③＋①×2
0	−3	−6	−9	−2	④＋①×3
1	0	−1	−3	−1	
0	1	2	3	1	
0	0	0	0	1	④＋②×3
0	0	0	0	0	③＋②

問　題

2.1　つぎの連立 1 次方程式を解け．

(a) $\begin{cases} 3x_1 + 2x_2 - x_3 = 3 \\ 4x_1 - 5x_2 + 3x_3 = 5 \\ x_1 + 16x_2 - 9x_3 = 1 \end{cases}$　　(b) $\begin{cases} 2x_1 - 3x_2 + 5x_3 = -3 \\ x_1 + x_2 - x_3 = 0 \\ -3x_1 - 6x_2 + 2x_3 = -7 \end{cases}$

(c) $\begin{cases} x_1 + 3x_2 + x_3 - 8x_4 = 3 \\ -2x_1 - 5x_2 - x_3 + 13x_4 = -4 \\ 3x_1 + 8x_2 + 2x_3 - 21x_4 = 0 \end{cases}$　　(d) $\begin{cases} x_1 + x_2 + x_3 = 2 \\ 2x_1 + x_2 = 3 \\ 2x_1 + x_3 = -1 \\ x_1 - x_3 = a \end{cases}$

例題 3 解法

つぎの連立1次方程式を解け.

$$\begin{cases} x_1 - 3x_2 \qquad\quad + x_4 + 2x_5 = 3 \\ 3x_1 - 9x_2 + 2x_3 + 4x_4 + 3x_5 = 9 \\ 2x_1 - 6x_2 + x_3 + 2x_4 + 4x_5 = 8 \end{cases}$$

解答 右の様にはき出しをする.

x_1	x_2	x_3	x_4	x_5	右辺
1	−3	0	1	2	3
3	−9	2	4	3	9
2	−6	1	2	4	8
1	−3	0	1	2	3
0	0	2	1	−3	0
0	0	1	0	0	2
1	−3	0	1	2	3
0	0	1	0	0	2
0	0	2	1	−3	0
1	−3	0	1	2	3
0	0	1	0	0	2
0	0	0	1	−3	−4
1	−3	0	0	5	7
0	0	1	0	0	2
0	0	0	1	−3	−4

(∗)

(∗) の階段で，$\operatorname{rank}[A\ \boldsymbol{b}] = \operatorname{rank} A = 3$ だから，この連立方程式は解をもつ.

$$n - \operatorname{rank} A = 5 - 3 = 2$$

だから，x_1, x_2, x_3, x_4, x_5 のうち，2個の未知数に任意の値を与え得ることがわかる.

最後に得られた結果は

$$\begin{cases} x_1 - 3x_2 \qquad + 5x_5 = 7 \\ \qquad\qquad x_3 \qquad\quad = 2 \\ \qquad\qquad\quad x_4 - 3x_5 = -4 \end{cases}$$

を示している．そこで，各方程式で先頭にない未知数 $x_2(=\alpha)$, $x_5(=\beta)$ に任意の値を与え，

$$\begin{cases} x_1 = 7 + 3\alpha - 5\beta \\ x_2 = \alpha \\ x_3 = 2 \\ x_4 = -4 + 3\beta \\ x_5 = \beta \end{cases} \qquad (\alpha, \beta \text{は任意})$$

問　題

3.1 つぎの連立1次方程式を解け.

(a) $$\begin{cases} x_1 - x_2 + 2x_3 - 3x_4 = 1 \\ -2x_1 + x_2 + x_3 - 4x_4 = -6 \\ 3x_1 - 5x_2 + 16x_3 - 29x_4 = -5 \end{cases}$$

(b) $$\begin{cases} x_1 + x_2 + 4x_3 - 4x_4 + 4x_5 = 4 \\ -3x_1 - 2x_2 - 6x_3 + 5x_4 - 4x_5 = -7 \\ 4x_1 + 2x_2 + 4x_3 - 2x_4 \qquad = 6 \end{cases}$$

(c) $$\begin{cases} x_1 - 2x_2 - x_3 - x_4 = 2 \\ 2x_1 + 3x_2 + 5x_4 - 5x_4 = -3 \\ 3x_1 + x_2 + 4x_3 + 2x_4 = -1 \\ x_1 + 5x_2 + 6x_3 \qquad = a \end{cases}$$

例題 4　　**逆行列の計算**

つぎの行列が正則であるかどうか判定し，正則ならば逆行列を求めよ．

$$A = \begin{bmatrix} 1 & 2 & -1 \\ -1 & -1 & 2 \\ 2 & -1 & 1 \end{bmatrix}$$

解答　A の右側に単位行列 E をつけ加えた 3×6 行列 $[A\ E]$ をはき出す．

A			E			
1	2	−1	1	0	0	
−1	−1	2	0	1	0	
2	−1	1	0	0	1	
1	2	−1	1	0	0	
0	1	1	1	1	0	②＋①
0	−5	3	−2	0	1	②＋①×(−2)
1	0	−3	−1	−2	0	①＋②×(−2)
0	1	1	1	1	0	
0	0	8	3	5	1	③＋②×5
1	0	−3	−1	−2	0	
0	1	1	1	1	0	
0	0	1	3/8	5/8	1/8	③×(1/8)
1	0	0	1/8	−1/8	3/8	①＋③×3
0	1	0	5/8	3/8	−1/8	②＋③×(−1)
0	0	1	3/8	5/8	1/8	

注意　**逆行列の求め方 (はき出し法)**

（1）n 次正方行列 A に対し，$n \times 2n$ 行列 $[A\ E]$ をつくる．

（2）$[A\ E]$ の左半分が E になるように，行基本操作を行なう．

（3）このときの右半分が A の逆行列 A^{-1} である．

$$[A\ E] \xrightarrow{\text{行基本操作}} [E\ A^{-1}]$$

（4）上の方法を用いるとき，A が正則行列でないならば，$[A\ E]$ の左半分は行基本操作によって単位行列 E に直すことができない．

（5）表は $A\boldsymbol{x} = \boldsymbol{e}_1, A\boldsymbol{x} = \boldsymbol{e}_2, A\boldsymbol{x} = \boldsymbol{e}_3$ を同時に解いていることに相当する．

以上から，$A^{-1} = \begin{bmatrix} 1/8 & -1/8 & 3/8 \\ 5/8 & 3/8 & -1/8 \\ 3/8 & 5/8 & 1/8 \end{bmatrix}$

問　題

4.1　つぎの行列が正則か否か調べ，正則ならば逆行列を求めよ．

(a) $\begin{bmatrix} 2 & -3 \\ -4 & 6 \end{bmatrix}$　(b) $\begin{bmatrix} 2 & 5 \\ 1 & 3 \end{bmatrix}$　(c) $\begin{bmatrix} 1 & 2 & -1 \\ 2 & 4 & 3 \\ -1 & -2 & 6 \end{bmatrix}$

(d) $\begin{bmatrix} 1 & -1 & -1 \\ -1 & 2 & 2 \\ 2 & 1 & 2 \end{bmatrix}$　(e) $\begin{bmatrix} 1 & 2 & -1 & 2 \\ 2 & 2 & -1 & 1 \\ -1 & -1 & 1 & -1 \\ 2 & 1 & -1 & 2 \end{bmatrix}$

2.3 同次連立 1 次方程式の基本解

● 同次連立 1 次方程式 ● 連立 1 次方程式の定数項がすべて 0 のもの：

$$\begin{cases} a_{11}x_1 + a_{12}x_2 + \cdots + a_{1n}x_n = 0 \\ a_{21}x_1 + a_{22}x_2 + \cdots + a_{2n}x_n = 0 \\ \quad\vdots \qquad\quad \vdots \qquad\qquad\quad \vdots \qquad \vdots \\ a_{m1}x_1 + a_{m2}x_2 + \cdots + a_{mn}x_n = 0 \end{cases}$$

すなわち $A\boldsymbol{x} = \boldsymbol{0}$, $A = \begin{bmatrix} a_{11} & a_{12} & \cdots & a_{1n} \\ a_{21} & a_{22} & \cdots & a_{2n} \\ \vdots & \vdots & & \vdots \\ a_{m1} & a_{m2} & \cdots & a_{mn} \end{bmatrix}$, $\boldsymbol{x} = \begin{bmatrix} x_1 \\ x_2 \\ \vdots \\ x_n \end{bmatrix}$

自明解 同次連立 1 次方程式の解である $x_1 = x_2 = \cdots = x_n = 0$, すなわち $\boldsymbol{x} = \boldsymbol{0}$.

非自明解 同次連立 1 次方程式の自明解以外の解.

$$\text{非自明解をもつ} \iff \operatorname{rank} A < n \iff A \text{ は正則でない}$$

基本解 同次連立 1 次方程式が非自明解をもつとき，非自明解のうち $n - r$ 個 ($r = \operatorname{rank} A$) のベクトル $\boldsymbol{x}_1, \boldsymbol{x}_2, \ldots, \boldsymbol{x}_{n-r}$($n$ 次元列ベクトル) で，

$$\operatorname{rank}[\boldsymbol{x}_1\ \boldsymbol{x}_2\ \ldots\ \boldsymbol{x}_{n-r}] = n - r$$

となるもの.

一般解 $\boldsymbol{x}_1, \boldsymbol{x}_2, \ldots, \boldsymbol{x}_{n-r}$ を 1 組の基本解とするとき，任意の解 $\boldsymbol{x}$ は，

$$\boldsymbol{x} = \lambda_1\boldsymbol{x}_1 + \lambda_2\boldsymbol{x}_2 + \cdots + \lambda_{n-r}\boldsymbol{x}_{n-r} \quad (\lambda_1, \lambda_2, \ldots, \lambda_{n-r}\text{は任意定数})$$

と表せる．この右辺の形を $\boldsymbol{x}_1, \boldsymbol{x}_2, \ldots, \boldsymbol{x}_{n-r}$ の **1 次結合**といい，任意定数 (パラメータ) を含む解を**一般解**という.

注意 $\boldsymbol{x}_1, \boldsymbol{x}_2$ が同次連立 1 次方程式の解ならば，$\lambda_1\boldsymbol{x}_1 + \lambda_2\boldsymbol{x}_2$ も解である.

● 非同次連立 1 次方程式 ●

同伴な同次連立 1 次方程式 連立 1 次方程式 $A\boldsymbol{x} = \boldsymbol{b}(\neq \boldsymbol{0})$ に対し，$A\boldsymbol{x} = \boldsymbol{0}$.

特殊解 $A\boldsymbol{x} = \boldsymbol{b}$ のパラメータを含まない解.

非同次連立 1 次方程式の一般解 $\boldsymbol{x}_0$ を $A\boldsymbol{x} = \boldsymbol{b}$ の特殊解とすると，$A\boldsymbol{x} = \boldsymbol{b}$ の一般解は，つぎのように表せる.

$$\begin{aligned} \boldsymbol{x} &= (\text{特殊解}) + (\text{同伴な同次連立 1 次方程式の一般解}) \\ &= \boldsymbol{x}_0 + \lambda_1\boldsymbol{x}_1 + \lambda_2\boldsymbol{x}_2 + \cdots + \lambda_{n-r}\boldsymbol{x}_{n-r} \end{aligned}$$

注意 非同次連立 1 次方程式の一般解を，特殊解と同伴な同次連立 1 次方程式の基本解の 1 次結合の和として表わす仕方は一意的でない.

例題 5　　**特殊解と基本解**

つぎの連立１次方程式を解き，一般解を特殊解と同伴な同次連立１次方程式の基本解の１次結合の和の形で表せ．

$$\begin{cases} x-3y-\ \ z+2u=\ \ 3 \\ -x+3y+2z-2u=\ \ 1 \\ -x+3y+4z-2u=\ \ 9 \\ 2x-6y-5z+4u=-6 \end{cases}$$

解答　右のようにはき出して解を求めると $y\,(=\alpha)$, $u(=\beta)$ を任意として，

$$\begin{cases} x=7+3\alpha-2\beta \\ y=\qquad\ \ \alpha \\ z=4 \\ u=\qquad\qquad\ \ \beta \end{cases}$$

x	y	z	u	定数	
1	−3	−1	2	3	
−1	3	2	−2	1	
−1	3	4	−2	9	
2	−6	−5	4	−6	
1	−3	−1	2	3	
0	0	1	0	4	②＋①
0	0	3	0	12	③＋①
0	0	−3	0	−12	④＋①×(−3)
1	−3	0	2	7	①＋②
0	0	1	0	4	
0	0	0	0	0	③＋②×(−2)
0	0	0	0	0	④＋②×3

ゆえに $\begin{bmatrix} x \\ y \\ z \\ u \end{bmatrix}=\begin{bmatrix} 7 \\ 0 \\ 4 \\ 0 \end{bmatrix}+\alpha\begin{bmatrix} 3 \\ 1 \\ 0 \\ 0 \end{bmatrix}+\beta\begin{bmatrix} -2 \\ 0 \\ 0 \\ 1 \end{bmatrix}$

であり，

$$\mathrm{rank}\begin{bmatrix} 3 & -2 \\ 1 & 0 \\ 0 & 0 \\ 0 & 1 \end{bmatrix}=\mathrm{rank}\begin{bmatrix} 1 & 0 \\ 0 & 1 \\ 0 & 0 \\ 0 & 0 \end{bmatrix}=2=4-2$$

だから $\begin{bmatrix} 3 \\ 1 \\ 0 \\ 0 \end{bmatrix}(=\boldsymbol{x}_1)$, $\begin{bmatrix} -2 \\ 0 \\ 0 \\ 1 \end{bmatrix}(=\boldsymbol{x}_2)$ が１組の基本解であり $\begin{bmatrix} 7 \\ 0 \\ 4 \\ 0 \end{bmatrix}(=\boldsymbol{x}_0)$ が特殊解

である．以上から解を $\boldsymbol{x}$ とすると $\boldsymbol{x}=\boldsymbol{x}_0+\alpha\boldsymbol{x}_1+\beta\boldsymbol{x}_2$ である．

問　題

5.1　つぎの同次連立１次方程式を解き，１組の基本解を求めよ．

（a）$\begin{cases} -x+2y+\ \ z=0 \\ 3x-\ \ y+2z=0 \\ 3x-4y-\ \ z=0 \end{cases}$　　（b）$\begin{cases} x+\ \ y+\ \ z=0 \\ 4x+\ \ y+2z=0 \\ 3x-3y-\ \ z=0 \end{cases}$

（c）$\begin{cases} x_1+2x_2-2x_3+\ \ x_4=0 \\ 2x_1+4x_2-5x_3+3x_4=0 \end{cases}$　　（d）$x+y-2z+u=0$

5.2　例題３および問題3.1の解の特殊解と同伴な同次連立１次方程式の１組の基本解を求めよ．

5.3　A, B を n 次正方行列とする．AB が正則 $\Longrightarrow$ A, B が正則　を示せ．

3 行 列 式

行列式の定義と基本的な性質を学び，行列式の計算法をマスターする．行列式は行列の関数であって，行列のある性質 (正則性など) を反映し，逆行列や連立 1 次方程式の解などを公式的に表すときに用いられる．

3.1 行 列 式

• 順列 •　1 から n までの n 個の整数 $\{1, 2, \ldots, n\}$ の順列を $(p, q, \ldots, s)$ で表す．

互換　順列 $(p, q, \ldots, i, \ldots, j, \ldots, s)$ において，2 つの数字 i, j だけをいれかえて，順列 $(p,\ q,\ \ldots, j, \ldots, i, \ldots, s)$ を得ることを，**互換 $(\boldsymbol{i}, \boldsymbol{j})$ を行う**という．

偶順列　偶数回の互換で順列 $(1, 2, \ldots, n)$ に到達する順列

奇順列　奇数回の互換で順列 $(1, 2, \ldots, n)$ に到達する順列

順列の符号　順列に対して，符号をつぎのように定める：

$$\operatorname{sgn}(p, q, \ldots, s) = \begin{cases} 1 & ; \quad (p, q, \ldots, s) \text{ が偶順列のとき} \\ -1 & ; \quad (p, q, \ldots, s) \text{ が奇順列のとき} \end{cases}$$

$$= (-1)^m ; \quad (p, q, \ldots, s) \xrightarrow{m \text{ 回の互換}} (1, 2, \ldots, n)$$

• 行列式の定義 •　$A = [a_{ij}]$ を n 次正方行列とするとき，

$$\begin{vmatrix} a_{11} & a_{12} & \cdots & a_{1n} \\ a_{21} & a_{22} & \cdots & a_{2n} \\ \vdots & \vdots & & \vdots \\ a_{n1} & a_{n2} & \cdots & a_{nn} \end{vmatrix} = \sum \operatorname{sgn}(p, q, \ldots, s) a_{1p} a_{2q} \cdots a_{ns} \quad \text{(行番号が通し番号)}$$

(ここに $\sum$ は $\{1, 2, \ldots, n\}$ のすべての順列 $(p, q, \ldots, s)$ について加えることを意味する．)

を，**A の行列式**，**a_{ij} を成分にもつ $\boldsymbol{n}$ 次の行列式**という．

記号：$|A|$, $\det A$, $\det[a_{ij}]$, $|a_{ij}|$, $|\boldsymbol{a_1}\ \boldsymbol{a_2}\ \ldots\ \boldsymbol{a_n}|$ ($\boldsymbol{a_1}, \boldsymbol{a_2}, \ldots, \boldsymbol{a_n}$ は A の列ベクトル)

注意　行列式の値は，行列 A の各行各列から 1 つずつとりあげた n 個の数の積に，行番号を順に $(1, 2, \ldots, n)$ としたときの列番号からきまる順列 $(p, q, \ldots, s)$ の符号をつけたものの和である．

例題 1 **サラスの方法**

つぎをみたす x を求めよ．

(a) $\begin{vmatrix} 1-x & 2 \\ 4 & 3-x \end{vmatrix} = 0$ (b) $\begin{vmatrix} 1-x & 0 & -1 \\ 1 & 2-x & 1 \\ 2 & 2 & 3-x \end{vmatrix} = 0$

解答 2 次行列式と 3 次行列式は，つぎのような**サラスの方法**で求めることができる．

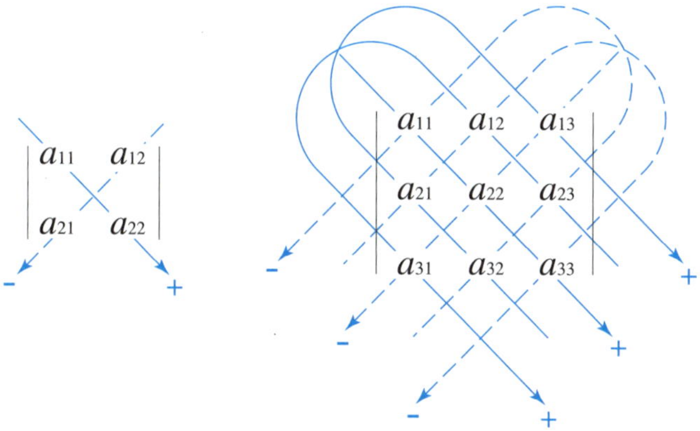

(a) $\begin{vmatrix} 1-x & 2 \\ 4 & 3-x \end{vmatrix} = (1-x)(3-x)-8 = x^2-4x-5 = (x+1)(x-5) = 0$

$\therefore \quad x = -1, 5$

(b) $\begin{vmatrix} 1-x & 0 & -1 \\ 1 & 2-x & 1 \\ 2 & 2 & 3-x \end{vmatrix} = (1-x)(2-x)(3-x)-2+2(2-x)-2(1-x)$

$= (1-x)(2-x)(3-x) = 0 \qquad \therefore \quad x = 1, 2, 3$

注意 サラスの方法は 4 次以上の行列式には適用できないから注意すること．

問 題

1.1 つぎの行列式の値を求めよ．

(a) $\begin{vmatrix} 2 & -3 \\ 4 & 1 \end{vmatrix}$ (b) $\begin{vmatrix} \cos\theta & -\sin\theta \\ \sin\theta & \cos\theta \end{vmatrix}$ (c) $\begin{vmatrix} 0 & b \\ -b & 0 \end{vmatrix}$

(d) $\begin{vmatrix} 1 & 2 & 3 \\ 8 & 9 & 4 \\ 7 & 6 & 5 \end{vmatrix}$ (e) $\begin{vmatrix} a & b & c \\ b & c & a \\ c & a & b \end{vmatrix}$ (f) $\begin{vmatrix} 0 & f & g \\ -f & 0 & h \\ -g & -h & 0 \end{vmatrix}$

3.2 行列式の性質

● 行列式の基本性質 ●

（1） 転置しても行列式の値は変らない：$|{}^tA| = |A|$

列 (行) について成り立つ性質は，行 (列) についても成り立つ．ゆえに行列式の定義式は

$$\sum \operatorname{sgn}(p, q, \cdots, s) a_{p1} a_{q2} \cdots a_{sn} \quad \text{(列の番号が通し番号)}$$

としても同じである．

（2） 列に関し **n 重線形性**をもつ：行列式 $|\boldsymbol{a}_1 \cdots \boldsymbol{a}_j \cdots \boldsymbol{a}_n|$ で第 j 列 $\boldsymbol{a}_j$ 以外の列ベクトルを固定して，$\boldsymbol{a}_j$ の関数とみるとき，

$$|\boldsymbol{a}_1 \cdots \overset{\text{第 } j \text{ 列}}{\lambda \boldsymbol{a}'_j + \mu \boldsymbol{a}''_j} \cdots \boldsymbol{a}_n| = \lambda |\boldsymbol{a}_1 \cdots \overset{\text{第 } j \text{ 列}}{\boldsymbol{a}'_j} \cdots \boldsymbol{a}_n| + \mu |\boldsymbol{a}_1 \cdots \overset{\text{第 } j \text{ 列}}{\boldsymbol{a}''_j} \cdots \boldsymbol{a}_n|$$

（3） 列に関し，**交代性**をもつ：2 つの列を交換すると符号がかわる：

$$|\boldsymbol{a}_1 \cdots \overset{\text{第 } j \text{ 列}}{\boldsymbol{a}_j} \cdots \overset{\text{第 } k \text{ 列}}{\boldsymbol{a}_k} \cdots \boldsymbol{a}_n| = -|\boldsymbol{a}_1 \cdots \overset{\text{第 } j \text{ 列}}{\boldsymbol{a}_k} \cdots \overset{\text{第 } k \text{ 列}}{\boldsymbol{a}_j} \cdots \boldsymbol{a}_n|$$

（4） 行列式の第 j 列 $\boldsymbol{a}_j$ が 2 つの列 $\boldsymbol{a}'_j, \boldsymbol{a}''_j$ の和であるならば，$\boldsymbol{a}_j$ をそれぞれ $\boldsymbol{a}'_j, \boldsymbol{a}''_j$ でおきかえた 2 つの行列式の和である：

$$|\boldsymbol{a}_1 \cdots \overset{\text{第 } j \text{ 列}}{\boldsymbol{a}'_j + \boldsymbol{a}''_j} \cdots \boldsymbol{a}_n| = |\boldsymbol{a}_1 \cdots \overset{\text{第 } j \text{ 列}}{\boldsymbol{a}'_j} \cdots \boldsymbol{a}_n| + |\boldsymbol{a}_1 \cdots \overset{\text{第 } j \text{ 列}}{\boldsymbol{a}''_j} \cdots \boldsymbol{a}_n|$$

（5） 行列式のある列を λ 倍すると行列式の値も λ 倍になる：

$$|\boldsymbol{a}_1 \cdots \overset{\text{第 } j \text{ 列}}{\lambda \boldsymbol{a}_j} \cdots \boldsymbol{a}_n| = \lambda |\boldsymbol{a}_1 \cdots \overset{\text{第 } j \text{ 列}}{\boldsymbol{a}_j} \cdots \boldsymbol{a}_n|$$

（6） 行列式のある列の成分がすべて 0 であると，行列式の値は 0 である：

$$|\boldsymbol{a}_1 \cdots \overset{\text{第 } j \text{ 列}}{\boldsymbol{0}} \cdots \boldsymbol{a}_n| = 0$$

（7） 2 つの列が等しい行列式の値は 0 である：

$$|\boldsymbol{a}_1 \cdots \overset{\text{第 } j \text{ 列}}{\boldsymbol{a}_j} \cdots \overset{\text{第 } k \text{ 列}}{\boldsymbol{a}_j} \cdots \boldsymbol{a}_n| = 0$$

（8） 行列式の 1 つの列にある数 λ をかけたものを，他の列に加えても行列式の値は変わらない：

$$|\boldsymbol{a}_1 \cdots \overset{\text{第 } j \text{ 列}}{\boldsymbol{a}_j} \cdots \overset{\text{第 } k \text{ 列}}{\boldsymbol{a}_k} \cdots \boldsymbol{a}_n| = |\boldsymbol{a}_1 \cdots \overset{\text{第 } j \text{ 列}}{\boldsymbol{a}_j} \cdots \overset{\text{第 } k \text{ 列}}{\boldsymbol{a}_k + \lambda \boldsymbol{a}_j} \cdots \boldsymbol{a}_n|$$

注意 1 上記の性質 (4)〜(8) はすべて性質 (2)，(3) から導ける．

2 性質 (1) により，上記の性質で，列を行と読みかえてもよい．

3 (8) は基本操作の (2)→(p.18 基本操作) と同じ操作で行列式の値が変わらないことを示している．

例題 2 **行列式の基本性質 (1)**

$D = \begin{vmatrix} 1 & 4 & 1 \\ 3 & 3 & 2 \\ 2 & 8 & 4 \end{vmatrix}$ において,

(a) 第 1 行に -3 をかけたものを第 2 行に加えよ.

(b) その結果の行列式において，第 3 行から公約数をくくり出せ.

(c) (b)で得られた行列式において，第 1 行の -1 倍を第 3 行に加えよ.

(d) D の値を求めよ.

解答 (a), (b), (c)での操作で行列式の値は変わらない.

(a) $$D = \begin{vmatrix} 1 & 4 & 1 \\ 3 & 3 & 2 \\ 2 & 8 & 4 \end{vmatrix} \overset{(8)}{=} \begin{vmatrix} 1 & 4 & 1 \\ 3+1\times(-3) & 3+4\times(-3) & 2+1\times(-3) \\ 2 & 8 & 4 \end{vmatrix}$$
$$= \begin{vmatrix} 1 & 4 & 1 \\ 0 & -9 & -1 \\ 2 & 8 & 4 \end{vmatrix}$$

(b) $D \overset{(5)}{=} 2\begin{vmatrix} 1 & 4 & 1 \\ 0 & -9 & -1 \\ 1 & 4 & 2 \end{vmatrix}$ (c) $D \overset{(8)}{=} 2\begin{vmatrix} 1 & 4 & 1 \\ 0 & -9 & -1 \\ 0 & 0 & 1 \end{vmatrix}$

(d) $D = 2 \times 1 \times (-9) \times 1 = -18$ (サラスの方法)

問 題

2.1 行列式の性質を用いて，つぎの行列式の値を求めよ.

(a) $\begin{vmatrix} a & 3a+x & -x \\ b & 3b+y & -y \\ c & 3c+z & -z \end{vmatrix}$ (b) $\begin{vmatrix} 1 & a & b+c \\ 1 & b & c+a \\ 1 & c & a+b \end{vmatrix}$ (c) $\begin{vmatrix} 161 & 162 & 163 \\ 162 & 163 & 164 \\ 163 & 164 & 165 \end{vmatrix}$

2.2 つぎの行列式の値を求めよ.

(a) $\begin{vmatrix} 1 & -1 & 2 \\ 3 & 5 & -2 \\ 6 & 1 & 3 \end{vmatrix}$ (b) $\begin{vmatrix} 1 & -2 & 1 \\ 3 & -1 & -2 \\ -2 & 1 & 1 \end{vmatrix}$ (c) $\begin{vmatrix} 1 & 2 & 4 \\ 3 & 1 & 2 \\ -1 & 5 & 1 \end{vmatrix}$

例題 3 **行列式の基本性質 (2)**

行列式 $\begin{vmatrix} a+x & a+y & a+z \\ b+x & b+y & b+z \\ c+x & c+y & c+z \end{vmatrix}$ の値を求めよ．

解答 性質 (2) あるいは (4) を用いて，行列式を 8 個の行列式の和に表す．

$\boldsymbol{a} = \begin{bmatrix} a \\ b \\ c \end{bmatrix}, \boldsymbol{e} = \begin{bmatrix} 1 \\ 1 \\ 1 \end{bmatrix}$ と表すと $\begin{bmatrix} x \\ x \\ x \end{bmatrix} = x\boldsymbol{e}, \begin{bmatrix} y \\ y \\ y \end{bmatrix} = y\boldsymbol{e}, \begin{bmatrix} z \\ z \\ z \end{bmatrix} = z\boldsymbol{e}$ だから，

$$\begin{vmatrix} a+x & a+y & a+z \\ b+x & b+y & b+z \\ c+x & c+y & c+z \end{vmatrix} = |\boldsymbol{a}+x\boldsymbol{e} \quad \boldsymbol{a}+y\boldsymbol{e} \quad \boldsymbol{a}+z\,\boldsymbol{e}|$$

$$= |\boldsymbol{a}\ \boldsymbol{a}\ \boldsymbol{a}| + z\,|\boldsymbol{a}\ \boldsymbol{a}\ \boldsymbol{e}| + y|\boldsymbol{a}\ \boldsymbol{e}\ \boldsymbol{a}| + yz\,|\boldsymbol{a}\ \boldsymbol{e}\ \boldsymbol{e}| + x\,|\boldsymbol{e}\ \boldsymbol{a}\ \boldsymbol{a}| + xz\,|\boldsymbol{e}\ \boldsymbol{a}\ \boldsymbol{e}|$$
$$+ xy\,|\boldsymbol{e}\ \boldsymbol{e}\ \boldsymbol{a}| + xyz\,|\boldsymbol{e}\ \boldsymbol{e}\ \boldsymbol{e}|$$

ここで，右辺の 8 個の行列式はいずれも 0 だから

$$\begin{vmatrix} a+x & a+y & a+z \\ b+x & b+y & b+z \\ c+x & c+y & c+z \end{vmatrix} = 0$$

問 題

3.1 $\begin{vmatrix} b_1+c_1 & c_1+a_1 & a_1+b_1 \\ b_2+c_2 & c_2+a_2 & a_2+b_2 \\ b_3+c_3 & c_3+a_3 & a_3+b_3 \end{vmatrix} = 2\begin{vmatrix} a_1 & b_1 & c_1 \\ a_2 & b_2 & c_2 \\ a_3 & b_3 & c_3 \end{vmatrix}$ を示せ．

3.2 $\begin{vmatrix} b+c & a-c & a-b \\ b-c & c+a & b-a \\ c-b & c-a & a+b \end{vmatrix} = \begin{vmatrix} b+c & a-c & a-b \\ b-c & a+c & -a+b \\ -b+c & -a+c & a+b \end{vmatrix}$ の値を求めよ．

3.3 $\begin{vmatrix} 1+a & 1 & 1 & 1 \\ 1 & 1+b & 1 & 1 \\ 1 & 1 & 1+c & 1 \\ 1 & 1 & 1 & 1+d \end{vmatrix} = \begin{vmatrix} 1+a & 1+0 & 1+0 & 1+0 \\ 1+0 & 1+b & 1+0 & 1+0 \\ 1+0 & 1+0 & 1+c & 1+0 \\ 1+0 & 1+0 & 1+0 & 1+d \end{vmatrix}$

$= abcd\left(1+\dfrac{1}{a}+\dfrac{1}{b}+\dfrac{1}{c}+\dfrac{1}{d}\right)$ を示せ．

3.4 $\begin{vmatrix} a^2+1 & ab & ac & ad \\ ba & b^2+1 & bc & bd \\ ca & cb & c^2+1 & cd \\ da & db & dc & d^2+1 \end{vmatrix} = \begin{vmatrix} aa+1 & ab+0 & ac+0 & ad+0 \\ ba+0 & bb+1 & bc+0 & bd+0 \\ ca+0 & cb+0 & cc+1 & cd+0 \\ da+0 & db+0 & dc+0 & dd+1 \end{vmatrix}$

$= a^2+b^2+c^2+d^2+1$ を示せ．

例題 4 **行列式の基本性質 (3)**

(a) A を n 次正方行列とし $a=|A|$ とおくとき，$|-A|$ および $|2A|$ を a で表せ．

(b) 奇数次の交代行列の行列式の値は 0 であることを示せ．

解答

(a) $|-A|=\begin{vmatrix} -a_{11} & -a_{12} & \cdots & -a_{1n} \\ -a_{21} & -a_{22} & \cdots & -a_{2n} \\ \vdots & \vdots & & \vdots \\ -a_{n1} & -a_{n2} & \cdots & -a_{nn} \end{vmatrix}$ であるが第 1 列から (-1)，第 2 列から (-1), . . . ，第 n 列から (-1) をそれぞれくくりだすと

$$|-A|=(-1)^n\begin{vmatrix} a_{11} & a_{12} & \cdots & a_{1n} \\ a_{21} & a_{22} & \cdots & a_{2n} \\ \vdots & \vdots & & \vdots \\ a_{n1} & a_{n2} & \cdots & a_{nn} \end{vmatrix}=(-1)^n a.$$

$$|2A|=\begin{vmatrix} 2a_{11} & 2a_{12} & \cdots & 2a_{1n} \\ 2a_{21} & 2a_{22} & \cdots & 2a_{2n} \\ \vdots & \vdots & & \vdots \\ 2a_{n1} & 2a_{n2} & \cdots & 2a_{nn} \end{vmatrix}=2^n\begin{vmatrix} a_{11} & a_{12} & \cdots & a_{1n} \\ a_{21} & a_{22} & \cdots & a_{2n} \\ \vdots & \vdots & & \vdots \\ a_{n1} & a_{n2} & \cdots & a_{nn} \end{vmatrix}$$

（各列から1個ずつ2がくくりだされるから丁度n個の2がくくりだされる．）

$$=2^n a$$

(b) A を n 次の交代行列 (n は奇数) とすると，${}^tA=-A$ だから，両辺の行列式を考えて，$|{}^tA|=|-A|$.
ところで，行列式は転置しても変わらない (性質 (1)) から，$|{}^tA|=|A|$. また，(a) から，$|-A|=(-1)^n|A|=-|A|$ (n は奇数). ゆえに，

$$|A|=-|A| \qquad \therefore\ 2|A|=0 \qquad \therefore\ |A|=0$$

問　題

4.1 つぎの行列式の値を求めよ．

(a) $\begin{vmatrix} 14 & -4 & 6 \\ -21 & 9 & -12 \\ 10.5 & -2 & 2.5 \end{vmatrix}$　　(b) $\begin{vmatrix} 0 & 5 & 0 & -7 & 3 \\ -5 & 0 & 1 & -2 & 4 \\ 0 & -1 & 0 & 8 & -9 \\ 7 & 2 & -8 & 0 & -6 \\ -3 & -4 & 9 & 6 & 0 \end{vmatrix}$

3.3 余因数展開

● 余因数 (子) ● ($A = [a_{ij}]$ は n 次正方行列)

$n-1$ 次の小行列 A の第 i 行と第 j 列以外の成分をそのままならべて得られる $n-1$ 次の正方行列

$n-1$ 次の小行列式 D_{ij} A の $n-1$ 次の小行列の行列式，(i,j) 成分 a_{ij} の小行列式：

$$D_{ij} = \begin{vmatrix} a_{11} & a_{12} & \cdots & a_{1j} & \cdots & a_{1n} \\ a_{21} & a_{22} & \cdots & a_{2j} & \cdots & a_{2n} \\ \vdots & \vdots & \cdots & \vdots & \cdots & \vdots \\ a_{i1} & a_{i2} & \cdots & a_{ij} & \cdots & a_{in} \\ \vdots & \vdots & & \vdots & & \vdots \\ a_{n1} & a_{n2} & \cdots & a_{nj} & \cdots & a_{nn} \end{vmatrix}$$

(影の部分を取り除き，除いたあとはつめておく．)

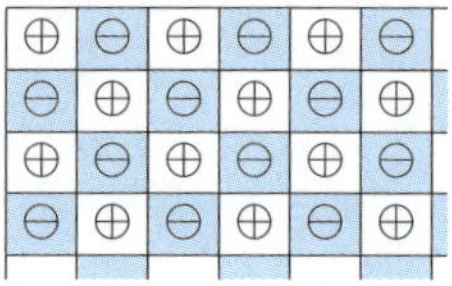

余因数 (子) $A_{ij} = (-1)^{i+j} D_{ij}$ (i,j) 成分 a_{ij} の余因子 (数)

注意 この符号 $(-1)^{i+j}$ は，a_{ij} の場所に付随する符号で，チェスボードルールに従ってみつけると簡単である．

● 余因数展開 ● 余因数はつぎの重要な性質をもつ：

(1) $$a_{1k}A_{1j} + a_{2k}A_{2j} + \cdots + a_{nk}A_{nj} = \delta_{kj}|A| = \begin{cases} |A| & (k=j \text{ のとき}) \text{ (第 } j \text{ 列に関する余因数展開)} \\ 0 & (k \neq j \text{ のとき}) \end{cases}$$

(2) $$a_{k1}A_{i1} + a_{k2}A_{i2} + \cdots + a_{kn}A_{in} = \delta_{ki}|A| = \begin{cases} |A| & (k=i \text{ のとき}) \text{ (第 } i \text{ 行に関する余因数展開)} \\ 0 & (k \neq i \text{ のとき}) \end{cases}$$

● 行列式の計算 ● 行列式の計算は，原則としてつぎの手順を繰り返す．

(1) 行あるいは列から共通因数をくくりだす．

(2) 1つの行あるいは列にできるだけたくさん0をふやす．

(3) 余因数展開で次数を下げる．

注意 行列式の個々の特徴をいかした計算をみつければ計算は楽になる．

例題 5　**余因数展開**

行列式 $D = \begin{vmatrix} 3 & 1 & -4 & 2 \\ 1 & 0 & 5 & 0 \\ 0 & -1 & 3 & 0 \\ 2 & 4 & 4 & 5 \end{vmatrix}$ において，(3,2) 成分 -1 の余因数 A_{32} を求めよ．

また，第 3 行で余因数展開をすることにより，D の値を求めよ．

解答

$$A_{32} = (-1)^{3+2} D_{32} = - \begin{vmatrix} 3 & -4 & 2 \\ 1 & 5 & 0 \\ 2 & 4 & 5 \end{vmatrix} \begin{pmatrix} \text{第 2 列に第 1 列} \times \\ (-5) \text{ を加えると} \end{pmatrix} = - \begin{vmatrix} 3 & -19 & 2 \\ 1 & 0 & 0 \\ 2 & -6 & 5 \end{vmatrix}$$

$$(\text{第 2 行で展開すると}) = -(-1)^{1+2} \begin{vmatrix} -19 & 2 \\ -6 & 5 \end{vmatrix} = -95 + 12 = -83$$

また，$D = (-1)A_{32} + 3A_{33} = (-1)(-1)^{2+3} \begin{vmatrix} 3 & -4 & 2 \\ 1 & 5 & 0 \\ 2 & 4 & 5 \end{vmatrix} + 3(-1)^{3+3} \begin{vmatrix} 3 & 1 & 2 \\ 1 & 0 & 0 \\ 2 & 4 & 5 \end{vmatrix}$

$$= -(-83) + 3(-1)^{1+2} \begin{vmatrix} 1 & 2 \\ 4 & 5 \end{vmatrix} = 83 + 9 = 92$$

問　題

5.1　つぎの行列式を，指定された行または列で展開して値を求めよ．

(a) $\begin{vmatrix} 7 & 4 & 0 \\ -2 & 4 & 3 \\ -3 & 2 & 0 \end{vmatrix}$ (第 3 列)　　(b) $\begin{vmatrix} 4 & 0 & 1 \\ 5 & 4 & 3 \\ -3 & 0 & 2 \end{vmatrix}$ (第 2 列)

(c) $\begin{vmatrix} 2 & 5 & 3 \\ -6 & -1 & 0 \\ 3 & 4 & 1 \end{vmatrix}$ (第 2 行)

5.2　つぎの行列式の値を求めよ．

(a) $\begin{vmatrix} 0 & 0 & 0 & a_{14} \\ 0 & 0 & a_{23} & a_{24} \\ 0 & a_{32} & a_{33} & a_{34} \\ a_{41} & a_{42} & a_{43} & a_{44} \end{vmatrix}$　　(b) $\begin{vmatrix} 0 & 0 & 0 & 0 & a_{15} \\ 0 & 0 & 0 & a_{24} & a_{25} \\ 0 & 0 & a_{33} & a_{34} & a_{35} \\ 0 & a_{42} & a_{43} & a_{44} & a_{45} \\ a_{51} & a_{52} & a_{53} & a_{54} & a_{55} \end{vmatrix}$

例題 6　　　　　　　　　　　　　　　　　　**行列式の計算 (1)**

行列式 $D = \begin{vmatrix} 8 & 3 & 2 & -5 \\ 4 & -1 & 2 & 3 \\ 5 & 6 & 2 & 3 \\ 1 & 6 & 2 & 7 \end{vmatrix}$ の値を求めよ．

解答　(→p.32 行列式の計算)

$$D \begin{pmatrix}\text{第3列か}\\\text{ら2をく}\\\text{くりだし}\\\text{て}\end{pmatrix} = 2\begin{vmatrix} 8 & 3 & 1 & -5 \\ 4 & -1 & 1 & 3 \\ 5 & 6 & 1 & 3 \\ 1 & 6 & 1 & 7 \end{vmatrix} \begin{pmatrix}\text{(第 2 行)} + \text{(第 1 行)}\times(-1)\\\text{(第 3 行)} + \text{(第 1 行)}\times(-1)\\\text{(第 4 行)} + \text{(第 1 行)}\times(-1)\\\text{により}\end{pmatrix} = 2\begin{vmatrix} 8 & 3 & 1 & -5 \\ -4 & -4 & 0 & 8 \\ -3 & 3 & 0 & 8 \\ -7 & 3 & 0 & 12 \end{vmatrix}$$

$$\begin{pmatrix}\text{第3列で}\\\text{余因数展}\\\text{開して}\end{pmatrix} = 2\begin{vmatrix} -4 & -4 & 8 \\ -3 & 3 & 8 \\ -7 & 3 & 12 \end{vmatrix} \begin{pmatrix}\text{第1行から4}\\\text{をくくりだ}\\\text{して}\end{pmatrix} = 8\begin{vmatrix} -1 & -1 & 2 \\ -3 & 3 & 8 \\ -7 & 3 & 12 \end{vmatrix}$$

$$\begin{pmatrix}\text{第3列か}\\\text{ら2をく}\\\text{くりだし}\\\text{て}\end{pmatrix} = 16\begin{vmatrix} -1 & -1 & 1 \\ -3 & 3 & 4 \\ -7 & 3 & 6 \end{vmatrix} \begin{pmatrix}\text{(第 1 列)+(第 3 列)}\\\text{(第 2 列)+(第 3 列)}\\\text{により}\end{pmatrix} = 16\begin{vmatrix} 0 & 0 & 1 \\ 1 & 7 & 4 \\ -1 & 9 & 6 \end{vmatrix}$$

$$\begin{pmatrix}\text{第1行で}\\\text{余因数展}\\\text{開して}\end{pmatrix} = 16\begin{vmatrix} 1 & 7 \\ -1 & 9 \end{vmatrix} \begin{pmatrix}\text{(第 2 行)+(第 1 行)}\\\text{により}\end{pmatrix} = 16\begin{vmatrix} 1 & 7 \\ 0 & 16 \end{vmatrix} = 16 \times 16 = 256$$

問　題

6.1　つぎの行列式の値を求めよ．

(a) $\begin{vmatrix} 1 & 1 & 2 & 3 \\ 2 & 4 & 3 & 6 \\ 1 & 2 & 4 & 3 \\ 2 & 4 & 2 & 8 \end{vmatrix}$　(b) $\begin{vmatrix} 2 & 4 & -3 & 4 \\ -5 & 2 & 1 & 5 \\ -3 & 4 & 2 & 1 \\ 4 & 6 & -7 & -2 \end{vmatrix}$　(c) $\begin{vmatrix} 2 & -5 & 4 & 3 \\ 3 & -4 & 7 & 5 \\ 4 & -9 & 8 & 5 \\ -3 & 2 & -5 & 3 \end{vmatrix}$

(d) $\begin{vmatrix} 3 & -2 & -5 & 4 \\ -5 & 2 & 8 & -5 \\ -2 & 4 & 7 & -3 \\ 2 & -3 & -5 & 8 \end{vmatrix}$　(e) $\begin{vmatrix} 1 & 2 & 3 & 4 \\ 12 & 13 & 14 & 5 \\ 11 & 16 & 15 & 6 \\ 10 & 9 & 8 & 7 \end{vmatrix}$　(f) $\begin{vmatrix} 1 & 2 & 9 & 10 \\ 4 & 3 & 8 & 11 \\ 5 & 6 & 7 & 12 \\ 16 & 15 & 14 & 13 \end{vmatrix}$

例題 7　　　　**行列式の計算 (2)**

行列式 $\begin{vmatrix} 1 & 1 & 1 \\ a & a^2 & a^3 \\ b & b^2 & b^3 \end{vmatrix}$ を因数分解せよ．

解答　(→p.32 行列式の計算)

$$\begin{vmatrix} 1 & 1 & 1 \\ a & a^2 & a^3 \\ b & b^2 & b^3 \end{vmatrix} \left(\begin{array}{l}\text{第 2 行から } a \text{ をくくりだす} \\ \text{第 3 行から } b \text{ をくくりだす}\end{array} \text{と}\right) = ab\begin{vmatrix} 1 & 1 & 1 \\ 1 & a & a^2 \\ 1 & b & b^2 \end{vmatrix}$$

$$\left(\begin{array}{l}\text{第 2 列} - \text{第 1 列} \\ \text{第 3 列} - \text{第 1 列}\end{array} \text{より}\right) = ab\begin{vmatrix} 1 & 0 & 0 \\ 1 & a-1 & (a-1)(a+1) \\ 1 & b-1 & (b-1)(b+1) \end{vmatrix}$$

$$(\text{第 1 行で余因数展開すると}) = ab\begin{vmatrix} a-1 & (a-1)(a+1) \\ b-1 & (b-1)(b+1) \end{vmatrix}$$

$$\left(\begin{array}{l}\text{第 1 行から } (a-1) \text{ をくくりだす} \\ \text{第 2 行から } (b-1) \text{ をくくりだす}\end{array} \text{と}\right) = ab(a-1)(b-1)\begin{vmatrix} 1 & a+1 \\ 1 & b+1 \end{vmatrix}$$

$$(\text{第 2 行} - \text{第 1 行より}) = ab(a-1)(b-1)\begin{vmatrix} 1 & a+1 \\ 0 & b-a \end{vmatrix}$$

$$= ab(a-1)(b-1)(b-a)$$

$$= -ab(a-1)(b-1)(a-b)$$

注意　この行列式では a に $0, 1, b$ を代入すると 0 になるので，因数定理により $a, a-1, a-b$ を因数にもつ．同様に $b, b-1$ を因数にもつことがわかる．

問　題

7.1　つぎの行列式を因数分解せよ．

(a) $\begin{vmatrix} 1 & a & a^3 \\ 1 & b & b^3 \\ 1 & c & c^3 \end{vmatrix}$　(b) $\begin{vmatrix} 1 & 1 & 1 \\ a^2 & b^2 & c^2 \\ a^3 & b^3 & c^3 \end{vmatrix}$　(c) $\begin{vmatrix} 1 & b+c & bc \\ 1 & c+a & ca \\ 1 & a+b & ab \end{vmatrix}$

(d) $\begin{vmatrix} 1 & 1 & 1 & 1 \\ a & x & a & a \\ b & b & x & b \\ c & c & c & x \end{vmatrix}$　(e) $\begin{vmatrix} a & a & a & a \\ a & x & a & a \\ a & a & x & a \\ a & a & a & x \end{vmatrix}$　(f) $\begin{vmatrix} 1 & 1 & 1 & 1 \\ x & y & z & u \\ x^2 & y^2 & z^2 & u^2 \\ x^3 & y^3 & z^3 & u^3 \end{vmatrix}$

(解答のファンデルモンドの行列式の一般形参照)

3.4 逆行列と連立1次方程式への応用，行列の積の行列式

• 逆行列 • ($A=[a_{ij}]$ は n 次正方行列)

余因子行列，随伴行列 $\mathrm{adj}A$ (i,j) 成分 a_{ij} の余因子 A_{ij} を (j,i) 成分とする行列：

$$\mathrm{adj}A={}^{t}[A_{ij}]$$

正則行列であるための条件 n 次正方行列が正則 (逆行列をもつ) $\iff$ $|A|\neq 0$

逆行列の公式 $|A|\neq 0$ のとき，$A^{-1}=\dfrac{1}{|A|}\mathrm{adj}A=\dfrac{1}{|A|}{}^{t}[A_{ij}]$

逆行列の行列式 $|A|\neq 0$ のとき，$|A^{-1}|=|A|^{-1}$

• 連立1次方程式への応用 •

クラメールの公式 連立1次方程式 $A\boldsymbol{x}=\boldsymbol{b}$ において，

(1) 未知数の個数と方程式の個数が等しい (すなわち，A が正方行列).
(2) A の行列式 $|A|\neq 0$(すなわち，A が正則行列).

第 j 列

$$\Rightarrow \quad x_j=\frac{1}{|A|}\begin{vmatrix} a_{11} & \cdots & b_1 & \cdots & a_{1n} \\ \vdots & & b_2 & & \vdots \\ \vdots & & \vdots & & \vdots \\ a_{n1} & \cdots & b_n & \cdots & a_{nn} \end{vmatrix} \quad (j=1,2,\ldots,n)$$

同次連立1次方程式への応用

同次連立1次方程式 $A\boldsymbol{x}=\boldsymbol{0}$ が非自明解をもつ $\iff$ $|A|=0$

左辺から右辺を導くことを**変数 $\boldsymbol{x}$ を消去する**という.

• 行列式と階数 • n 次正方行列 A において，

$\mathrm{rank}A=n$ $\iff$ A は正則 (逆行列をもつ) $\iff$ $|A|\neq 0$
$\mathrm{rank}A<n$ $\iff$ A は正則でない (逆行列をもたない) $\iff$ $|A|=0$

参考 $\mathrm{rank}\,A=r$ $\iff$
(i) A の r 次の正方小行列 A_0 で $|A_0|\neq 0$ となるものが存在する.
(ii) 任意の $r+1$ 次以上の正方小行列 B は $|B|=0$ である.

• 行列の積の行列式 • $|AB|=|A||B|$

例題 8 **逆行列への応用**

つぎの行列が正則ならば，逆行列を求めよ．

（a） $A = \begin{bmatrix} 1 & -2 & 3 \\ 2 & -3 & 4 \\ 3 & -8 & 13 \end{bmatrix}$ （b） $A = \begin{bmatrix} 1 & 2 & -1 \\ -1 & -1 & 2 \\ 2 & -1 & 1 \end{bmatrix}$

解答

（a） $|A| = \begin{vmatrix} 1 & -2 & 3 \\ 2 & -3 & 4 \\ 3 & -8 & 13 \end{vmatrix} = \begin{vmatrix} 1 & -2 & 3 \\ 0 & 1 & -2 \\ 0 & -2 & 4 \end{vmatrix} = 0$ （第 3 行が第 2 行 $\times(-2)$ である）

ゆえに，A は逆行列をもたず正則でない．

（b） これは第 2 章例題 4 と同じものであるが，ここでは行列式を用いてみる．

$$|A| = \begin{vmatrix} 1 & 2 & -1 \\ -1 & -1 & 2 \\ 2 & -1 & 1 \end{vmatrix} = \begin{vmatrix} 1 & 2 & -1 \\ 0 & 1 & 1 \\ 0 & -5 & 3 \end{vmatrix} = \begin{vmatrix} 1 & 1 \\ -5 & 3 \end{vmatrix} = \begin{vmatrix} 1 & 1 \\ 0 & 8 \end{vmatrix} = 8 \neq 0.$$

ゆえに A は正則．余因数を計算して，

$$A_{11} = \begin{vmatrix} -1 & 2 \\ -1 & 1 \end{vmatrix} = 1 \quad A_{12} = -\begin{vmatrix} -1 & 2 \\ 2 & 1 \end{vmatrix} = 5 \quad A_{13} = \begin{vmatrix} -1 & -1 \\ 2 & -1 \end{vmatrix} = 3$$

$$A_{21} = -\begin{vmatrix} 2 & -1 \\ -1 & 1 \end{vmatrix} = -1 \quad A_{22} = \begin{vmatrix} 1 & -1 \\ 2 & 1 \end{vmatrix} = 3 \quad A_{23} = -\begin{vmatrix} 1 & 2 \\ 2 & -1 \end{vmatrix} = 5$$

$$A_{31} = \begin{vmatrix} 2 & -1 \\ -1 & 2 \end{vmatrix} = 3 \quad A_{32} = -\begin{vmatrix} 1 & -1 \\ -1 & 2 \end{vmatrix} = -1 \quad A_{33} = \begin{vmatrix} 1 & 2 \\ -1 & -1 \end{vmatrix} = 1$$

ゆえに，

$$A^{-1} = \frac{1}{8}\,{}^{t}\begin{bmatrix} 1 & 5 & 3 \\ -1 & 3 & 5 \\ 3 & -1 & 1 \end{bmatrix} = \frac{1}{8}\begin{bmatrix} 1 & -1 & 3 \\ 5 & 3 & -1 \\ 3 & 5 & 1 \end{bmatrix} = \begin{bmatrix} 1/8 & -1/8 & 3/8 \\ 5/8 & 3/8 & -1/8 \\ 3/8 & 5/8 & 1/8 \end{bmatrix}$$

問 題

8.1 つぎの行列の逆行列を求めよ．

（a） $A = \begin{bmatrix} 1 & -1 & 1 \\ 2 & 1 & 0 \\ 1 & -2 & 3 \end{bmatrix}$ （b） $A = \begin{bmatrix} 1 & 0 & 1 \\ 1 & 1 & 1 \\ 2 & 1 & 1 \end{bmatrix}$ （c） $A = \begin{bmatrix} -3 & 2 & 6 \\ 5 & 1 & 3 \\ 2 & -1 & 3 \end{bmatrix}$

8.2 $A = \begin{bmatrix} a_{11} & a_{12} \\ a_{21} & a_{22} \end{bmatrix}$ において $|A|, A_{ij}$ を求め $|A| \neq 0$ のとき A^{-1} を求めよ．

例題 9 **クラメールの公式**

クラメールの公式を用いて，つぎの連立1次方程式を解け．

$$\begin{cases} 2x+5y-\ \ z=\ \ 7 \\ -2x-6y+7z=-3 \\ x+3y-\ \ z=\ \ 4 \end{cases}$$

解答 まず，係数行列 A の行列式 $|A|$ を計算する．

$$|A|=\begin{vmatrix} 2 & 5 & -1 \\ -2 & -6 & 7 \\ 1 & 3 & -1 \end{vmatrix}=\begin{vmatrix} 0 & -1 & 1 \\ 0 & 0 & 5 \\ 1 & 3 & -1 \end{vmatrix}=\begin{vmatrix} -1 & 1 \\ 0 & 5 \end{vmatrix}=-5\neq 0$$

よって，クラメールの公式より，

$$x=\frac{1}{-5}\begin{vmatrix} 7 & 5 & -1 \\ -3 & -6 & 7 \\ 4 & 3 & -1 \end{vmatrix}=-\frac{1}{5}\begin{vmatrix} 7 & 5 & -1 \\ 46 & 29 & 0 \\ -3 & -2 & 0 \end{vmatrix}=-\frac{1}{5}(-1)\begin{vmatrix} 46 & 29 \\ -3 & -2 \end{vmatrix}$$

$$=\frac{1}{5}\begin{vmatrix} -12 & 29 \\ 1 & -2 \end{vmatrix}=\frac{1}{5}(24-29)=-1$$

$$y=\frac{1}{-5}\begin{vmatrix} 2 & 7 & -1 \\ -2 & -3 & 7 \\ 1 & 4 & -1 \end{vmatrix}=-\frac{1}{5}\begin{vmatrix} 0 & -1 & 1 \\ 0 & 5 & 5 \\ 1 & 4 & -1 \end{vmatrix}=-\frac{1}{5}\begin{vmatrix} -1 & 1 \\ 5 & 5 \end{vmatrix}=-\begin{vmatrix} -1 & 1 \\ 1 & 1 \end{vmatrix}$$

$$=-(-1-1)=2$$

$$z=\frac{1}{-5}\begin{vmatrix} 2 & 5 & 7 \\ -2 & -6 & -3 \\ 1 & 3 & 4 \end{vmatrix}=-\frac{1}{5}\begin{vmatrix} 0 & -1 & -1 \\ 0 & 0 & 5 \\ 1 & 3 & 4 \end{vmatrix}=-\frac{1}{5}\begin{vmatrix} -1 & -1 \\ 0 & 5 \end{vmatrix}=-\frac{1}{5}(-5)=1$$

ゆえに，$x=-1, y=2, z=1$.

問 題

9.1 クラメールの公式を用いて，つぎの連立1次方程式を解け．

(a) $\begin{cases} 2x+y=-4 \\ -x+y=\ \ 5 \end{cases}$ (b) $\begin{cases} 5x+4y=0 \\ -3x-2y=0 \end{cases}$

(c) $\begin{cases} 3x-y+3z=1 \\ -x+5y-2z=1 \\ x-y+3z=2 \end{cases}$ (d) $\begin{cases} x-y+2z=1 \\ 3x+y-3z=5 \\ -x+2y+5z=-1 \end{cases}$

例題 10　　　　行列の積の行列式

$A = \begin{bmatrix} 0 & c & b \\ c & 0 & a \\ b & a & 0 \end{bmatrix}$ とし $|A^2|$ を計算することによって $\begin{vmatrix} b^2+c^2 & ab & ca \\ ab & c^2+a^2 & bc \\ ca & bc & a^2+b^2 \end{vmatrix}$ を求めよ．

解答　$|A^2| = |A|^2$ を用いる．

$$A^2 = \begin{bmatrix} 0 & c & b \\ c & 0 & a \\ b & a & 0 \end{bmatrix}\begin{bmatrix} 0 & c & b \\ c & 0 & a \\ b & a & 0 \end{bmatrix} = \begin{bmatrix} b^2+c^2 & ab & ca \\ ab & c^2+a^2 & bc \\ ca & bc & a^2+b^2 \end{bmatrix}$$

よって $\begin{vmatrix} b^2+c^2 & ab & ca \\ ab & c^2+a^2 & bc \\ ca & bc & a^2+b^2 \end{vmatrix} = \begin{vmatrix} 0 & c & b \\ c & 0 & a \\ b & a & 0 \end{vmatrix}^2 = (2abc)^2 = 4a^2b^2c^2$

問　題

10.1　$A = \begin{bmatrix} 0 & c & b \\ c & 0 & a \\ b & a & 0 \end{bmatrix}$, $B = \begin{bmatrix} 0 & 1 & 1 \\ 1 & 0 & 1 \\ 1 & 1 & 0 \end{bmatrix}$, $C = \begin{bmatrix} -1 & 1 & 1 \\ 1 & -1 & 1 \\ 1 & 1 & -1 \end{bmatrix}$ として，

(a)　BA を計算することにより $\begin{vmatrix} b+c & a & a \\ b & c+a & b \\ c & c & a+b \end{vmatrix}$ の値を求めよ．

(b)　CA を計算することにより $\begin{vmatrix} b+c & a-c & a-b \\ b-c & c+a & b-a \\ c-b & c-a & a+b \end{vmatrix}$ の値を求めよ．

(c)　$\begin{bmatrix} a_1 & b_1 & c_1 \\ a_2 & b_2 & c_2 \\ a_3 & a_3 & c_3 \end{bmatrix} B$ を計算して $\begin{vmatrix} b_1+c_1 & c_1+a_1 & a_1+b_1 \\ b_2+c_2 & c_2+a_2 & a_2+b_2 \\ b_3+c_3 & c_3+a_3 & a_3+b_3 \end{vmatrix}$

$= 2\begin{vmatrix} a_1 & b_1 & c_1 \\ a_2 & b_2 & c_2 \\ a_3 & b_3 & c_3 \end{vmatrix}$ を示せ．

例題 11 **行列式と正則性**

行列式を用いて，つぎを証明せよ．
(a) A, B を n 次正方行列とする．A, B が正則であることと AB が正則であることは同値である．
(b) A, P を n 次正方行列とし，P を正則とすると $|P^{-1}AP| = |A|$.

解答 (a) A, B を正則とすると $|A| \neq 0$, $|B| \neq 0$. したがって，

$$|AB| = |A||B| \neq 0$$

ゆえに，AB は正則である．

逆に，AB が正則とすると $|A||B| = |AB| \neq 0$. ゆえに，

$$|A| \neq 0, \quad |B| \neq 0$$

よって，AB は正則である．(→ 第 2 章問題 5.3)

(b) $|P^{-1}| = |P|^{-1}$ だから

$$|P^{-1}AP| = |P^{-1}||A||P| = |P|^{-1}|A||P| = |A|$$

問 題

11.1 A を n 次正方行列とするとき，つぎの各行列の行列式を $|A| = a$ を用いて表せ．

(a) A^2 (b) ${}^tA$ (c) $a \neq 0$ のとき A^{-1}

11.2 行列式を用いて，つぎを証明せよ．

(a) A, B を n 次正方行列とし，$AB = aE(a \neq 0)$ とすると A, B は正則である．

(b) べき零行列は正則でない．

(c) $|A| \neq 1$ なるべき等行列 A は正則でない．

(d) A が正則ならば ${}^tA$ も正則である．

(e) $A^2 = E$ ならば $|A + E| = 0$ または $|A - E| = 0$ である．

11.3 A を n 次直交行列 $(A^{-1} = {}^tA)$ とするとき，つぎを証明せよ．

(a) $|A| = \pm 1$

(b) $|A| = -1$ ならば $|A + E| = 0$

(c) $|A| = (-1)^{n-1}$(すなわち，n が偶数のとき，$|A| = -1$，n が奇数のとき，$|A| = 1$) ならば $|A - E| = 0$.

11.4 A を n 次正方行列とするとき $|\mathrm{adj}A| = |A|^{n-1}$ を示せ．

4 実数上の数ベクトル空間

平面ベクトルや空間ベクトルを一般化した実数上の n 次元ベクトルを学ぶ．前半の 1 次独立，基底，部分空間等は線形代数学の中枢の概念である．後半は内積，外積を考えた計量ベクトル空間を扱う．

4.1 実数上の数ベクトル空間

● 実数上の n 次 (元) 数ベクトル空間 ●　実数の n 個の組の全体

$$\boldsymbol{R}^n = \{(a_1, a_2, \ldots, a_n); a_1, a_2, \ldots, a_n \in \boldsymbol{R}\}$$

を**実数上の n 次 (元) 数ベクトル空間**という．

$\boldsymbol{a} = (a_1, a_2, \ldots, a_n)$, $\boldsymbol{b} = (b_1, b_2, \ldots, b_n) \in \boldsymbol{R}^n$ に対し，相等，和，スカラー倍をつぎのように定義する．

相等	$\boldsymbol{a} = \boldsymbol{b} \iff a_1 = b_1,\ a_2 = b_2,\ \ldots,\ a_n = b_n$
和	$\boldsymbol{a} + \boldsymbol{b} = (a_1 + b_1, a_2 + b_2, \ldots, a_n + b_n)$
スカラー倍	$\lambda\boldsymbol{a} = (\lambda a_1, \lambda a_2, \ldots, \lambda a_n)$　(λは実数)

数ベクトル空間の要素を**数ベクトル**または単に**ベクトル**という．

$\boldsymbol{0} = (0, 0, \ldots, 0)$ は $\boldsymbol{R}^n$ のベクトルである．これを**零ベクトル**という．

数ベクトル $\boldsymbol{a}$ は n 次元行ベクトルともみなされるし，

$$\boldsymbol{a} = \begin{bmatrix} a_1 \\ a_2 \\ \vdots \\ a_n \end{bmatrix}$$

のように n 次元列ベクトルの形にも表される．

定義から行列のときの演算の法則 (1)～(7) と同様の法則が成り立つ．とくに，

$$\boldsymbol{a} + \boldsymbol{0} = \boldsymbol{0} + \boldsymbol{a} = \boldsymbol{a}, -\boldsymbol{a} = (-1)\boldsymbol{a}$$

である．

● 1 次独立，1 次従属 ●　m 個の n 次元数ベクトル $\boldsymbol{a}_1, \boldsymbol{a}_2, \ldots, \boldsymbol{a}_m$ に対して，

$$x_1\boldsymbol{a}_1 + x_2\boldsymbol{a}_2 + \cdots + x_m\boldsymbol{a}_m, \quad x_1, x_2, \ldots, x_m \in \boldsymbol{R}$$

を $\boldsymbol{a}_1, \boldsymbol{a}_2, \ldots, \boldsymbol{a}_m$ の **1 次結合**という．

$x_1\boldsymbol{a}_1 + x_2\boldsymbol{a}_2 + \cdots + x_m\boldsymbol{a}_m = \boldsymbol{0}$ となるのは

$x_1 = x_2 = \cdots = x_m = 0$ 以外に起こり得ない　$\overset{\text{定義}}{\Longleftrightarrow}$　$\boldsymbol{a}_1, \boldsymbol{a}_2, \ldots, \boldsymbol{a}_m$ が **1 次独立**

$x_1 = x_2 = \cdots = x_m = 0$ 以外にもあり得る　$\overset{\text{定義}}{\Longleftrightarrow}$　$\boldsymbol{a}_1, \boldsymbol{a}_2, \ldots, \boldsymbol{a}_m$ が **1 次従属**

1 次独立とはどの $\boldsymbol{a}_j$ も残りの $m-1$ 個のベクトルの 1 次結合として表せないことであり，1 次従属とは少なくとも 1 個のベクトルが残りのベクトルの 1 次結合として表せるということである．

1 次独立性と階数　数ベクトルを列ベクトルで表して $A = [\boldsymbol{a}_1\ \boldsymbol{a}_2\ \cdots\ \boldsymbol{a}_m]$ を $n \times m$ 行列とする．

$$\boldsymbol{a}_1, \boldsymbol{a}_2, \ldots, \boldsymbol{a}_m \text{ が 1 次独立} \iff \operatorname{rank} A = m$$

$$\boldsymbol{a}_1, \boldsymbol{a}_2, \ldots, \boldsymbol{a}_m \text{ が 1 次従属} \iff \operatorname{rank} A < m$$

注意　$n+1$ 個以上の n 次元数ベクトルは 1 次従属である．

1 次独立性と行列式の値　$m = n$ のとき

$\boldsymbol{a}_1, \boldsymbol{a}_2, \ldots, \boldsymbol{a}_n$ が 1 次独立 $\iff$ $\operatorname{rank} A = n$ $\iff$ 正則 $\iff$ $\det A \neq 0$

$\boldsymbol{a}_1, \boldsymbol{a}_2, \ldots, \boldsymbol{a}_n$ が 1 次従属 $\iff$ $\operatorname{rank} A < n$ $\iff$ 正則でない $\iff$ $\det A = 0$

1 次独立性と 1 次結合　$\boldsymbol{a}_1, \boldsymbol{a}_2, \ldots, \boldsymbol{a}_l$ を $\boldsymbol{R}^n$ の l 個の 1 次独立なベクトルとし，m 個のベクトル

$$\boldsymbol{b}_j = p_{1j}\boldsymbol{a}_1 + p_{2j}\boldsymbol{a}_2 + \ldots + p_{lj}\boldsymbol{a}_l \qquad (j = 1, 2, \cdots, m)$$

とする．$\boldsymbol{b}_1, \boldsymbol{b}_2, \cdots, \boldsymbol{b}_m$ が 1 次独立であるための必要十分条件は $l \times m$ 行列 $[p_{ij}]$ の階数が m であることである．

例題 1　　**1 次独立性**

つぎの $\boldsymbol{R}^3$ のベクトルは 1 次独立であるかどうか調べよ．

（a）零ベクトル $\mathbf{0} = (0,0,0)$

（b）$\boldsymbol{a}_1 = (1,-2,1)$, $\boldsymbol{a}_2 = (3,1,4)$

（c）$\boldsymbol{a}_1 = (2,-1,0)$, $\boldsymbol{a}_2 = (1,0,3)$, $\boldsymbol{a}_3 = (-2,1,0)$

（d）任意の 4 個のベクトル $\boldsymbol{a}_1$, $\boldsymbol{a}_2$, $\boldsymbol{a}_3$, $\boldsymbol{a}_4$

解答　（a）$x \neq 0$ でも $x\mathbf{0} = (0,0,0) = \mathbf{0}$ だから 1 次従属である．このように，1 個のベクトルは零ベクトルか零ベクトルでないかにしたがって 1 次従属か 1 次独立になる．

（b）
$$\mathrm{rank}\,[\boldsymbol{a}_1\ \boldsymbol{a}_2] = \mathrm{rank}\begin{bmatrix} 1 & 3 \\ -2 & 1 \\ 1 & 4 \end{bmatrix} = \mathrm{rank}\begin{bmatrix} 1 & 3 \\ 0 & 1 \\ 0 & 0 \end{bmatrix} = 2$$

よって，$\boldsymbol{a}_1$, $\boldsymbol{a}_2$ は 1 次独立．

（c）右の表から $\mathrm{rank}\,[\boldsymbol{a}_1\ \boldsymbol{a}_2\ \boldsymbol{a}_3] = 2 < 3$．よって $\boldsymbol{a}_1, \boldsymbol{a}_2, \boldsymbol{a}_3$ は 1 次従属である．

$\boldsymbol{a}_1$	$\boldsymbol{a}_2$	$\boldsymbol{a}_3$
2	1	−2
−1	0	1
0	3	0
1	0	−1
0	1	0
0	0	0

あるいは行列式
$$\det[\boldsymbol{a}_1\ \boldsymbol{a}_2\ \boldsymbol{a}_3] = \begin{vmatrix} 2 & 1 & -2 \\ -1 & 0 & 1 \\ 0 & 3 & 0 \end{vmatrix} = 0$$
から 1 次従属を結論してもよい．

（d）$[\boldsymbol{a}_1\ \boldsymbol{a}_2\ \boldsymbol{a}_3\ \boldsymbol{a}_4]$ は 3×4 行列だから $\mathrm{rank}\,[\boldsymbol{a}_1\ \boldsymbol{a}_2\ \boldsymbol{a}_3\ \boldsymbol{a}_4] \leqq 3 < 4$．よって $\boldsymbol{a}_1, \boldsymbol{a}_2, \boldsymbol{a}_3, \boldsymbol{a}_4$ は 1 次従属．

注意　$\mathrm{rank}\,{}^tA = \mathrm{rank}\,A$ だから数ベクトルを行ベクトルとみてそのまま並べて
$${}^tA = \begin{bmatrix} \boldsymbol{a}_1 \\ \boldsymbol{a}_2 \\ \boldsymbol{a}_3 \end{bmatrix} = \begin{bmatrix} 2 & -1 & 0 \\ 1 & 0 & 3 \\ -2 & 1 & 0 \end{bmatrix}$$
の階数を調べてもよい．

問　題

1.1　ベクトル $(a,1,1), (1,a,1), (1,1,a)$ が 1 次独立であるように a の値を定めよ．

1.2　$\boldsymbol{R}^4$ のベクトル $\boldsymbol{a}_1 = (1,-1,-3,-1), \boldsymbol{a}_2 = (3,-1,-5,3), \boldsymbol{a}_3 = (-2,1,4,1)$, $\boldsymbol{a}_4 = (2,-1,-4,2)$ は 1 次独立か．

1.3　$\boldsymbol{R}^n$ の $n+1$ 個以上のベクトルは 1 次従属であることを示せ．

例題 2　　**1 次結合**

$\boldsymbol{R}^3$ のベクトル $\boldsymbol{a} = (3,-1,3)$, $\boldsymbol{b} = (-2,1,1)$ をベクトル $\boldsymbol{a}_1 = (2,-1,1)$, $\boldsymbol{a}_2 = (-1,1,1)$, $\boldsymbol{a}_3 = (-4,3,1)$ の 1 次結合で表せ.

解答　$A = [\boldsymbol{a}_1\ \boldsymbol{a}_2\ \boldsymbol{a}_3], \boldsymbol{x} = {}^t[x_1\ x_2\ x_3]$ とするとき連立 1 次方程式

$$x_1\boldsymbol{a}_1 + x_2\boldsymbol{a}_2 + x_3\boldsymbol{a}_3 = \boldsymbol{A}\boldsymbol{x} = \boldsymbol{a} \quad ①$$

$$x_1\boldsymbol{a}_1 + x_2\boldsymbol{a}_2 + x_3\boldsymbol{a}_3 = \boldsymbol{A}\boldsymbol{x} = \boldsymbol{b} \quad ②$$

をそれぞれ解けばよい.
右の表から①は解

$$\boldsymbol{x} = \begin{bmatrix} x_1 \\ x_2 \\ x_3 \end{bmatrix} = \begin{bmatrix} 2+\ \lambda \\ 1-2\lambda \\ \lambda \end{bmatrix}$$

(λ は任意) を持つから，たとえば $\lambda = 0$ として $\boldsymbol{a} = 2\boldsymbol{a}_1 + \boldsymbol{a}_2$ を得る.
また，②は

$$\operatorname{rank}[\boldsymbol{a}_1\ \boldsymbol{a}_2\ \boldsymbol{a}_3] = 2, \quad \operatorname{rank}[\boldsymbol{a}_1\ \boldsymbol{a}_2\ \boldsymbol{a}_3\ \boldsymbol{b}] = 3$$

が等しくないからは解を持たない．つまり，$\boldsymbol{b}$ は $\boldsymbol{a}_1$, $\boldsymbol{a}_2$, $\boldsymbol{a}_3$ の 1 次結合として表せない.

$\boldsymbol{a}_1$	$\boldsymbol{a}_2$	$\boldsymbol{a}_3$	$\boldsymbol{a}$	$\boldsymbol{b}$
2	−1	−4	3	−2
−1	1	3	−1	1
1	1	1	3	1
1	1	1	3	1
0	2	4	2	2
0	−3	−6	−3	−4
1	0	−1	2	0
0	1	2	1	1
0	0	0	0	−1

注意　この例のように $\boldsymbol{a}_1, \boldsymbol{a}_2, \boldsymbol{a}_3, \boldsymbol{b}$ は 1 次従属であるが $\boldsymbol{a}_1, \boldsymbol{a}_2, \boldsymbol{a}_3, \boldsymbol{b}$ のどれもが残りのベクトルの 1 次結合で表されるというわけではない.

問　題

2.1　$\boldsymbol{R}^3$ において $\boldsymbol{a} = (2,-1,a)$ が $\boldsymbol{a}_1 = (1,0,1)$, $\boldsymbol{a}_2 = (0,2,2)$ の 1 次結合であるように a を定めよ.

2.2　$\boldsymbol{R}^3$ のつぎのベクトルは 1 次従属か．1 次従属ならば，そのうちの 1 つを他の 2 つのベクトルの 1 次結合として表せ.

(a)　$\boldsymbol{a}_1 = (2,1,2)$, $\boldsymbol{a}_2 = (1,1,4)$, $\boldsymbol{a}_3 = (-1,1,8)$

(b)　$\boldsymbol{a}_1 = (2,-2,2)$, $\boldsymbol{a}_2 = (1,-1,1)$, $\boldsymbol{a}_3 = (1,0,1)$

例題 3 — **1 次結合と独立性**

$\boldsymbol{R}^n$ のベクトル $\boldsymbol{a}, \boldsymbol{b}, \boldsymbol{c}$ が 1 次独立のとき，$\boldsymbol{a}+\boldsymbol{b}, \boldsymbol{a}-\boldsymbol{b}, \boldsymbol{a}-3\boldsymbol{b}+2\boldsymbol{c}$ は 1 次独立であるかどうか調べよ．

解答

$$x(\boldsymbol{a}+\boldsymbol{b})+y(\boldsymbol{a}-\boldsymbol{b})+z(\boldsymbol{a}-3\boldsymbol{b}-2\boldsymbol{c})=\boldsymbol{0}$$

となるのはどんな場合か調べてみる．上式から

$$(x+y+z)\boldsymbol{a}+(x-y-3z)\boldsymbol{b}+2z\boldsymbol{c}=\boldsymbol{0}$$

で $\boldsymbol{a}, \boldsymbol{b}, \boldsymbol{c}$ が 1 次独立だから，$\boldsymbol{a}, \boldsymbol{b}, \boldsymbol{c}$ の係数がそれぞれ 0 でなくてはならない．よって連立 1 次方程式

$$\begin{cases} x+y+z=0 \\ x-y-3z=0 \\ 2z=0 \end{cases}$$

を得る．係数行列 $A=\begin{bmatrix} 1 & 1 & 1 \\ 1 & -1 & -3 \\ 0 & 0 & 2 \end{bmatrix}$ の階数は $\operatorname{rank} A=3$ (または $\det A=-4 \neq 0$) だからこの方程式は非自明解を持たない．すなわち，解は

$$x=y=z=0$$

だけである．よって，$\boldsymbol{a}+\boldsymbol{b}, \boldsymbol{a}-\boldsymbol{b}, \boldsymbol{a}-3\boldsymbol{b}+2\boldsymbol{c}$ は 1 次独立である．

	A	
1	1	1
1	−1	−3
0	0	2
1	1	2
0	−2	−4
0	0	2

問　題

3.1 $\boldsymbol{a}_1, \boldsymbol{a}_2, \boldsymbol{a}_3, \boldsymbol{a}_4$ が 1 次独立のとき，つぎのベクトルは 1 次独立かどうか調べよ．

(a) $\boldsymbol{a}_1+\boldsymbol{a}_2,\ \boldsymbol{a}_1-\boldsymbol{a}_2,\ \boldsymbol{a}_1-3\boldsymbol{a}_2+\boldsymbol{a}_3$

(b) $\boldsymbol{a}_1+\boldsymbol{a}_2,\ \boldsymbol{a}_2+\boldsymbol{a}_3,\ \boldsymbol{a}_3+\boldsymbol{a}_1$

(c) $\boldsymbol{a}_1+\boldsymbol{a}_2,\ \boldsymbol{a}_2+\boldsymbol{a}_3,\ \boldsymbol{a}_3+\boldsymbol{a}_4,\ \boldsymbol{a}_4+\boldsymbol{a}_1$

3.2 $\boldsymbol{a}_1, \boldsymbol{a}_2, \ldots, \boldsymbol{a}_m$ を $\boldsymbol{R}^n$ の m 個の 1 次独立なベクトルとし，m 個のベクトルを

$$\boldsymbol{b}_j=p_{1j}\boldsymbol{a}_1+p_{2j}\boldsymbol{a}_2+\cdots+p_{mj}\boldsymbol{a}_m \quad (j=1,2,\ldots,m)$$

とする．このとき，つぎが成り立つことを示せ．

$$\boldsymbol{b}_1, \boldsymbol{b}_2, \ldots, \boldsymbol{b}_m \text{ が 1 次独立} \iff \operatorname{rank}[p_{ij}]=m$$

4.2 基底，次元，成分

● 基底, 次元 ● n 次元数ベクトル空間 $\boldsymbol{R}^n$ の n 個の 1 次独立なベクトル $\boldsymbol{a}_1, \boldsymbol{a}_2, \ldots, \boldsymbol{a}_n$ を $\boldsymbol{R}^n$ の基底という．$\boldsymbol{a}$ を $\boldsymbol{R}^n$ のかってなベクトルとすると $\boldsymbol{a}$ は $\boldsymbol{a}_1, \boldsymbol{a}_2, \ldots, \boldsymbol{a}_n$ の 1 次結合である．

標準的な基底 $\boldsymbol{e}_1 = (1, 0, \ldots, 0), \boldsymbol{e}_2 = (0, 1, \ldots, 0), \ldots, \boldsymbol{e}_n = (0, 0, \ldots, 1)$ は $\boldsymbol{R}^n$ の基底である．これを $\boldsymbol{R}^n$ の**標準的な基底**という．

基底の補充 (取り替え) 定理 $\boldsymbol{a}_1, \boldsymbol{a}_2, \ldots \boldsymbol{a}_m$ を m 個の 1 次独立な $\boldsymbol{R}^n$ のベクトルとするとき，$n-m$ 個のベクトル $\boldsymbol{a}_{m+1}, \boldsymbol{a}_{m+2}, \ldots, \boldsymbol{a}_n$ を選んで，$\boldsymbol{a}_1, \boldsymbol{a}_2, \ldots, \boldsymbol{a}_m, \boldsymbol{a}_{m+1}, \boldsymbol{a}_{m+2}, \ldots, \boldsymbol{a}_n$ を $\boldsymbol{R}^n$ の基底であるようにすることができる．

次元 基底を構成する個数を**次元**といい，dim で表す．$\dim \boldsymbol{R}^n = n$ である．

● 基底に関する成分 ● $\mathcal{B} = \{\boldsymbol{a}_1, \boldsymbol{a}_2, \ldots, \boldsymbol{a}_n\}$ を $\boldsymbol{R}^n$ の基底とする．$\boldsymbol{R}^n$ のベクトル $\boldsymbol{a} = (a_1, a_2, \ldots, a_n)$ は

$$\boldsymbol{a} = x_1\boldsymbol{a}_1 + x_2\boldsymbol{a}_2 + \cdots + x_n\boldsymbol{a}_n$$

と一意的に表される．この実数の組 $(x_1, x_2, \ldots, x_n)$ を，基底 $\mathcal{B} = \{\boldsymbol{a}_1, \boldsymbol{a}_2, \ldots, \boldsymbol{a}_n\}$ に関する $\boldsymbol{a}$ の**成分**といい，

$$\boldsymbol{a} = (x_1, x_2, \ldots, x_n)_{\mathcal{B}}$$

とかく．したがって，$(a_1, a_2, \ldots, a_n)$ は標準的な基底 $\boldsymbol{e}_1, \boldsymbol{e}_2, \ldots, \boldsymbol{e}_n$ 関する $\boldsymbol{a}$ の成分である．$A = [\boldsymbol{a}_1\ \boldsymbol{a}_2 \cdots \boldsymbol{a}_n]$ とおくと

$$\begin{bmatrix} a_1 \\ a_2 \\ \vdots \\ a_n \end{bmatrix} = A \begin{bmatrix} x_1 \\ x_2 \\ \vdots \\ x_n \end{bmatrix}$$

である．

● 2 組の基底の関係 ● $\boldsymbol{a}_1, \boldsymbol{a}_2, \ldots, \boldsymbol{a}_n$ を $\boldsymbol{R}^n$ の基底，$\boldsymbol{a}'_1, \boldsymbol{a}'_2, \ldots, \boldsymbol{a}'_n$ を $\boldsymbol{R}^n$ のベクトルとし

$$\boldsymbol{a}'_j = p_{1j}\boldsymbol{a}_1 + p_{2j}\boldsymbol{a}_2 + \cdots + p_{nj}\boldsymbol{a}_n \quad (j = 1, 2, \ldots, n)$$

とする．このとき

$$\boldsymbol{a}'_1, \boldsymbol{a}'_2, \ldots, \boldsymbol{a}'_n \text{ が基底} \iff P = [p_{ij}] \text{ が正則行列}$$

例題 4 **基底と成分**

$\boldsymbol{R}^3$ において

(a) $\boldsymbol{a}_1 = (-1,-1,0), \boldsymbol{a}_2 = (-1,0,1), \boldsymbol{a}_3 = (0,1,-1)$ は基底をなすことを示せ．

(b) $\boldsymbol{a} = (-5,-2,1)$ の基底 $\mathcal{B} = \{\boldsymbol{a}_1, \boldsymbol{a}_2, \boldsymbol{a}_3\}$ に関する成分を求めよ．

解答 (a) 右の表から $\mathrm{rank}\,[\boldsymbol{a}_1\ \boldsymbol{a}_2\ \boldsymbol{a}_3] = 3$ だから $\boldsymbol{a}_1, \boldsymbol{a}_2, \boldsymbol{a}_3$ は 1 次独立．よって基底である．

(b) $A = [\boldsymbol{a}_1\ \boldsymbol{a}_2\ \boldsymbol{a}_3]$ として

$$\begin{bmatrix} -5 \\ -2 \\ 1 \end{bmatrix} = x_1\boldsymbol{a}_1 + x_2\boldsymbol{a}_2 + x_3\boldsymbol{a}_3 = A\begin{bmatrix} x_1 \\ x_2 \\ x_3 \end{bmatrix}$$

を解けばよい．表から $x_1 = 3, x_2 = 2, x_3 = 1$ を得るから $\boldsymbol{a}$ の $\mathcal{B} = \{\boldsymbol{a}_1, \boldsymbol{a}_2, \boldsymbol{a}_3\}$ に関する成分は

$$\boldsymbol{a} = (3,2,1)_{\mathcal{B}}$$

である．

または

$$\begin{bmatrix} x_1 \\ x_2 \\ x_3 \end{bmatrix} = A^{-1}\begin{bmatrix} -5 \\ -2 \\ 1 \end{bmatrix} = \frac{1}{2}\begin{bmatrix} -1 & -1 & -1 \\ -1 & 1 & 1 \\ -1 & 1 & -1 \end{bmatrix}\begin{bmatrix} -5 \\ -2 \\ 1 \end{bmatrix} = \begin{bmatrix} 3 \\ 2 \\ 1 \end{bmatrix}$$

から求めてもよい．

$\boldsymbol{a}_1$	$\boldsymbol{a}_2$	$\boldsymbol{a}_3$	$\boldsymbol{a}$
−1	−1	0	−5
−1	0	1	−2
0	1	−1	1
1	1	0	5
0	1	1	3
0	1	−1	1
1	1	0	5
0	1	1	3
0	0	−2	−2
1	0	−1	2
0	1	1	3
0	0	1	1
1	0	0	3
0	1	0	2
0	0	1	1

問　題

4.1 $\boldsymbol{R}^n$ のベクトル $\boldsymbol{a}$ の

基底 $\mathcal{B} = \{\boldsymbol{a}_1, \boldsymbol{a}_2, \ldots, \boldsymbol{a}_n\}$ に関する成分を $(x_1, x_2, \ldots, x_n)_{\mathcal{B}}$

基底 $\mathcal{B}' = \{\boldsymbol{a}'_1, \boldsymbol{a}'_2, \ldots, \boldsymbol{a}'_n\}$ に関する成分を $(y_1, y_2, \ldots, y_n)_{\mathcal{B}'}$

とすると前頁の P を用いて

$$^t[x_1\, x_2 \cdots x_n] = P\,^t[y_1\, y_2 \ldots y_n]$$

が成り立つことを示せ (これを**変換の式**，P を**変換の行列**という)．

4.2 $\boldsymbol{R}^2$ の 2 組の基底 $\mathcal{B} = \{\boldsymbol{a}_1 = (2,-1), \boldsymbol{a}_2 = (1,-1)\}$ および $\mathcal{B}' = \{\boldsymbol{a}'_1 = (1,-2), \boldsymbol{a}'_2 = (-1,3)\}$ の変換の行列を求めよ．

4.3 部分空間

• 部分空間 •　数ベクトル空間 $\boldsymbol{R}^n$ の部分集合 $V(\neq \emptyset)$ が和とスカラー倍で閉じているとき，$\boldsymbol{R}^n$ の**部分空間**という．とくに，全体 $\boldsymbol{R}^n$ と零ベクトルだけから構成される $\{\boldsymbol{0}\}$ は部分空間であり，$\{\boldsymbol{0}\} \subseteq V \subseteq \boldsymbol{R}^n$ が成り立つ．

有限生成な部分空間　$\boldsymbol{a}_1, \boldsymbol{a}_2, \ldots, \boldsymbol{a}_m \in \boldsymbol{R}^n$ に対して $\boldsymbol{a}_1, \boldsymbol{a}_2, \ldots, \boldsymbol{a}_m$ の 1 次結合全体

$$L\{\boldsymbol{a}_1, \boldsymbol{a}_2, \ldots, \boldsymbol{a}_m\} = \{x_1\boldsymbol{a}_1 + x_2\boldsymbol{a}_2 + \cdots + x_m\boldsymbol{a}_m; x_1, x_2, \ldots, x_m \in \boldsymbol{R}\}$$

は $\boldsymbol{R}^n$ の部分空間で，これを $\boldsymbol{a}_1, \boldsymbol{a}_2, \ldots, \boldsymbol{a}_m$ **で生成される (張られる) 部分空間**といい，$\boldsymbol{a}_1, \boldsymbol{a}_2, \ldots, \boldsymbol{a}_m$ を $L\{\boldsymbol{a}_1, \boldsymbol{a}_2, \ldots, \boldsymbol{a}_m\}$ の**生成系**という．このとき

$$\boldsymbol{b} \in L\{\boldsymbol{a}_1, \boldsymbol{a}_2, \ldots, \boldsymbol{a}_m\} \iff \mathrm{rank}\,[\boldsymbol{a}_1\ \boldsymbol{a}_2\ \cdots\ \boldsymbol{a}_m] = \mathrm{rank}\,[\boldsymbol{a}_1\ \boldsymbol{a}_2\ \cdots\ \boldsymbol{a}_m\ \boldsymbol{b}]$$

部分空間の基底　V を $\boldsymbol{R}^n$ の部分空間とする．V のベクトル

$$\boldsymbol{a}_1, \boldsymbol{a}_2, \ldots, \boldsymbol{a}_m \text{が} V \text{の基底である} \overset{\text{定義}}{\iff} \begin{cases} (1) & \boldsymbol{a}_1, \boldsymbol{a}_2, \ldots, \boldsymbol{a}_m \text{は 1 次独立} \\ (2) & \boldsymbol{a}_1, \boldsymbol{a}_2, \ldots, \boldsymbol{a}_m \text{は} V \text{の生成系} \end{cases}$$

V のベクトル $\boldsymbol{a} = x_1\boldsymbol{a}_1 + x_2\boldsymbol{a}_2 + \cdots + x_m\boldsymbol{a}_m$ の，基底 $\mathcal{B} = \{\boldsymbol{a}_1, \boldsymbol{a}_2, \cdots, \boldsymbol{a}_m\}$ に関する成分を $\boldsymbol{a} = (x_1, x_2, \cdots, x_m)_{\mathcal{B}}$ で表わす．

部分空間の次元　部分空間 $V \neq \{\boldsymbol{0}\}$ の**次元**を

$$\begin{aligned} \dim V &= V \text{ の基底を構成するベクトルの個数} \\ &= V \text{ に含まれる 1 次独立なベクトルの最大個数} \end{aligned}$$

と定義する．また $\dim\{\boldsymbol{0}\} = 0$ と定める．有限生成な部分空間に関しては

$$\dim L\{\boldsymbol{a}_1, \boldsymbol{a}_2, \ldots, \boldsymbol{a}_m\} = \mathrm{rank}\,[\boldsymbol{a}_1\ \boldsymbol{a}_2\ \cdots\ \boldsymbol{a}_m]$$

次元が判明している場合の 1 次独立性と生成系　$\dim V = m$ のとき

$$\boldsymbol{a}_1, \boldsymbol{a}_2, \ldots, \boldsymbol{a}_m \text{ が 1 次独立} \iff \boldsymbol{a}_1, \boldsymbol{a}_2, \ldots, \boldsymbol{a}_m \text{ が生成系}$$

• 部分空間の包含，一致 •　U, V を $\boldsymbol{R}^n$ の部分空間とする．

$$\begin{aligned} U \subset V &\implies \dim U \leq \dim V \\ U = V &\iff \dim U = \dim V \end{aligned}$$

• 同次連立 1 次方程式の解空間 •　A を $m \times n$ 行列とする．同次連立 1 次方程式 $A\boldsymbol{x} = \boldsymbol{0}$ の解全体 $\{\boldsymbol{x} \in \boldsymbol{R}^n; A\boldsymbol{x} = \boldsymbol{0}\}$ は $\boldsymbol{R}^n$ の部分空間をなす．これを $A\boldsymbol{x} = \boldsymbol{0}$ の解空間という．

$$\dim\{\boldsymbol{x} \in \boldsymbol{R}^n; A\boldsymbol{x} = \boldsymbol{0}\} = n - \mathrm{rank}\,A$$

であり，基本解は 1 組の基底である．

例題 5 **部分空間 1**

$\boldsymbol{R}^3$ のベクトル (a_1, a_2, a_3) でつぎの性質をもつもの全体 V は $\boldsymbol{R}^3$ の部分空間をなすかどうか調べよ．

(a) $a_1 + a_2 + a_3 = 0$ (b) $a_1 + a_2 + a_3 = 1$

解答 空でない部分集合が部分空間であることをいうには，和とスカラー倍に関して閉じていること，つまり

$$\boldsymbol{a}, \boldsymbol{b} \in V, \lambda \in \boldsymbol{R} \quad \Longrightarrow \quad \boldsymbol{a} + \boldsymbol{b} \in V, \lambda\boldsymbol{a} \in V$$

をいえばよい．

(a) $(0,0,0) \in V$ だから $V \neq \emptyset$. $\boldsymbol{a} = (a_1, a_2, a_3)$, $\boldsymbol{b} = (b_1, b_2, b_3) \in V$ とすると

$$a_1 + a_2 + a_3 = 0, \quad b_1 + b_2 + b_3 = 0$$

である．よって $\boldsymbol{a} + \boldsymbol{b} = (a_1 + b_1, a_2 + b_2, a_3 + b_3)$ において

$$(a_1 + b_1) + (a_2 + b_2) + (a_3 + b_3) = (a_1 + a_2 + a_3) + (b_1 + b_2 + b_3) = 0$$

だから $\boldsymbol{a} + \boldsymbol{b} \in V$. $\lambda\boldsymbol{a} = (\lambda a_1, \lambda a_2, \lambda a_3)$ においても

$$\lambda a_1 + \lambda a_2 + \lambda a_3 = \lambda(a_1 + a_2 + a_3) = 0$$

だから $\lambda\boldsymbol{a} \in V$. よって，部分空間である．

(b) たとえば $(1,0,0) \in V$ だから $V \neq \emptyset$. $\boldsymbol{a}, \boldsymbol{b} \in V$ とすると

$$a_1 + a_2 + a_3 = 1, \quad b_1 + b_2 + b_3 = 1$$

したがって

$$(a_1 + b_1) + (a_2 + b_2) + (a_3 + b_3) = (a_1 + a_2 + a_3) + (b_1 + b_2 + b_3) = 2 \neq 1$$

だから $\boldsymbol{a} + \boldsymbol{b} \notin V$, つまり和に関して閉じていないから部分空間をなさない ($\lambda \neq 1, \boldsymbol{a} \neq \boldsymbol{0}$ に対して $\lambda\boldsymbol{a} \notin V$ をいってもよい).

問 題

5.1 $\boldsymbol{R}^3$ のベクトル (a_1, a_2, a_3) で，つぎの性質をもつもの全体 V は $\boldsymbol{R}^3$ の部分空間をなすかどうか調べよ．

(a) $a_1 = 0$ (b) $a_1 a_2 \geqq 0$

(c) $a_1 a_2 a_3 = 0$ (d) $a_1 a_2 = a_3$

5.2 $\boldsymbol{R}^4$ のベクトル (a_1, a_2, a_3, a_4) で，つぎの性質をもつもの全体 V は $\boldsymbol{R}^4$ の部分空間をなすかどうか調べよ．

(a) $a_1 = a_2 = a_3 = a_4$ (b) $a_1 = 2a_2, a_3 = 4a_4$

(c) $a_1^2 + a_2^2 + a_3^2 + a_4^2 = 1$ (d) a_1 が整数

例題 6 **部分空間 2**

U, V を $\boldsymbol{R}^n$ の部分空間とするとき，つぎのものが部分空間であることを示せ．

(a)　$\{\boldsymbol{0}\}$　　(b)　U, V の共通部分 $U \cap V = \{\boldsymbol{a}; \boldsymbol{a} \in U$ かつ $\boldsymbol{a} \in V\}$　(これを U, V の**交わり**という)

(c)　$U + V = \{\boldsymbol{a} + \boldsymbol{b}; \boldsymbol{a} \in U, \boldsymbol{b} \in V\}$　(これを U, V の**和**という)

解答　(a)　$\boldsymbol{0} + \boldsymbol{0} = \boldsymbol{0} \in \{\boldsymbol{0}\}$ かつ $\lambda\boldsymbol{0} = \boldsymbol{0} \in \{\boldsymbol{0}\}$．よって部分空間をなす．

(b)　$\boldsymbol{0} \in U$, $\boldsymbol{0} \in V$ だから $\boldsymbol{0} \in U \cap V$．よって，$U \cap V$ は空でない．$\boldsymbol{a}, \boldsymbol{b} \in U \cap V$ とすると $\boldsymbol{a} + \boldsymbol{b} \in U$ かつ $\boldsymbol{a} + \boldsymbol{b} \in V$ だから

$$\boldsymbol{a} + \boldsymbol{b} \in U \cap V$$

同様に，実数 λ に対して $\lambda\boldsymbol{a} \in U$ かつ $\lambda\boldsymbol{a} \in V$ だから

$$\lambda\boldsymbol{a} \in U \cap V$$

よって，$U \cap V$ は部分空間である．

(c)　$\boldsymbol{0} \in U + V$ だから $U + V$ は空でない．

$$\boldsymbol{a}_1 + \boldsymbol{b}_1 \in U + V, \quad \boldsymbol{a}_1 \in U, \quad \boldsymbol{b}_1 \in V$$

$$\boldsymbol{a}_2 + \boldsymbol{b}_2 \in U + V, \quad \boldsymbol{a}_2 \in U, \quad \boldsymbol{b}_2 \in V$$

とすると $\boldsymbol{a}_1 + \boldsymbol{a}_2 \in U, \boldsymbol{b}_1 + \boldsymbol{b}_2 \in V$ だから

$$(\boldsymbol{a}_1 + \boldsymbol{b}_1) + (\boldsymbol{a}_2 + \boldsymbol{b}_2) = (\boldsymbol{a}_1 + \boldsymbol{a}_2) + (\boldsymbol{b}_1 + \boldsymbol{b}_2) \in U + V$$

また，$\lambda\boldsymbol{a}_1 \in U, \lambda\boldsymbol{b}_1 \in V$ だから

$$\lambda(\boldsymbol{a}_1 + \boldsymbol{b}_1) = \lambda\boldsymbol{a}_1 + \lambda\boldsymbol{b}_1 \in U + V$$

よって，$U + V$ は部分空間をなす．

問　題

6.1　$\boldsymbol{R}^n$ の部分空間 U, V に対して

$$\dim(U + V) = \dim U + \dim V - \dim(U \cap V)$$

が成り立つことを示せ．とくに，$U \cap V = \{\boldsymbol{0}\}$ のとき $U + V = U \oplus V$ とかき，U, V の**直和**という．このときはつぎが成り立つ．

$$\dim(U \oplus V) = \dim U + \dim V$$

6.2　$\boldsymbol{a}_1, \boldsymbol{a}_2, \ldots, \boldsymbol{a}_m$ を $\boldsymbol{R}^n$ のベクトル，V を $\boldsymbol{R}^n$ の部分空間とする．このとき

$L\{\boldsymbol{a}_1, \boldsymbol{a}_2, \ldots, \boldsymbol{a}_m\} \subset V \quad \Longleftrightarrow \quad$ すべての $i = 1, 2, \ldots, m$ について $\boldsymbol{a}_i \in V$

が成り立つことを示せ．

6.3　A を $m \times n$ 行列とする．このときつぎのものは $\boldsymbol{R}^n$ の部分空間になるか．

(a)　$\{\boldsymbol{x} \in \boldsymbol{R}^n; A\boldsymbol{x} = \boldsymbol{0}\}$：同次連立 1 次方程式 $A\boldsymbol{x} = \boldsymbol{0}$ の解全体

(b)　$\{\boldsymbol{x} \in \boldsymbol{R}^n; A\boldsymbol{x} = \boldsymbol{b}(\neq \boldsymbol{0})\}$：連立 1 次方程式 $A\boldsymbol{x} = \boldsymbol{b}(\neq \boldsymbol{0})$ の解全体

例題 7 ――― 次元と基底

$\boldsymbol{a}_1 = (-1, 0, 2)$, $\boldsymbol{a}_2 = (3, 1, -1)$, $\boldsymbol{a}_3 = (1, 1, 3)$, $\boldsymbol{a}_4 = (7, 2, -4)$ で張られる $\boldsymbol{R}^3$ の部分空間を $V = L\{\boldsymbol{a}_1, \boldsymbol{a}_2, \boldsymbol{a}_3, \boldsymbol{a}_4\}$ とする．このとき

(a)　V の次元と 1 組の基底を求めよ．

(b)　$\boldsymbol{b}_1 = (5, 2, 0)$, $\boldsymbol{b}_2 = (1, 1, 3)$, $\boldsymbol{b}_3 = (-9, -2, 8)$ は V を生成することを示せ．

解答　行列 $[\boldsymbol{a}_1\ \boldsymbol{a}_2\ \boldsymbol{a}_3\ \boldsymbol{a}_4\ \boldsymbol{b}_1\ \boldsymbol{b}_2\ \boldsymbol{b}_3]$ を掃き出すと明らかになる．

$\boldsymbol{a}_1$	$\boldsymbol{a}_2$	$\boldsymbol{a}_3$	$\boldsymbol{a}_4$	$\boldsymbol{b}_1$	$\boldsymbol{b}_2$	$\boldsymbol{b}_3$
−1	3	1	7	5	1	−9
0	1	1	2	2	1	−2
2	−1	3	−4	0	3	8
1	−3	−1	−7	−5	−1	9
0	1	1	2	2	1	−2
0	5	5	10	10	5	−10
1	−3	−1	−7	−5	−1	9
0	1	1	2	2	1	−2
0	0	0	0	0	0	0

(a)　右の表から $\mathrm{rank}\,[\boldsymbol{a}_1\ \boldsymbol{a}_2\ \boldsymbol{a}_3\ \boldsymbol{a}_4] = 2$．よって $\dim V = 2$．
また，右の表で $\mathrm{rank}\,[\boldsymbol{a}_1\ \boldsymbol{a}_2] = 2$ も判るから，1 組の基底として $\boldsymbol{a}_1, \boldsymbol{a}_2$ をとることができる．

(b)　表から $i = 1, 2, 3$ について $\mathrm{rank}\,[\boldsymbol{a}_1\,\boldsymbol{a}_2] = \mathrm{rank}\,[\boldsymbol{a}_1\ \boldsymbol{a}_2\ \boldsymbol{b}_i] = 2$ だから $\boldsymbol{b}_i \in V$．したがって

$$L\{\boldsymbol{b}_1, \boldsymbol{b}_2, \boldsymbol{b}_3\} \subset V$$

である．ところが

$$\dim V = 2$$
$$\dim L\{\boldsymbol{b}_1, \boldsymbol{b}_2, \boldsymbol{b}_3\} = \mathrm{rank}\,[\boldsymbol{b}_1\ \boldsymbol{b}_2\ \boldsymbol{b}_3] = 2 \quad \text{だから} \quad L\{\boldsymbol{b}_1, \boldsymbol{b}_2, \boldsymbol{b}_3\} = V$$

問　題

7.1　$\boldsymbol{R}^3$ においてつぎのベクトルの生成する部分空間の次元と 1 組の基底を求めよ．

(a)　$(1, 3, -2)$,　$(-1, -1, 1)$,　$(-3, -5, 4)$,　$(-1, 3, 1)$

(b)　$(3, 2, 4)$,　$(-5, -8, -2)$,　$(1, 3, -1)$,　$(4, 12, -4)$

(c)　$(1, -1, 3)$,　$(3, -3, 9)$,　$(-2, 2, -6)$,　$(6, -6, 18)$

7.2　$\boldsymbol{R}^4$ においてつぎのベクトルの生成する部分空間の次元と 1 組の基底を求めよ．

(a)　$(1, -1, 0, 1)$,　$(0, 1, 2, -1)$,　$(-1, 0, 1, 0)$,　$(1, -1, 3, 1)$

(b)　$(1, 1, 1, 0)$,　$(4, 3, 2, -1)$,　$(2, 1, 0, -1)$,　$(4, 2, 0, -2)$

7.3　$\boldsymbol{a}_1 = (1, 1, 2)$, $\boldsymbol{a}_2 = (3, 1, 2)$, $\boldsymbol{a}_3 = (5, 3, 6)$, $\boldsymbol{b}_1 = (1, 0, 0)$, $\boldsymbol{b}_2 = (5, 1, 2)$ とする．このとき $L\{\boldsymbol{a}_1, \boldsymbol{a}_2, \boldsymbol{a}_3\} = L\{\boldsymbol{b}_1, \boldsymbol{b}_2\}$ を示せ．また，基底 $\mathcal{B} = \{\boldsymbol{b}_1, \boldsymbol{b}_2\}$ に関する $\boldsymbol{a}_1$ の成分を求めよ．

例題 8 　　**解空間**

同次連立1次方程式

$$\begin{cases} x + \ \ y + 3z + 3u = 0 \\ \qquad y + \ \ z + 2u = 0 \\ x \qquad + 2z + \ \ u = 0 \\ x + 3y + 5z + 7u = 0 \end{cases}$$

の解全体のつくる $\boldsymbol{R}^4$ の部分空間 V の次元と1組の基底を求めよ．

解答　右の表から係数行列の階数は2だから，$\dim V = 4 - 2 = 2$ である．

解は

$$\begin{bmatrix} x \\ y \\ z \\ u \end{bmatrix} = \lambda \begin{bmatrix} -2 \\ -1 \\ 1 \\ 0 \end{bmatrix} + \mu \begin{bmatrix} -1 \\ -2 \\ 0 \\ 1 \end{bmatrix} = \lambda \boldsymbol{x}_1 + \mu \boldsymbol{x}_2$$

と表され，$\boldsymbol{x}_1, \boldsymbol{x}_2$ は基本解である．よって $(-2, -1, 1, 0)$, $(-1, -2, 0, 1)$ がこの連立方程式の解空間の1組の基底である．

x	y	z	u
1	1	3	3
0	1	1	2
1	0	2	1
1	3	5	7
1	1	3	3
0	1	1	2
0	−1	−1	−2
0	2	2	4
1	0	2	1
0	1	1	2
0	0	0	0
0	0	0	0

問　題

8.1　つぎの同次連立1次方程式の解空間の次元と基底を求めよ．

(a)　$x + y + z = 0$

(b)　$\begin{cases} x - 2y + 3z - \ \ u \qquad = 0 \\ x - \ \ y - \ \ z + 2u - v = 0 \end{cases}$

(c)　$\begin{cases} x + \ \ y - 2z + \ \ 3u = 0 \\ x - 2y + \ \ z - \qquad u = 0 \\ x + 7y - 8z + 11u = 0 \\ x - 5y + 4z - \qquad u = 0 \end{cases}$

(d)　$\begin{cases} \quad x - \ \ y - \ \ z + 2u = 0 \\ -\ x + 3y + 2z - 2u = 0 \\ -\ x + 3y + 4z - \ \ u = 0 \\ \ \ 2x + 6y - 5z + 4u = 0 \end{cases}$

例題 9 **部分空間の交わりと和**

$\boldsymbol{R}^3$ において $\boldsymbol{a}_1 = (1,1,0)$, $\boldsymbol{a}_2 = (2,0,-1)$ で生成される部分空間を U, $\boldsymbol{b}_1 = (-1,1,1)$, $\boldsymbol{b}_2 = (0,1,2)$ で生成される部分空間を V とするとき交わり $U \cap V$ および和 $U+V$ を求めよ.

解答 $\boldsymbol{x} = (x, y, z)$ とする. 下の表から

$$\boldsymbol{x} \in U \iff \operatorname{rank}[\boldsymbol{a}_1\ \boldsymbol{a}_2\ \boldsymbol{x}] = \operatorname{rank}[\boldsymbol{a}_1\ \boldsymbol{a}_2] = 2 \iff -x+y-2z=0$$

$$\boldsymbol{x} \in V \iff \operatorname{rank}[\boldsymbol{b}_1\ \boldsymbol{b}_2\ \boldsymbol{x}] = \operatorname{rank}[\boldsymbol{b}_1\ \boldsymbol{b}_2] = 2 \iff -x-2y+z=0$$

$\boldsymbol{a}_1$	$\boldsymbol{a}_2$	$\boldsymbol{x}$
1	2	x
1	0	y
0	−1	z
1	2	x
0	−2	$-x+y$
0	−1	z
1	−2	x
0	−1	z
0	0	$-x+y-2z$

$\boldsymbol{b}_1$	$\boldsymbol{b}_2$	$\boldsymbol{x}$
−1	0	x
1	1	y
1	2	z
−1	0	x
0	1	$x+y$
0	2	$x+z$
−1	0	x
0	1	$x+y$
0	0	$-x-2y+z$

$\boldsymbol{a}_1$	$\boldsymbol{a}_2$	$\boldsymbol{b}_1$	$\boldsymbol{b}_2$
1	2	−1	0
1	0	1	1
0	−1	1	2
1	2	−1	0
0	−2	2	1
0	−1	1	2
1	2	−1	0
0	1	−1	−2
0	0	0	−3

よって $\boldsymbol{x} \in U \cap V \iff \begin{cases} -x \quad +y \ -2z = 0 \\ -x \ -2y \quad +z = 0 \end{cases}.$

これを解いて $\boldsymbol{x} = \begin{bmatrix} x \\ y \\ x \end{bmatrix} = \lambda \begin{bmatrix} -1 \\ 1 \\ 1 \end{bmatrix}.$

よって $U \cap V$ は $(-1,1,1)$ で生成される 1 次元の部分空間である.

また, $U+V = L\{\boldsymbol{a}_1, \boldsymbol{a}_2, \boldsymbol{b}_1, \boldsymbol{b}_2\}, \dim(U+V) = \operatorname{rank}[\boldsymbol{a}_1\ \boldsymbol{a}_2\ \boldsymbol{b}_1\ \boldsymbol{b}_2] = 3.$

よって $U+V = \boldsymbol{R}^3$

問　題

9.1 $\boldsymbol{R}^4$ においてつぎの U, V に対し $U \cap V$, $U+V$ を求めよ.

(a) $U = L\{\boldsymbol{a}_1, \boldsymbol{a}_2\}$, $\boldsymbol{a}_1 = (1,0,1,2)$, $\boldsymbol{a}_2 = (-1,1,-1,0)$
$V = L\{\boldsymbol{b}_1, \boldsymbol{b}_2\}$, $\boldsymbol{b}_1 = (2,-3,0,1)$, $\boldsymbol{b}_2 = (3,-1,1,7)$

(b) $U = L\{\boldsymbol{a}_1, \boldsymbol{a}_2\}$, $\boldsymbol{a}_1 = (1,-1,1,-1)$, $\boldsymbol{a}_2 = (-1,2,0,1)$
$V = L\{\boldsymbol{b}_1\}$, $\boldsymbol{b}_1 = (1,1,3,-1)$

4.4 計量ベクトル空間

• 内積 • V を実数上の n 次数ベクトル空間 $\boldsymbol{R}^n$ またはその部分空間とする．V のベクトル $\boldsymbol{a}, \boldsymbol{b}$ に対して，実数 $\boldsymbol{a} \cdot \boldsymbol{b}$ が定まり，つぎの (1) ～ (4) を満たすとき $\boldsymbol{a} \cdot \boldsymbol{b}$ を $\boldsymbol{a}, \boldsymbol{b}$ の**内積**という．内積を考えているときは V を**計量ベクトル空間**または**内積空間**という．

(1) $\boldsymbol{a} \cdot \boldsymbol{b} = \boldsymbol{b} \cdot \boldsymbol{a}$

(2) $(\boldsymbol{a}_1 + \boldsymbol{a}_2) \cdot \boldsymbol{b} = \boldsymbol{a}_1 \cdot \boldsymbol{b} + \boldsymbol{a}_2 \cdot \boldsymbol{b}$

(3) $(\lambda \boldsymbol{a}) \cdot \boldsymbol{b} = \lambda(\boldsymbol{a} \cdot \boldsymbol{b})$ （λ は実数）

(4) $\boldsymbol{a} \cdot \boldsymbol{a} \geqq 0$ （等号は $\boldsymbol{a} = \boldsymbol{0}$ のときに限る）

$\boldsymbol{R}^n$ の自然な内積 $\boldsymbol{R}^n$ のベクトル $\boldsymbol{a} = (a_1, a_2, \ldots, a_n), \boldsymbol{b} = (b_1, b_2, \ldots, b_n)$ に対して

$$\boldsymbol{a} \cdot \boldsymbol{b} = a_1 b_1 + a_2 b_2 + \cdots + a_n b_n$$

と定めると内積である．これを $\boldsymbol{R}^n$ の**自然な (標準的) 内積**という．$\boldsymbol{R}^n$ ではことわらない限り自然な内積を考える．このとき $\boldsymbol{a}, \boldsymbol{b}$ を列ベクトルとみなすと

$$\boldsymbol{a} \cdot \boldsymbol{b} = {}^t\boldsymbol{a}\boldsymbol{b}$$

である．

• ベクトルの大きさ (長さ) • 計量ベクトル空間 V のベクトル $\boldsymbol{a}$ に対し

$$|\boldsymbol{a}| = \sqrt{\boldsymbol{a} \cdot \boldsymbol{a}}$$

を $\boldsymbol{a}$ の**大きさ**または**長さ**という．

大きさの性質

(1) $|\boldsymbol{a}| \geqq 0$ （等号は $\boldsymbol{a} = \boldsymbol{0}$ のときに限る）

(2) どんな実数 λ に対しても $|\lambda \boldsymbol{a}| = |\lambda||\boldsymbol{a}|$

(3) $|\boldsymbol{a} \cdot \boldsymbol{b}| \leqq |\boldsymbol{a}||\boldsymbol{b}|$ （**シュヴァルツの不等式**）

(4) $|\boldsymbol{a} + \boldsymbol{b}| \leqq |\boldsymbol{a}| + |\boldsymbol{b}|$ （**三角不等式**）

単位ベクトル，正規化 $|\boldsymbol{e}| = 1$ となるベクトル $\boldsymbol{e}$ を**単位ベクトル**という．零ベクトルでないベクトル $\boldsymbol{a}$ に対し $\pm\dfrac{\boldsymbol{a}}{|\boldsymbol{a}|}$ は単位ベクトルで，$\boldsymbol{a}$ からこの単位ベクトルを作ることを**正規化する**という．

交角 零ベクトルでないベクトル $\boldsymbol{a}$ と $\boldsymbol{b}$ に対して $\cos\theta = \dfrac{\boldsymbol{a} \cdot \boldsymbol{b}}{|\boldsymbol{a}||\boldsymbol{b}|}$, $(0 \leqq \theta \leqq \pi)$ をみたす θ はただ一つであって，これを $\boldsymbol{a}, \boldsymbol{b}$ の**交角**という．いずれか一方が零ベクトルのときは交角は定めない．

直交 (垂直) $\boldsymbol{a}, \boldsymbol{b}$ は互いに**直交 (垂直)** $\overset{\text{定義}}{\Longleftrightarrow}$ $\boldsymbol{a} \cdot \boldsymbol{b} = 0$

例題 10 **内積**

$\boldsymbol{R}^2$ のベクトル $\boldsymbol{a} = (a_1, a_2), \boldsymbol{b} = (b_1, b_2)$ に対して

$$\boldsymbol{a} \cdot \boldsymbol{b} = 3a_1b_1 - a_1b_2 - a_2b_1 + 3a_2b_2$$

と定義する．このとき

(a) $\boldsymbol{a} \cdot \boldsymbol{b}$ は内積であることを示せ．

(b) $\boldsymbol{a} = (2, 3), \boldsymbol{b} = (1, -2)$ に対し $|\boldsymbol{a}|, |\boldsymbol{b}|, \boldsymbol{a} \cdot \boldsymbol{b}$ を求めよ．

(c) シュヴァルツの不等式を具体的に書き表せ．

解答 (a) 内積の条件 (1) ～ (4) が成り立つことを確かめればよい．(1), (2), (3) が成り立つことは問題ない．(4) は

$$\boldsymbol{a} \cdot \boldsymbol{a} = 3a_1^2 - 2a_1a_2 + 3a_2^2 = (a_1 + a_2)^2 + 2(a_1 - a_2)^2 \geqq 0$$

で等号は

$$a_1 + a_2 = 0, \quad a_1 - a_2 = 0$$

のとき，すなわち $\boldsymbol{a} = \boldsymbol{0}$ のときに限る．

(b) $|\boldsymbol{a}|^2 = \boldsymbol{a} \cdot \boldsymbol{a} = 3 \times 2^2 - 2 \times 2 \times 3 + 3 \times 3^2 = 27$. よって $|\boldsymbol{a}| = 3\sqrt{3}$. 同様に $|\boldsymbol{b}| = \sqrt{19}$, $\boldsymbol{a} \cdot \boldsymbol{b} = -11$.

(c) 平方した形は

$$(3a_1b_1 - a_1b_2 - a_2b_1 + 3a_2b_2)^2 \leqq (a_1^2 - 2a_1a_2 + 3a_2^2)(b_1^2 - 2b_1b_2 + 3b_2^2)$$

問　題

10.1 $\boldsymbol{R}^2$ において

$$\boldsymbol{a} \cdot \boldsymbol{b} = 4a_1b_1 - 2a_1b_2 - 2a_2b_1 + 4a_2b_2$$

は内積であることを示せ．この内積を考えるときベクトル $\boldsymbol{a} = (3, 1)$, $\boldsymbol{b} = (1, -1)$ について $|\boldsymbol{a}|, |\boldsymbol{b}|, \boldsymbol{a} \cdot \boldsymbol{b}$ を求めよ．

10.2 $\boldsymbol{R}^2$ において自然な内積を考えるとき，$\boldsymbol{a} = (3, 1)$, $\boldsymbol{b} = (1, -1)$ の大きさ $|\boldsymbol{a}|, |\boldsymbol{b}|$, 内積 $\boldsymbol{a} \cdot \boldsymbol{b}$ を求めよ．

10.3 自然な内積を考えた $\boldsymbol{R}^4$ において $\boldsymbol{a} = (3, 1, 2, -2), \boldsymbol{b} = (-1, 3, 1, 1)$ に対して $|\boldsymbol{a}|, |\boldsymbol{b}|, \boldsymbol{a} \cdot \boldsymbol{b}$ を求めよ．

例題 11　　**ベクトルの内積**

$\boldsymbol{R}^3$ のベクトル $\boldsymbol{a} = (1, -3, 2), \boldsymbol{b} = (-2, -1, 3)$ のとき，つぎのものを求めよ．

(a)　$|\boldsymbol{a}|, |\boldsymbol{b}|, |\boldsymbol{a} + \boldsymbol{b}|$　　(b)　内積 $\boldsymbol{a} \cdot \boldsymbol{b}, \boldsymbol{a}, \boldsymbol{b}$ の交角 θ

(c)　$\boldsymbol{a}, \boldsymbol{b}$ の両方に垂直な単位ベクトル

解答　とくに断らない限り数ベクトル空間では自然な内積を用いる．

(a)

$$\begin{aligned} |\boldsymbol{a}| &= \sqrt{1^2 + (-3)^2 + 2^2} = \sqrt{14} \\ |\boldsymbol{b}| &= \sqrt{(-2)^2 + (-1)^2 + 3^2} = \sqrt{14} \\ |\boldsymbol{a} + \boldsymbol{b}| &= \sqrt{(-1)^2 + (-4)^2 + 5^2} = \sqrt{42} \end{aligned}$$

(b)　$\boldsymbol{a} \cdot \boldsymbol{b} = 1 \times (-2) + (-3) \times (-1) + 2 \times 3 = 7$ だから

$$\theta = \cos^{-1} \frac{\boldsymbol{a} \cdot \boldsymbol{b}}{|\boldsymbol{a}||\boldsymbol{b}|} = \cos^{-1} \frac{1}{2} = \frac{\pi}{3}$$

(c)　求めるベクトルを $\boldsymbol{x} = (x_1, x_2, x_3)$ とすると

$$\begin{cases} \boldsymbol{a} \cdot \boldsymbol{x} = x_1 - 3x_2 + 2x_3 = 0 \\ \boldsymbol{b} \cdot \boldsymbol{x} = -2x_1 - x_2 + 3x_3 = 0 \end{cases}$$

である．右の表から

$$x_1 = x_2 = x_3 = \lambda\,(\text{任意})$$

$\lambda = 1$ として $(1, 1, 1)$ を正規化して

$$\boldsymbol{x} = \pm \frac{1}{\sqrt{3}} (1, 1, 1)$$

x_1	x_2	x_3
1	−3	2
−2	−1	3
1	−3	2
0	−7	7
1	0	−1
0	1	−1

注意　外積 (→ p.62) $\boldsymbol{a} \times \boldsymbol{b} = -(7, 7, 7)$ を正規化してもよい．

問　題

11.1　互いに直交する $\boldsymbol{R}^3$ の 3 つのベクトル $\boldsymbol{a} = (2, a, 2)$, $\boldsymbol{b} = (b, 1, -2)$, $\boldsymbol{c} = (3, -3, c)$ を正規化せよ．

11.2　$\boldsymbol{R}^4$ のベクトル $\boldsymbol{a} = (1, 2, -2, 1)$, $\boldsymbol{b} = (-1, 5, 2, 6)$ のとき，つぎのものを求めよ．

(a)　$|\boldsymbol{a}|, |\boldsymbol{b}|, \boldsymbol{a} \cdot \boldsymbol{b}, \boldsymbol{a}, \boldsymbol{b}$ の交角 θ

(b)　$\boldsymbol{a}, \boldsymbol{b}$ の両方に直交する単位ベクトル

例題 12 **内積の計算**

$\boldsymbol{a}+\boldsymbol{b}+\boldsymbol{c}=\boldsymbol{0}$, $\boldsymbol{a}\cdot\boldsymbol{b}=\boldsymbol{b}\cdot\boldsymbol{c}=\boldsymbol{c}\cdot\boldsymbol{a}=-1$ のとき $|\boldsymbol{a}|, |\boldsymbol{b}|, |\boldsymbol{c}|$ および $\boldsymbol{a}$ と $\boldsymbol{b}$, $\boldsymbol{b}$ と $\boldsymbol{c}$, $\boldsymbol{c}$ と $\boldsymbol{a}$ の交角を求めよ.

解答 $|\boldsymbol{a}|^2=|\boldsymbol{b}+\boldsymbol{c}|^2=|\boldsymbol{b}|^2+2\boldsymbol{b}\cdot\boldsymbol{c}+|\boldsymbol{c}|^2=|\boldsymbol{b}|^2+|\boldsymbol{c}|^2-2$

同様に

$$|\boldsymbol{b}|^2=|\boldsymbol{c}|^2+|\boldsymbol{a}|^2-2$$
$$|\boldsymbol{c}|^2=|\boldsymbol{a}|^2+|\boldsymbol{b}|^2-2$$

よって

$$|\boldsymbol{a}|^2+|\boldsymbol{b}|^2+|\boldsymbol{c}|^2=6$$

これから

$$|\boldsymbol{a}|^2=|\boldsymbol{b}|^2=|\boldsymbol{c}|^2=2$$

すなわち

$$|\boldsymbol{a}|=|\boldsymbol{b}|=|\boldsymbol{c}|=\sqrt{2}$$

を得る. $\boldsymbol{a}, \boldsymbol{b}$ のなす角を θ_1 とすると

$$\cos\theta_1=\frac{\boldsymbol{a}\cdot\boldsymbol{b}}{|\boldsymbol{a}||\boldsymbol{b}|}=\frac{-1}{\sqrt{2}\sqrt{2}}=-\frac{1}{2}$$

から $\theta_1=\dfrac{2}{3}\pi$ である.

同様に, $\boldsymbol{b}, \boldsymbol{c}$ のなす角を θ_2, $\boldsymbol{c}, \boldsymbol{a}$ のなす角を θ_3 とすると

$$\cos\theta_2=-\frac{1}{2}, \quad \cos\theta_3=-\frac{1}{2}$$

だから

$$\theta_2=\theta_3=\frac{2}{3}\pi$$

である.

問題

12.1 $\boldsymbol{a}+\boldsymbol{b}+\boldsymbol{c}=\boldsymbol{0}$, $|\boldsymbol{a}|=1$, $|\boldsymbol{b}|=2$, $|\boldsymbol{c}|=3$ のとき内積 $\boldsymbol{a}\cdot\boldsymbol{b}$, $\boldsymbol{b}\cdot\boldsymbol{c}$, $\boldsymbol{c}\cdot\boldsymbol{a}$ を求めよ.

12.2 $|\boldsymbol{a}|=|\boldsymbol{b}|=|\boldsymbol{a}+\boldsymbol{b}|\neq 0$ のとき $\boldsymbol{a}$ と $\boldsymbol{b}$ の交角を求めよ.

12.3 $|\boldsymbol{a}|=2, |\boldsymbol{b}|=3, |\boldsymbol{a}-\boldsymbol{b}|=\sqrt{7}$ のとき内積 $\boldsymbol{a}\cdot\boldsymbol{b}$ および $\boldsymbol{a}$ と $\boldsymbol{b}$ の交角を求めよ.

12.4 つぎのことがらを証明せよ.

(a) $|\boldsymbol{a}+\boldsymbol{b}|^2+|\boldsymbol{a}-\boldsymbol{b}|^2=2(|\boldsymbol{a}|^2+|\boldsymbol{b}|^2)$

(b) $|\boldsymbol{a}+\boldsymbol{b}|^2-|\boldsymbol{a}-\boldsymbol{b}|^2=4\boldsymbol{a}\cdot\boldsymbol{b}$

4.5 正規直交基底

● 正規直交基底 ●

正規直交系 m 個のベクトル $\boldsymbol{a}_1, \boldsymbol{a}_2, \ldots, \boldsymbol{a}_m$ が

$$\boldsymbol{a}_i \cdot \boldsymbol{a}_j = \delta_{ij} \quad (\text{クロネッカーのデルタ})$$

をみたすとき $\boldsymbol{a}_1, \boldsymbol{a}_2, \ldots, \boldsymbol{a}_m$ を**正規直交系**であるという．正規直交系は 1 次独立である．

正規直交基底 基底が正規直交系のとき**正規直交基底**という．計量ベクトル空間 V は正規直交基底をもつ．$\boldsymbol{R}^n$ の標準的な基底 $\boldsymbol{e}_1, \boldsymbol{e}_2, \ldots, \boldsymbol{e}_n$ は正規直交基底である．$\mathcal{B} = \{\boldsymbol{a}_1, \boldsymbol{a}_2, \cdots \boldsymbol{a}_m\}$ $(m = \dim V)$ を V の正規直交基底とする．

$$\boldsymbol{a} = (x_1, x_2, \ldots, x_m)_{\mathcal{B}}, \quad \boldsymbol{b} = (y_1, y_2, \ldots, y_m)_{\mathcal{B}}$$

を V のベクトル $\boldsymbol{a}, \boldsymbol{b}$ の $\mathcal{B}$ に関する成分とすると，内積は自然な内積のときと同じことになる．すなわち

$$\boldsymbol{a} \cdot \boldsymbol{b} = x_1 y_1 + x_2 y_2 + \cdots + x_m y_m$$

グラム・シュミットの直交化法 V の基底 $\boldsymbol{x}_1, \boldsymbol{x}_2, \ldots, \boldsymbol{x}_m, (m = \dim V)$ からつぎの手順によって正規直交基底 $\boldsymbol{a}_1, \boldsymbol{a}_2, \ldots, \boldsymbol{a}_m$ を作る方法を**グラム・シュミットの直交化法**という．

$$\boldsymbol{y}_1 = \boldsymbol{x}_1 \qquad \boldsymbol{a}_1 = \frac{\boldsymbol{y}_1}{|\boldsymbol{y}_1|}$$

$$\boldsymbol{y}_2 = \boldsymbol{x}_2 - (\boldsymbol{x}_2 \cdot \boldsymbol{a}_1)\boldsymbol{a}_1 \qquad \boldsymbol{a}_2 = \frac{\boldsymbol{y}_2}{|\boldsymbol{y}_2|}$$

$$\boldsymbol{y}_3 = \boldsymbol{x}_3 - (\boldsymbol{x}_3 \cdot \boldsymbol{a}_1)\boldsymbol{a}_1 - (\boldsymbol{x}_3 \cdot \boldsymbol{a}_2)\boldsymbol{a}_2 \qquad \boldsymbol{a}_3 = \frac{\boldsymbol{y}_3}{|\boldsymbol{y}_3|}$$

$$\cdots \qquad \cdots$$

$$\boldsymbol{y}_m = \boldsymbol{x}_m - (\boldsymbol{x}_m \cdot \boldsymbol{a}_1)\boldsymbol{a}_1 - (\boldsymbol{x}_m \cdot \boldsymbol{a}_2)\boldsymbol{a}_2 - \cdots - (\boldsymbol{x}_m \cdot \boldsymbol{a}_{m-1})\boldsymbol{a}_{m-1} \quad \boldsymbol{a}_m = \frac{\boldsymbol{y}_m}{|\boldsymbol{y}_m|}$$

正規直交基底の補充 (取り替え) 定理 $\dim V = m$ とする．$\boldsymbol{a}_1, \boldsymbol{a}_2, \ldots, \boldsymbol{a}_d$ を正規直交系とするとき，$m-d$ 個の V のベクトル $\boldsymbol{a}_{d+1}, \boldsymbol{a}_{d+2}, \ldots, \boldsymbol{a}_m$ を選んで，$\boldsymbol{a}_1, \boldsymbol{a}_2, \ldots, \boldsymbol{a}_d, \boldsymbol{a}_{d+1}, \boldsymbol{a}_{d+2}, \ldots, \boldsymbol{a}_m$ を V の正規直交基底であるようにすることができる．

● 2 組の正規直交基底の関係 ● $\boldsymbol{a}_1, \boldsymbol{a}_2, \ldots, \boldsymbol{a}_m$ を V の正規直交基底, $\boldsymbol{a}'_1, \boldsymbol{a}'_2, \ldots, \boldsymbol{a}'_m$ を V のベクトルとし

$$\boldsymbol{a}'_j = p_{1j}\boldsymbol{a}_1 + p_{2j}\boldsymbol{a}_2 + \cdots + p_{mj}\boldsymbol{a}_m \quad (j = 1, 2, \ldots, m)$$

とする．このとき

$$\boldsymbol{a}'_1, \boldsymbol{a}'_2, \ldots, \boldsymbol{a}'_m \text{が正規直交基底} \iff P = [p_{ij}] \text{ が } m \text{ 次直交行列} \quad ({}^tPP = E)$$

例題 13　　**直交行列**

(a)　2次の正方行列 $P = [\boldsymbol{x}_1\ \boldsymbol{x}_2]$ が直交行列であるための必要十分条件は $\boldsymbol{x}_1, \boldsymbol{x}_2$ が互いに直交する単位ベクトル ($\boldsymbol{R}^2$ の正規直交基底) であることを示せ．

(b)　$\begin{bmatrix} a & -1/2 \\ 1/2 & b \end{bmatrix}$ が直交行列であるとき，a, b を求めよ．

解答　(a)　P が直交行列 (${}^tPP = E$) であると

$$ {}^tPP = \begin{bmatrix} {}^t\boldsymbol{x}_1 \\ {}^t\boldsymbol{x}_2 \end{bmatrix} [\boldsymbol{x}_1\ \boldsymbol{x}_2] = \begin{bmatrix} {}^t\boldsymbol{x}_1\boldsymbol{x}_1 & {}^t\boldsymbol{x}_1\boldsymbol{x}_2 \\ {}^t\boldsymbol{x}_2\boldsymbol{x}_1 & {}^t\boldsymbol{x}_2\boldsymbol{x}_2 \end{bmatrix} = \begin{bmatrix} 1 & 0 \\ 0 & 1 \end{bmatrix} $$

から

$$ {}^t\boldsymbol{x}_1\boldsymbol{x}_1 = |\boldsymbol{x}_1|^2 = 1, \quad {}^t\boldsymbol{x}_1\boldsymbol{x}_2 = \boldsymbol{x}_1 \cdot \boldsymbol{x}_2 = 0, \quad {}^t\boldsymbol{x}_2\boldsymbol{x}_2 = |\boldsymbol{x}_2|^2 = 1 $$

だから $\boldsymbol{x}_1, \boldsymbol{x}_2$ は互いに直交する単位ベクトルである．

逆に，$\boldsymbol{x}_1, \boldsymbol{x}_2$ が互いに直交する単位ベクトルなら $P = [\boldsymbol{x}_1\ \boldsymbol{x}_2]$ は ${}^tPP = E$ をみたすから直交行列である．

(b)　(a) から

$$ a^2 + (1/2)^2 = 1, \quad -a/2 + b/2 = 0, \quad (-1/2)^2 + b^2 = 1 $$

だから

$$ a = b = \pm\sqrt{3}/2 $$

である．

注意　直交行列 P の行ベクトルも互いに直交する単位ベクトルである．一般に n 次の直交行列の列 (行) ベクトルは互いに直交する単位ベクトル ($\boldsymbol{R}^n$ の正規直交基底) である．

問　題

13.1　つぎの行列が直交行列であるように a, b, c, d を定めよ．

(a)　$\begin{bmatrix} 1/\sqrt{2} & a \\ b & -1/\sqrt{2} \end{bmatrix}$　　(b)　$\begin{bmatrix} 1/\sqrt{6} & 1/\sqrt{3} & a \\ 2/\sqrt{6} & -1/\sqrt{3} & b \\ 1/\sqrt{6} & 1/\sqrt{3} & c \end{bmatrix}$

(c)　$\begin{bmatrix} 5/13 & a & 0 \\ b & -5/13 & c \\ d & 0 & 1 \end{bmatrix}$

13.2　2次の直交行列 P は $P = \begin{bmatrix} \cos\theta & -\sin\theta \\ \sin\theta & \cos\theta \end{bmatrix}$，または $P = \begin{bmatrix} \cos\theta & \sin\theta \\ \sin\theta & -\cos\theta \end{bmatrix}$，$(0 \leqq \theta < 2\pi)$ であることを示せ．

例題 14 **グラム・シュミットの直交化法**

グラム・シュミットの直交化法により，つぎのベクトルから $\boldsymbol{R}^3$ の正規直交基底を作れ．

$$\boldsymbol{x}_1 = (-2, 1, 0), \quad \boldsymbol{x}_2 = (-1, 0, 1), \quad \boldsymbol{x}_3 = (1, 1, 1)$$

解答 まず $\boldsymbol{y}_1 = \boldsymbol{x}_1$ とおくと

$$\boldsymbol{a}_1 = \frac{\boldsymbol{y}_1}{|\boldsymbol{y}_1|} = \frac{1}{\sqrt{5}}(-2, 1, 0) = \left(-\frac{2}{\sqrt{5}}, \frac{1}{\sqrt{5}}, 0 \right)$$

つぎに

$$\boldsymbol{y}_2 = \boldsymbol{x}_2 - (\boldsymbol{x}_2 \cdot \boldsymbol{a}_1)\boldsymbol{a}_1 = (-1, 0, 1) - \frac{2}{5}(-2, 1, 0) = \left(-\frac{1}{5}, -\frac{2}{5}, 1 \right)$$

を正規化して

$$\boldsymbol{a}_2 = \frac{\boldsymbol{y}_2}{|\boldsymbol{y}_2|} = \frac{1}{\sqrt{30}}(-1, -2, 5) = \left(-\frac{1}{\sqrt{30}}, -\frac{2}{\sqrt{30}}, \frac{5}{\sqrt{30}} \right)$$

また

$$\begin{aligned} \boldsymbol{y}_3 &= \boldsymbol{x}_3 - (\boldsymbol{x}_3 \cdot \boldsymbol{a}_1)\boldsymbol{a}_1 - (\boldsymbol{x}_3 \cdot \boldsymbol{a}_2)\boldsymbol{a}_2 \\ &= (1, 1, 1) + \frac{1}{5}(-2, 1, 0) - \frac{1}{15}(-1, -2, 5) = \left(\frac{2}{3}, \frac{4}{3}, \frac{2}{3} \right) \end{aligned}$$

を正規化して

$$\boldsymbol{a}_3 = \frac{\boldsymbol{y}_3}{|\boldsymbol{y}_3|} = \frac{1}{\sqrt{6}}(1, 2, 1) = \left(\frac{1}{\sqrt{6}}, \frac{2}{\sqrt{6}}, \frac{1}{\sqrt{6}} \right)$$

注意 正規直交化してゆく順序が異なれば，異なった正規直交基底を得る．たとえば，$\boldsymbol{x}_3, \boldsymbol{x}_2, \boldsymbol{x}_1$ の順に直交すると

$$\left(\frac{1}{\sqrt{3}}, \frac{1}{\sqrt{3}}, \frac{1}{\sqrt{3}}\right), \quad \left(-\frac{1}{\sqrt{2}}, 0, \frac{1}{\sqrt{2}}\right), \quad \left(\frac{1}{\sqrt{6}}, -\frac{2}{\sqrt{6}}, \frac{1}{\sqrt{6}}\right)$$

を得る．

問 題

14.1 グラム・シュミットの直交化法により，つぎのベクトルから各空間の正規直交基底を作れ．

(a) $\boldsymbol{R}^2$ において，$\boldsymbol{x}_1 = (-1, 3), \boldsymbol{x}_2 = (2, -1)$

(b) $\boldsymbol{R}^3$ において，$\boldsymbol{x}_1 = (1, 1, 0), \boldsymbol{x}_2 = (1, 0, 1), \boldsymbol{x}_3 = (0, 1, 1)$

(c) $\boldsymbol{R}^3$ において，$\boldsymbol{x}_1 = (1, 1, 1), \boldsymbol{x}_2 = (1, 0, 1), \boldsymbol{x}_3 = (-1, 0, 1)$

(d) $\boldsymbol{R}^4$ において，$\boldsymbol{x}_1 = (1, 1, 0, 0), \boldsymbol{x}_2 = (0, 1, 1, 0), \boldsymbol{x}_3 = (0, 0, 1, 1)$, $\boldsymbol{x}_4 = (1, 1, 0, 1)$

例題 15 **直交補空間**

(a) V を $\boldsymbol{R}^n$ の部分空間とする．

$$V^{\perp} = \{\boldsymbol{x} \in \boldsymbol{R}^n ; \text{すべての } \boldsymbol{y} \in V \text{ に対して } \boldsymbol{x} \cdot \boldsymbol{y} = 0\}$$

は $\boldsymbol{R}^n$ の部分空間になることを示せ (これを V の**直交補空間**という).

(b) $V = \{(x_1, x_2, x_3) \in \boldsymbol{R}^3 ;\ 3x_1 + x_2 - x_3 = 0,\ x_1 - 5x_2 + x_3 = 0\}$ の直交補空間 $V^{\perp}$ を求めよ．

解答 (a) 零ベクトル $\boldsymbol{0}$ はどんなベクトルとも直交するから $\boldsymbol{0} \in V$．よって $V^{\perp}$ は空でない．V のかってなベクトル $\boldsymbol{y}$ に対して

$$\boldsymbol{x}_1, \boldsymbol{x}_2 \in V^{\perp} \quad \Longrightarrow \quad (\boldsymbol{x}_1 + \boldsymbol{x}_2) \cdot \boldsymbol{y} = \boldsymbol{x}_1 \cdot \boldsymbol{y} + \boldsymbol{x}_2 \cdot \boldsymbol{y} = 0$$

$$\boldsymbol{x} \in V^{\perp}, \lambda \in \boldsymbol{R} \quad \Longrightarrow \quad (\lambda \boldsymbol{x}) \cdot \boldsymbol{y} = \lambda(\boldsymbol{x} \cdot \boldsymbol{y}) = 0$$

よって，$\boldsymbol{x}_1 + \boldsymbol{x}_2, \lambda \boldsymbol{x} \in V$ だから V は部分空間をなす．

(b) 同次連立 1 次方程式

$$\begin{cases} 3x_1 + x_2 - x_3 = 0 \\ x_1 - 5x_2 + x_3 = 0 \end{cases}$$

x_1	x_2	x_3
3	1	−1
1	−5	1
1	−5	1
0	16	−4
1	0	−1/4
0	1	−1/4

を解くと，表から $\begin{bmatrix} x_1 \\ x_2 \\ x_3 \end{bmatrix} = \lambda \begin{bmatrix} 1 \\ 1 \\ 4 \end{bmatrix}$.

よって，$(1, 1, 4)$ は V の基底であり，その直交補空間は

$$V^{\perp} = \{(x_1, x_2, x_3) ;\ x_1 + x_2 + 4x_3 = 0\}$$

である．$V^{\perp}$ の基底を求めるために方程式 $x_1 + x_2 + 4x_3 = 0$ を解くと

$$\begin{bmatrix} x_1 \\ x_2 \\ x_3 \end{bmatrix} = \lambda \begin{bmatrix} -1 \\ 1 \\ 0 \end{bmatrix} + \mu \begin{bmatrix} -4 \\ 0 \\ 1 \end{bmatrix}$$

よって，$V^{\perp}$ の基底 $(-1, 1, 0), (-4, 0, 1)$ で生成される部分空間である．

注意 $(3, 1, -1), (1, -5, 1)$ も $V^{\perp}$ の基底である．

問題

15.1 $\boldsymbol{R}^n = V \oplus V^{\perp}$ であることを示せ．

15.2 つぎのベクトルで生成される各部分空間 V の直交補空間 $V^{\perp}$ を求めよ．

(a) $(1, 0, -7)$

(b) $(3, 1, -1), (1, -5, 1)$

(c) $(1, 0, -1, 2), (-1, 1, 1, 0)$

4.6 R^3 の外積

• 直交座標系 •

空間ベクトル・平面ベクトル 空間または平面における矢線ベクトルは実質的には $\boldsymbol{R}^3, \boldsymbol{R}^2$ と同等でベクトル空間を作る.

直交座標系 空間において1点 (**原点**) と $\boldsymbol{R}^3$ の正規直交基底 $\boldsymbol{e}_1, \boldsymbol{e}_2, \boldsymbol{e}_3$ を定めたとき**直交座標系** $\{\mathrm{O}; \boldsymbol{e}_1, \boldsymbol{e}_2, \boldsymbol{e}_3\}$ を定めたという. このとき, 空間の点Pに対し $\overrightarrow{\mathrm{OP}} = x\boldsymbol{e}_1 + y\boldsymbol{e}_2 + z\boldsymbol{e}_3$ の成分 (x, y, z) を点Pの**座標**という.

平面の場合, 座標系は $\{O\,; \boldsymbol{e}_1, \boldsymbol{e}_2\}$ で $\boldsymbol{e}_1, \boldsymbol{e}_2$ は $\boldsymbol{R}^2$ の正規直交基底である.

右手系 1次独立な3つの空間ベクトル $\boldsymbol{a}, \boldsymbol{b}, \boldsymbol{c}$ がこの順序で右手の親指, 人差指, 中指で表されるとき**右手系**であるという. 座標は右手系であるとする.

• 外積 •

外積の定義 1次独立な2つの空間ベクトル $\boldsymbol{a}, \boldsymbol{b}$ に対し, つぎのように定まるベクトルを $\boldsymbol{a} \times \boldsymbol{b}$ とかき $\boldsymbol{a}, \boldsymbol{b}$ の**外積**という.

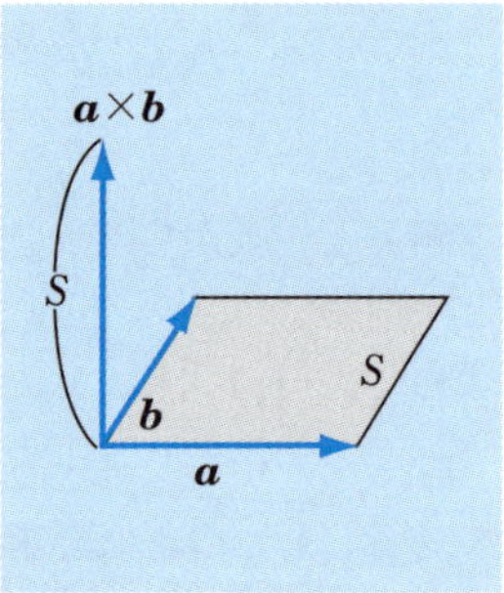

$$\begin{cases} \text{大きさは } \boldsymbol{a}, \boldsymbol{b} \text{ で定まる平行四辺形の面積 } S \\ \text{方向は } \boldsymbol{a} \text{ および } \boldsymbol{b} \text{ に垂直} \\ \boldsymbol{a}, \boldsymbol{b}, \boldsymbol{a}\times\boldsymbol{b} \text{ は右手系} \end{cases}$$

$\boldsymbol{a}, \boldsymbol{b}$ が1次独立でないときは $\boldsymbol{a} \times \boldsymbol{b} = \boldsymbol{0}$ と定める.

性質 (1) $\boldsymbol{a} \times \boldsymbol{b} = -\boldsymbol{b} \times \boldsymbol{a}$

(2) $(\lambda\boldsymbol{a}) \times \boldsymbol{b} = \boldsymbol{a} \times (\lambda\boldsymbol{b}) = \lambda(\boldsymbol{a} \times \boldsymbol{b})$

(3) $\boldsymbol{a} \times (\boldsymbol{b} + \boldsymbol{c}) = \boldsymbol{a} \times \boldsymbol{b} + \boldsymbol{a} \times \boldsymbol{c}$

成分表示 空間に直交座標系が設けられていて $\boldsymbol{a} = (x_1, y_1, z_1), \boldsymbol{b} = (x_2, y_2, z_2)$ を成分とすると

$$\boldsymbol{a} \times \boldsymbol{b} = \left(\begin{vmatrix} y_1 & z_1 \\ y_2 & z_2 \end{vmatrix}, \begin{vmatrix} z_1 & x_1 \\ z_2 & x_2 \end{vmatrix}, \begin{vmatrix} x_1 & y_1 \\ x_2 & y_2 \end{vmatrix} \right) \underset{\text{記号的に}}{=\!=\!=} \begin{vmatrix} \boldsymbol{e}_1 & \boldsymbol{e}_2 & \boldsymbol{e}_3 \\ x_1 & y_1 & z_1 \\ x_2 & y_2 & z_2 \end{vmatrix}$$

スカラー3重積 $(\boldsymbol{a}, \boldsymbol{b}, \boldsymbol{c}) = (\boldsymbol{a}\times\boldsymbol{b}) \cdot \boldsymbol{c}$ を $\boldsymbol{a}, \boldsymbol{b}, \boldsymbol{c}$ の**スカラー3重積**という.

$$(\boldsymbol{a}, \boldsymbol{b}, \boldsymbol{c}) > 0 \iff \boldsymbol{a}, \boldsymbol{b}, \boldsymbol{c} \text{ が右手系}$$
$$(\boldsymbol{a}, \boldsymbol{b}, \boldsymbol{c}) = 0 \iff \boldsymbol{a}, \boldsymbol{b}, \boldsymbol{c} \text{ が1次従属}$$

$\boldsymbol{a}, \boldsymbol{b}, \boldsymbol{c}$ の定める平行六面体の体積を V とすると $V = |(\boldsymbol{a}, \boldsymbol{b}, \boldsymbol{c})|$

成分表示 $\boldsymbol{a} = (x_1, y_1, z_1)$, $\boldsymbol{b} = (x_2, y_2, z_2)$, $\boldsymbol{c} = (x_3, y_3, z_3)$ のとき

$$(\boldsymbol{a}, \boldsymbol{b}, \boldsymbol{c}) = \begin{vmatrix} x_1 & x_2 & x_3 \\ y_1 & y_2 & y_3 \\ z_1 & z_2 & z_3 \end{vmatrix} = \begin{vmatrix} x_1 & y_1 & z_1 \\ x_2 & y_2 & z_2 \\ x_3 & y_3 & z_3 \end{vmatrix}$$

例題 16　　　　外積

$\boldsymbol{a}=(2,1,3)$, $\boldsymbol{b}=(-1,2,-1)$, $\boldsymbol{c}=(0,2,1)$ のとき，つぎのものを求めよ．

(a)　$\boldsymbol{a}\times\boldsymbol{b}$　　(b)　$\boldsymbol{a},\boldsymbol{b}$ の両方に垂直な単位ベクトル　　(c)　$(\boldsymbol{a}\times\boldsymbol{b})\times\boldsymbol{c}$

(d)　$\boldsymbol{a}\times(\boldsymbol{b}\times\boldsymbol{c})$　　(e)　$(\boldsymbol{a},\boldsymbol{b},\boldsymbol{c})$

解答　(a)

$$\boldsymbol{a}\times\boldsymbol{b}=\begin{vmatrix}\boldsymbol{e}_1 & \boldsymbol{e}_2 & \boldsymbol{e}_3\\ 2 & 1 & 3\\ -1 & 2 & -1\end{vmatrix}=\left(\begin{vmatrix}1 & 3\\ 2 & -1\end{vmatrix},-\begin{vmatrix}2 & 3\\ -1 & -1\end{vmatrix},\begin{vmatrix}2 & 1\\ -1 & 2\end{vmatrix}\right)$$
$$=(-7,-1,5)$$

(b)　$|\boldsymbol{a}\times\boldsymbol{b}|=5\sqrt{3}$ だから，求める単位ベクトルは

$$\pm(\boldsymbol{a}\times\boldsymbol{b})/|\boldsymbol{a}\times\boldsymbol{b}|=\pm(-7/5\sqrt{3},-1/5\sqrt{3},1/\sqrt{3})$$

(c)　$(\boldsymbol{a}\times\boldsymbol{b})\times\boldsymbol{c}=\begin{vmatrix}\boldsymbol{e}_1 & \boldsymbol{e}_2 & \boldsymbol{e}_3\\ -7 & -1 & 5\\ 0 & 2 & 1\end{vmatrix}=(-11,7,-14)$

(d)　$\boldsymbol{b}\times\boldsymbol{c}=(4,1,-2)$ だから，$\boldsymbol{a}\times(\boldsymbol{b}\times\boldsymbol{c})=\begin{vmatrix}\boldsymbol{e}_1 & \boldsymbol{e}_2 & \boldsymbol{e}_3\\ 2 & 1 & 3\\ 4 & 1 & -2\end{vmatrix}=(-5,16,-2)$

(e)　$(\boldsymbol{a},\boldsymbol{b},\boldsymbol{c})=(\boldsymbol{a}\times\boldsymbol{b})\cdot\boldsymbol{c}=(-7,-1,5)\cdot(0,2,1)=3$

問　題

16.1　つぎの等式を証明せよ．

(a)　$\boldsymbol{a}\times(\boldsymbol{b}\times\boldsymbol{c})=(\boldsymbol{a}\cdot\boldsymbol{c})\boldsymbol{b}-(\boldsymbol{a}\cdot\boldsymbol{b})\boldsymbol{c}$

(b)　$\boldsymbol{a}\times(\boldsymbol{b}\times\boldsymbol{c})+\boldsymbol{b}\times(\boldsymbol{c}\times\boldsymbol{a})+\boldsymbol{c}\times(\boldsymbol{a}\times\boldsymbol{b})=\boldsymbol{0}$

(c)　$(\boldsymbol{a}\times\boldsymbol{b})\cdot(\boldsymbol{c}\times\boldsymbol{d})=(\boldsymbol{a}\cdot\boldsymbol{c})(\boldsymbol{b}\cdot\boldsymbol{d})-(\boldsymbol{a}\cdot\boldsymbol{d})(\boldsymbol{b}\cdot\boldsymbol{c})$

(d)　$(\boldsymbol{a}\times\boldsymbol{b})\times(\boldsymbol{c}\times\boldsymbol{d})=(\boldsymbol{a},\boldsymbol{b},\boldsymbol{d})\boldsymbol{c}-(\boldsymbol{a},\boldsymbol{b},\boldsymbol{c})\boldsymbol{d}=(\boldsymbol{a},\boldsymbol{c},\boldsymbol{d})\boldsymbol{b}-(\boldsymbol{b},\boldsymbol{c},\boldsymbol{d})\boldsymbol{a}$

16.2　$\boldsymbol{R}^3$ において $|\boldsymbol{a}\times\boldsymbol{b}|^2=|\boldsymbol{a}|^2|\boldsymbol{b}|^2-(\boldsymbol{a}\cdot\boldsymbol{b})^2$ を証明せよ．また，$\boldsymbol{a}=(a_1,a_2,a_3)$, $\boldsymbol{b}=(b_1,b_2,b_3)$ としてこの等式を成分を用いて表せ．

16.3　$\boldsymbol{a}\times\boldsymbol{x}=\boldsymbol{b}\,(\boldsymbol{a}\neq\boldsymbol{0})$ が解をもつための必要十分条件は $\boldsymbol{a}\cdot\boldsymbol{b}=0$ であり，このとき

$$\boldsymbol{x}=\frac{\boldsymbol{b}\times\boldsymbol{a}}{\boldsymbol{a}\cdot\boldsymbol{a}}+\mu\boldsymbol{a}\quad(\mu\text{ は任意})$$

であることを示せ．

4.7 平行四辺形の面積，平行六面体の体積

グラムの行列式 $\boldsymbol{a}_1, \boldsymbol{a}_2, \ldots, \boldsymbol{a}_m$ を $\boldsymbol{R}^n$ の $m\,(m \leqq n)$ 個のベクトルとする．$n \times m$ 行列 $A = [\boldsymbol{a}_1\,\boldsymbol{a}_2\,\cdots\,\boldsymbol{a}_m]$ とおくとき，m 次正方行列

$$G = \begin{bmatrix} \boldsymbol{a}_1 \cdot \boldsymbol{a}_1 & \boldsymbol{a}_1 \cdot \boldsymbol{a}_2 & \cdots & \boldsymbol{a}_1 \cdot \boldsymbol{a}_m \\ \boldsymbol{a}_2 \cdot \boldsymbol{a}_1 & \boldsymbol{a}_2 \cdot \boldsymbol{a}_2 & \cdots & \boldsymbol{a}_2 \cdot \boldsymbol{a}_m \\ \vdots & \vdots & \ddots & \vdots \\ \boldsymbol{a}_m \cdot \boldsymbol{a}_1 & \boldsymbol{a}_m \cdot \boldsymbol{a}_2 & \cdots & \boldsymbol{a}_m \cdot \boldsymbol{a}_m \end{bmatrix} = {}^t\!AA$$

をグラムの行列，その行列式 $\det G$ をグラムの行列式という．

平行四辺形の面積・平行六面体の体積 $\boldsymbol{R}^n$ において，$\boldsymbol{a}_1, \boldsymbol{a}_2$ で定まる平行四辺形の面積 S も，$\boldsymbol{a}_1, \boldsymbol{a}_2, \boldsymbol{a}_3$ で定まる平行六面体の体積 V もグラムの行列式を用いて

$$\sqrt{\det G}$$

で表される．とくに，$n = m$ のとき上式は

$$\pm \det A$$

である．また，平行四辺形の面積 S は

$$S = \sqrt{|\boldsymbol{a}_1|^2 |\boldsymbol{a}_2|^2 - (\boldsymbol{a}_1 \cdot \boldsymbol{a}_2)^2} = |\boldsymbol{a}_1||\boldsymbol{a}_2| \sin\theta \quad (\theta \text{ は } \boldsymbol{a}_1, \boldsymbol{a}_2 \text{の交角})$$

である．

空間の場合 空間において，3 つのベクトル

$$\boldsymbol{a}_1 = (x_1, y_1, z_1), \quad \boldsymbol{a}_2 = (x_2, y_2, z_2), \quad \boldsymbol{a}_3 = (x_3, y_3, z_3)$$

で定まる平行六面体の体積 V は

$$V = \pm \begin{vmatrix} x_1 & x_2 & x_3 \\ y_1 & y_2 & y_3 \\ z_1 & z_2 & z_3 \end{vmatrix} = \pm(\boldsymbol{a}_1, \boldsymbol{a}_2, \boldsymbol{a}_3)$$

であたえられる．外積の定義から

$$S = |\boldsymbol{a}_1 \times \boldsymbol{a}_2|$$

である．

平面の場合 平面においては $\boldsymbol{a}_1 = (x_1, y_1)$, $\boldsymbol{a}_2 = (x_2, y_2)$ で定まる平行四辺形の面積 S は

$$S = \pm \begin{vmatrix} x_1 & x_2 \\ y_1 & y_2 \end{vmatrix} = \pm \begin{vmatrix} x_1 & y_1 \\ x_2 & y_2 \end{vmatrix}$$

で与えられる．

例題 17 ——— **平行四辺形の面積**

ベクトル $\boldsymbol{a}, \boldsymbol{b}$ がつぎの場合，$\boldsymbol{a}, \boldsymbol{b}$ で定まる平行四辺形の面積 S を求めよ．

（a） $\boldsymbol{a} = (4, 1), \boldsymbol{b} = (1, -1)$ （b） $\boldsymbol{a} = (1, -1, -1), \boldsymbol{b} = (4, 1, 3)$

（c） $\boldsymbol{a} = (1, -1, -1, 1), \boldsymbol{b} = (4, 1, 3, -2)$

解答 （a） $S = \begin{vmatrix} 4 & 1 \\ 1 & -1 \end{vmatrix}$ の絶対値 $= |-5| = 5$

（b） $\boldsymbol{a} \times \boldsymbol{b} = (-2, -7, 5)$ である．よって

$$S = |\boldsymbol{a} \times \boldsymbol{b}| = \sqrt{(-2)^2 + (-7)^2 + 5^2} = \sqrt{78}$$

（c） $|\boldsymbol{a}|^2 = 4, |\boldsymbol{b}|^2 = 30, \boldsymbol{a} \cdot \boldsymbol{b} = -2$ だから

$$S = \sqrt{|\boldsymbol{a}|^2|\boldsymbol{b}|^2 - (\boldsymbol{a} \cdot \boldsymbol{b})^2} = \sqrt{4 \times 30 - (-2)^2} = 2\sqrt{29}$$

注意 (a), (b) において公式 $\sqrt{|\boldsymbol{a}|^2|\boldsymbol{b}|^2 - (\boldsymbol{a} \cdot \boldsymbol{b})^2}$ を用いてもよい．

問　題

17.1 $\boldsymbol{a} = (1, -1, -1), \boldsymbol{b} = (4, 1, 3), \boldsymbol{c} = (7, 2, 5)$ のとき，$\boldsymbol{a}, \boldsymbol{b}, \boldsymbol{c}$ で定まる平行六面体の体積を求めよ．

17.2 $\mathrm{A}(1, 1, 1), \mathrm{B}(3, 4, -5), \mathrm{C}(-4, 2, 3), \mathrm{D}(-5, 3, 6)$ を頂点にもつ四面体 ABCD の体積を求めよ．

17.3 四面体 OABC において，$\overline{\mathrm{OA}} = a, \overline{\mathrm{OB}} = b, \overline{\mathrm{OC}} = c$, $\angle\mathrm{BOC} = \alpha, \angle\mathrm{COA} = \beta, \angle\mathrm{AOB} = \gamma$ とし四面体の体積を V とすると

$$(6V)^2 = (abc)^2 \begin{vmatrix} 1 & \cos\gamma & \cos\beta \\ \cos\gamma & 1 & \cos\alpha \\ \cos\beta & \cos\alpha & 1 \end{vmatrix}$$

が成り立つことを示せ (右図参照).

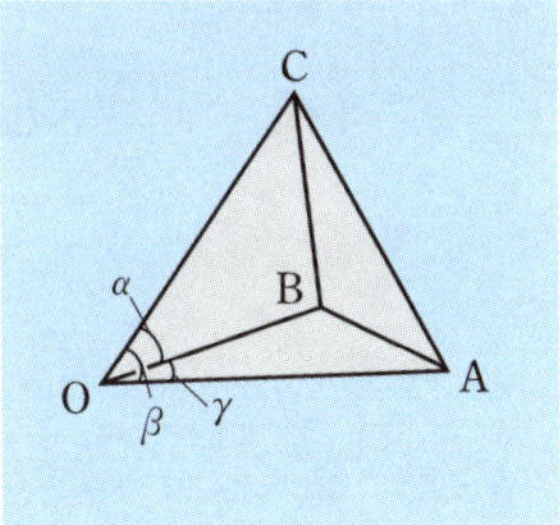

17.4 $\boldsymbol{a}_1, \boldsymbol{a}_2, \ldots, \boldsymbol{a}_m$ のグラム行列を G とするとき，つぎが成り立つことを示せ．

（a） $\boldsymbol{a}_1, \boldsymbol{a}_2, \ldots, \boldsymbol{a}_m$ が 1 次独立 $\iff$ G が正則 $\iff$ $|G| \neq 0$

（b） $\boldsymbol{a}_1, \boldsymbol{a}_2, \ldots, \boldsymbol{a}_m$ が正規直交系 $\iff$ $G = E$: 単位行列

17.5 $\boldsymbol{a}_1, \boldsymbol{a}_2, \boldsymbol{a}_3$ を $\boldsymbol{R}^3$ の 1 次独立なベクトルとするとき，

$$\boldsymbol{a}_i \cdot \bar{\boldsymbol{a}}_j = \delta_{ij} \quad (i, j = 1, 2, 3)$$

をみたす 1 次独立ベクトル $\bar{\boldsymbol{a}}_1, \bar{\boldsymbol{a}}_2, \bar{\boldsymbol{a}}_3$ が存在することを示せ (これを**相反系**という).

例題 18 **2 直線の距離**

（a）点 P_i を通り方向ベクトルが $\boldsymbol{l}_i$ の直線 $g_i(i=1,2)$ が平行でないとする．g_1, g_2 の最短距離 d は P_i の位置ベクトルを $\overrightarrow{\mathrm{OP}}_i = \boldsymbol{x}_i$ とすると

$$d = \frac{|(\boldsymbol{x}_2 - \boldsymbol{x}_1, \boldsymbol{l}_1, \boldsymbol{l}_2)|}{|\boldsymbol{l}_1 \times \boldsymbol{l}_2|}$$

で与えられることを示せ．

（b）2 直線 $\dfrac{x-3}{2} = \dfrac{y-4}{-1} = z-2, \dfrac{x-1}{3} = \dfrac{y+1}{2} = \dfrac{z+3}{-2}$ の距離を求めよ．

解答 （a）$\boldsymbol{x}_2 - \boldsymbol{x}_1, \boldsymbol{l}_1, \boldsymbol{l}_2$ で定まる平行六面体の体積 V を 2 通りに計算する．スカラー 3 重積の定義から

$$V = |(\boldsymbol{x}_2 - \boldsymbol{x}_1, \boldsymbol{l}_1, \boldsymbol{l}_2)|$$

一方，$|\boldsymbol{l}_1 \times \boldsymbol{l}_2|$ を底面積，d を高さとみると

$$V = |\boldsymbol{l}_1 \times \boldsymbol{l}_2| d$$

である．2 直線が平行でないから $\boldsymbol{l}_1 \times \boldsymbol{l}_2 \neq \boldsymbol{0}$ だから $|\boldsymbol{l}_1 \times \boldsymbol{l}_2| \neq 0$ で割れば

$$d = \frac{|(\boldsymbol{x}_2 - \boldsymbol{x}_1, \boldsymbol{l}_1, \boldsymbol{l}_2)|}{|\boldsymbol{l}_1 \times \boldsymbol{l}_2|}$$

を得る．

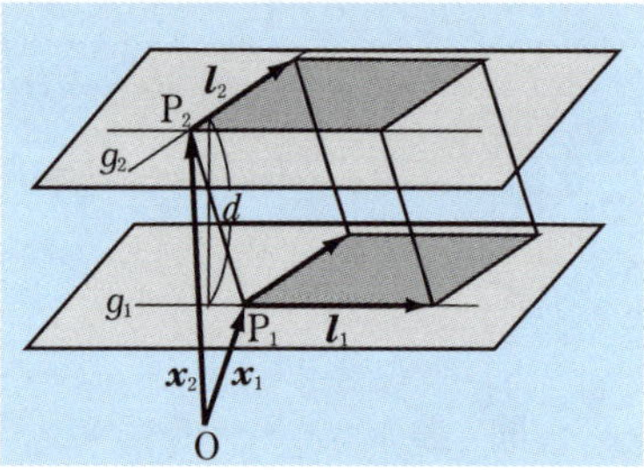

（b）$\boldsymbol{x}_1 = (3,4,2), \boldsymbol{x}_2 = (1,-1,-3), \boldsymbol{l}_1 \times \boldsymbol{l}_2 = (2,-1,1) \times (3,2,-2) = (0,7,7)$ より

$$\begin{aligned}(\boldsymbol{x}_2 - \boldsymbol{x}_1, \boldsymbol{l}_1, \boldsymbol{l}_2) &= (\boldsymbol{l}_1, \boldsymbol{l}_2, \boldsymbol{x}_2 - \boldsymbol{x}_1) = (\boldsymbol{l}_1 \times \boldsymbol{l}_2) \cdot (\boldsymbol{x}_2 - \boldsymbol{x}_1) \\ &= (0,7,7) \cdot (-2,-5,-5) = -70\end{aligned}$$

よって

$$d = \frac{|-70|}{7\sqrt{2}} = 5\sqrt{2}$$

問　題

18.1 2 直線 $\dfrac{x-1}{2} = \dfrac{y-2}{3} = \dfrac{z}{4}, x = y = z$ の間の距離を求めよ．

18.2 点 P_1 を通り方向ベクトルが $\boldsymbol{l}$ の直線を g とし，P_0 を直線 g 外の 1 点とする．$\overrightarrow{\mathrm{OP}}_0 = \boldsymbol{x}_0, \overrightarrow{\mathrm{OP}}_1 = \boldsymbol{x}_1$ とすると，P_0 と g との距離 d は

$$d = \frac{|(\boldsymbol{x}_1 - \boldsymbol{x}_0) \times \boldsymbol{l}|}{|\boldsymbol{l}|}$$

で与えられることを示せ．

18.3 点 $\mathrm{P}_0(3,-1,2)$ と直線 $x-1 = y+1 = z-1$ との距離を求めよ．

5　固有値とその応用

正方行列を対角行列やジョルダンの標準形に変換することに関して固有値・固有ベクトルを学ぶ．対角化およびジョルダンの標準形の理論は線形微分方程式や線形差分方程式への応用にとどまらない．

5.1　固有値・固有ベクトル

● 固有値・固有ベクトル ●　この章では行列やベクトルの成分は複素数でも構わないことにする．

固有値・固有ベクトル　$A = [a_{ij}]$ を n 次正方行列とする．

$$A\boldsymbol{x} = \lambda \boldsymbol{x}, \quad \boldsymbol{x} \neq \boldsymbol{0}$$

をみたす n 次元列ベクトル $\boldsymbol{x}$ が存在するような λ を A の**固有値**，$\boldsymbol{x}$ を λ に対する（関する，属する）**固有ベクトル**という．

固有多項式・固有方程式　n 次多項式

$$\varphi(t) = |A - tE| = \begin{vmatrix} a_{11}-t & a_{12} & \cdots & a_{1n} \\ a_{21} & a_{22}-t & \cdots & a_{2n} \\ \vdots & \vdots & \ddots & \vdots \\ a_{n1} & a_{n2} & \cdots & a_{nn}-t \end{vmatrix}$$

を A の**固有多項式**，$\varphi(t) = 0$ を**固有方程式**という．固有値は固有方程式の根である．$\lambda_1, \lambda_2, \ldots, \lambda_n$ を A の固有値とすると

$$\begin{aligned} \lambda_1 + \lambda_2 + \cdots + \lambda_n \quad (\text{固有和}) &= \mathrm{tr}\, A = a_{11} + a_{22} + \cdots + a_{nn} \\ \lambda_1 \lambda_2 \cdots \lambda_n \quad &= |A| \end{aligned}$$

である．

固有値の求め方　固有方程式の根が固有値だから固有方程式を解けばよい．

固有ベクトルの求め方　各固有値 λ_i に対する固有ベクトルは同次連立 1 次方程式 $(A - \lambda_i E)\boldsymbol{x} = \boldsymbol{0}$ の非自明解を求めればよい．

● 固有空間 ●　$V=\{\boldsymbol{x}; A\boldsymbol{x}=\lambda\boldsymbol{x}\}$ を固有値 λ に対する**固有空間**という．これは同次連立1次方程式 $(A-\lambda E)\boldsymbol{x}=\boldsymbol{0}$ の解空間で，λ に対する固有ベクトル全体に零ベクトル $\boldsymbol{0}$ を付け加えて得られるベクトル空間である．

注意　$\boldsymbol{x}_1, \boldsymbol{x}_2$ を λ に対する固有ベクトルとするとき，$\alpha\boldsymbol{x}_1+\beta\boldsymbol{x}_2$ が $\boldsymbol{0}$ でなければ固有ベクトルである．

幾何的重複度　固有値 λ に対する固有空間 V の次元

$$\dim V = n - \operatorname{rank}(A-\lambda E)$$

を λ に対する**幾何的重複度**という．

代数的重複度　n 次正方行列 A のすべての異なる固有値を $\lambda_1, \lambda_2, \ldots, \lambda_s$ とすると固有多項式は

$$\varphi(t) = (-1)^n (t-\lambda_1)^{m_1}(t-\lambda_2)^{m_2}\cdots(t-\lambda_s)^{m_s}$$

の形にかける．この m_i を固有値 λ_i の**代数的重複度**という．

● 同値な行列 ●　n 次正方行列 A, B が**同値**とは $B=P^{-1}AP$ なる正則行列 P が存在することである．このとき A と B の固有多項式は等しい．したがって，固有値，トレース，行列式は一致する．

注意　$A=\begin{bmatrix} 0 & -1 \\ 1 & 0 \end{bmatrix}$ の固有値は $i, -i$ である．このように行列 A が実数行列であっても固有値は複素数となることがある．このときは固有ベクトルの成分は一般には複素数である．

n 次正方行列に対する固有方程式は n 次代数方程式だからガウスの代数学の基本定理により複素数の範囲に根が存在する．すなわち，複素数を許せば固有値は (代数的) 重複度を含め丁度 n 個あることになる．

例題 1　**固有方程式の根と係数の関係**

つぎのことがらを示せ.

(a)　$\lambda_1, \lambda_2, \ldots, \lambda_n$ を $A = [a_{ij}]$ の固有値とすると

$$\lambda_1 + \lambda_2 + \cdots + \lambda_n = a_{11} + a_{22} + \cdots + a_{nn} = \operatorname{tr} A$$

$$\lambda_1\lambda_2\cdots\lambda_n = |A|$$

(b)　行列 A が正則であるための必要十分条件は，0 を固有値としてもたないことである.

解答　(a)　A の固有多項式は

$$\varphi(t) = |A - tE| = \begin{vmatrix} a_{11}-t & a_{12} & \cdots & a_{1n} \\ a_{21} & a_{22}-t & \cdots & a_{2n} \\ \vdots & \vdots & \ddots & \vdots \\ a_{n1} & a_{n2} & \cdots & a_{nn}-t \end{vmatrix}$$

$$= (-1)^n t^n + (-1)^{n-1}(\operatorname{tr} A)t^{n-1} + \cdots + |A|$$

であり，固有値は固有方程式の根だから

$$\varphi(t) = (-1)^n(t-\lambda_1)(t-\lambda_2)\cdots(t-\lambda_n)$$

$$= (-1)^n t^n + (-1)^{n-1}(\lambda_1 + \lambda_2 + \cdots + \lambda_n)t^{n-1} + \cdots + \lambda_1\lambda_2\cdots\lambda_n$$

両式の t^{n-1} の項と定数項の係数を比較して

$$\lambda_1 + \lambda_2 + \cdots + \lambda_n = \operatorname{tr} A$$

$$\lambda_1\lambda_2\cdots\lambda_n = |A|$$

(b)　A が 0 を固有値としてもつ　$\Longleftrightarrow$　$A\boldsymbol{x} = 0\boldsymbol{x}$ となる $\boldsymbol{x} \neq \boldsymbol{0}$ が存在する
$\Longleftrightarrow$　同次連立 1 次方程式 $A\boldsymbol{x} = \boldsymbol{0}$ が非自明解 $\boldsymbol{x} \neq \boldsymbol{0}$ をもつ
$\Longleftrightarrow$　A は正則でない

よって対偶をとれば　A が正則　$\Longleftrightarrow$　0 は A の固有値でない.

問　題

1.1　A を 2 次の正方行列とし $\varphi(t)$ を A の固有多項式とするとき $\varphi(A) = O$ を示せ (この結果は一般の n 次正方行列について成り立つ).

1.2　同値な行列の固有多項式は等しいことを示せ.

1.3　n 次正方行列 A とその転置行列 ${}^tA$ の固有多項式は一致することを示せ.

1.4　n 次正方行列 A が正則であるための必要十分条件は A の固有多項式の定数項が 0 でないことである.

例題 2 **べき等行列の固有値**

べき等行列 A の固有値は 0 か 1 であることを示せ．

解答 λ を A の固有値，$\boldsymbol{x}$ を λ に対する固有ベクトルとすると

$$A\boldsymbol{x} = \lambda\boldsymbol{x}, \quad \boldsymbol{x} \neq \boldsymbol{0}$$

である．両辺に左から A をかけて

$$A^2\boldsymbol{x} = \lambda A\boldsymbol{x} = \lambda^2\boldsymbol{x}$$

一方 $A^2 = A$ だから

$$A^2\boldsymbol{x} = A\boldsymbol{x} = \lambda\boldsymbol{x}$$

よって

$$\lambda^2\boldsymbol{x} = \lambda\boldsymbol{x} \qquad \therefore \quad (\lambda^2 - \lambda)\boldsymbol{x} = \boldsymbol{0}$$

固有ベクトル $\boldsymbol{x}$ は $\boldsymbol{0}$ でないから

$$\lambda^2 - \lambda = 0 \qquad \therefore \quad \lambda = 0, 1$$

を得る．すなわち，A の固有値は 0, 1 である．

問 題

2.1 A を n 次正方行列，λ を A の固有値とするとき，つぎのことがらを示せ．

（a） $A^2 = E$ をみたすならば，A の固有値は 1 か -1 である．

（b） A がべき零行列ならば，固有値は 0 だけである．

（c） A が正則ならば，λ^{-1} は A^{-1} の固有値である．

（d） $g(t)$ を t の多項式とするとき，$g(\lambda)$ は $g(A)$ の固有値である．

2.2 n 次正方行列 $A = [a_{ij}]$ が

$$a_{ij} \geqq 0 \quad (i, j = 1, 2, \ldots, n)$$

列和 $$a_{i1} + a_{i2} + \cdots + a_{in} = 1 \quad (i = 1, 2, \ldots, n)$$

をみたすとき，A を**確率行列**という．このとき，つぎのことがらを示せ．

（a） 確率行列 A は 1 を固有値にもつ．

（b） λ を A の固有値とすると，$|\lambda| \leqq 1$ である．

2.3 A の固有値がすべて 1 より小さい実数ならば $|E - A| > 0$ であることを示せ．

2.4 つぎの行列の固有値を求めよ．

（a） $\begin{bmatrix} 3 & -4 \\ 2 & -3 \end{bmatrix}$ （b） $\begin{bmatrix} 2 & -2 \\ 1 & -1 \end{bmatrix}$ （c） $\begin{bmatrix} 1/2 & 1/2 \\ 1/3 & 2/3 \end{bmatrix}$

（d） $\begin{bmatrix} 1 & 1 & 3 \\ 5 & 2 & 6 \\ -2 & -1 & -3 \end{bmatrix}$ （e） $\begin{bmatrix} 2 & -2 & -4 \\ -1 & 3 & 4 \\ 1 & -2 & -3 \end{bmatrix}$ （f） $\begin{bmatrix} -1 & -2 & 0 \\ 2 & 3 & -1 \\ 2 & 2 & -2 \end{bmatrix}$

例題 3 **固有値と固有空間**

$A = \begin{bmatrix} 3 & -5 & -5 \\ -1 & 7 & 5 \\ 1 & -9 & -7 \end{bmatrix}$ の固有値とそれに対する固有空間を求めよ．

解答 A の固有多項式は

$$|A - tE| = \begin{vmatrix} 3-t & -5 & -5 \\ -1 & 7-t & 5 \\ 1 & -9 & -7-t \end{vmatrix} = -(2+t)(2-t)(3-t)$$

だから固有値は $-2, 2, 3$ である．

固有値 -2 に対する固有空間 $V(-2)$ は同次連立 1 次方程式 $(A+2E)\boldsymbol{x} = \boldsymbol{0}$ を解くと，

下の表から

$$V(-2) = \{\boldsymbol{x}_1\}, \quad \boldsymbol{x}_1 = {}^t\begin{bmatrix} 1 & -1 & 2 \end{bmatrix}$$

で，$V(-2)$ の零でないベクトルが固有値 -2 に対する固有ベクトルである．

固有値 $2, 3$ に対する固有空間は，それぞれ $(A-2E)\boldsymbol{x} = \boldsymbol{0}, (A-3E)\boldsymbol{x} = \boldsymbol{0}$ の解空間だから下の表から

$$V(2) = \{\boldsymbol{x}_2\}, \quad \boldsymbol{x}_2 = {}^t\begin{bmatrix} 0 & -1 & 1 \end{bmatrix}$$
$$V(3) = \{\boldsymbol{x}_3\}, \quad \boldsymbol{x}_3 = {}^t\begin{bmatrix} 1 & -1 & 1 \end{bmatrix}$$

である．

$A+2E$		
5	−5	−5
−1	9	5
1	−9	−5
1	−1	−1
0	2	1
0	0	0

$A-2E$		
1	−5	−5
−1	5	5
1	−9	−9
1	0	0
0	1	1
0	0	0

$A-3E$		
0	−5	−5
−1	4	5
1	−9	−10
1	0	−1
0	1	1
0	0	0

問 題

3.1 つぎの行列の固有値とそれに対する固有空間を求めよ．

(a) $\begin{bmatrix} 9 & 10 \\ -6 & -7 \end{bmatrix}$ (b) $\begin{bmatrix} 11 & 9 \\ -4 & -1 \end{bmatrix}$ (c) $\begin{bmatrix} 5 & -7 & -7 \\ -4 & 8 & 7 \\ 4 & -10 & -9 \end{bmatrix}$

(d) $\begin{bmatrix} 2 & 5 & -4 \\ 3 & 4 & -4 \\ 2 & 6 & -5 \end{bmatrix}$ (e) $\begin{bmatrix} -3 & 1 & 1 \\ 0 & -2 & 0 \\ -1 & 1 & -1 \end{bmatrix}$ (f) $\begin{bmatrix} -4 & -5 & 3 \\ 1 & 1 & -1 \\ -1 & -1 & 0 \end{bmatrix}$

5.2 一般固有空間

● 一般固有空間 ●

一般固有空間 λ を A の固有値とするとき

$$W = \{\boldsymbol{x}\,;\,\text{ある自然数 } l \text{ に対して } (A-\lambda E)^l\boldsymbol{x} = \boldsymbol{0}\}$$

を λ に対する**一般固有空間**という．m を λ の代数的重複度とすると

$$\dim W = m$$

である．すなわち，一般固有空間の次元は固有多項式における代数的重複度に等しい．
固有値 $\lambda_i (i=1,2,\cdots,s)$ に対する一般固有空間を $W(\lambda_i)$ とすると

$$\boldsymbol{R}^n = W(\lambda_1) \oplus W(\lambda_2) \oplus \cdots \oplus W(\lambda_s) \qquad (\text{直和})$$

となっている．
一般固有空間 W は固有空間 V を含む $(V \subset W)$ から

$$\dim V \leqq \dim W \quad \text{つまり} \quad (\text{幾何的重複度}) \leqq (\text{代数的重複度})$$

である．

標数 λ に対する一般固有空間 W に対して

$$W = \{\boldsymbol{x}\,;\,(A-\lambda E)^k\boldsymbol{x} = \boldsymbol{0}\}$$

となる最小の自然数 k が存在する．これを λ に対する**標数**という．m を λ の代数的重複度とすると標数 k は

$$\mathrm{rank}\,(A-\lambda E)^k = n - m$$

となる最小の自然数である．標数 k は代数的重複度を越えない $(k \leqq m)$．
とくに，代数的重複度 $m=1$ ならば標数は 1 で一般固有空間は固有空間に一致する．

● ケーリー・ハミルトンの定理 ●

ケーリー・ハミルトンの定理 $\varphi(t)$ を n 次正方行列 A の固有多項式とすると

$$\varphi(A) = O$$

最小多項式 $f(A) = O$ となるような多項式 $f(t)$ で次数が最小で，最高次の係数が 1 であるようなものを A の **最小多項式**という．$f(t)$ は $\varphi(t)$ を割り切り，また固有値はすべて $f(t)=0$ の根である．
A の異なる固有値 $\lambda_1, \lambda_2, \ldots, \lambda_s$ の標数をそれぞれ $k_1, k_2, \ldots, k_s$ とすると

$$f(t) = (t-\lambda_1)^{k_1}(t-\lambda_2)^{k_2}\cdots(t-\lambda_s)^{k_s}$$

である．

例題 4 ————— **一般固有空間**

行列 $A = \begin{bmatrix} 1 & 2 & 2 \\ 0 & 2 & 1 \\ -1 & 2 & 2 \end{bmatrix}$ の各固有値に対する標数と一般固有空間を求めよ．

解答　固有値 λ の固有空間および一般固有空間をそれぞれ $V(\lambda)$, $W(\lambda)$ とすると $1 \leqq \dim V(\lambda) \leqq \dim W(\lambda)$ である．

A の固有多項式は　$\varphi(t) = |A - tE| = \begin{vmatrix} 1-t & 2 & 2 \\ 0 & 2-t & 1 \\ -1 & 2 & 2-t \end{vmatrix} = (1-t)(2-t)^2$

だから固有値は 1 と 2 である．

固有値 1 の代数的重複度は 1 だから $\dim V(1) = \dim W(1) (= 1)$ で一般固有空間 $W(1)$ は固有空間 $V(1)$ に等しく標数は 1 である．したがって，$W(1)$ は同次連立 1 次方程式 $(A - E)\boldsymbol{x} = \boldsymbol{0}$ の解空間である．下の表から

$$W(1) = L\{\boldsymbol{x}_1\}, \quad \boldsymbol{x}_1 = {}^t[\,-1 \;\; -1 \;\; 1\,]$$

は $\boldsymbol{x}_1$ で生成される 1 次元の部分空間である．

固有値 2 の代数的重複度は 2 だから一般固有空間の次元は $\dim W(2) = 2$ である．標数を求めるために $A - 2E$ および $(A - 2E)^2$ の階数を計算する．下の表から $\mathrm{rank}\,(A - E) = 2$, $\mathrm{rank}\,(A - 2E)^2 = 1 = 3 - 2$ だから標数は 2 である．よって $W(2)$ は同次連立 1 次方程式 $(A - 2E)^2\boldsymbol{x} = \boldsymbol{0}$ の解空間だから

$$W(2) = L\{\boldsymbol{x}_2, \boldsymbol{x}_3\}, \quad \boldsymbol{x}_2 = {}^t[\,2 \;\; 1 \;\; 0\,], \quad \boldsymbol{x}_3 = {}^t[\,0 \;\; 0 \;\; 1\,]$$

は $\boldsymbol{x}_2, \boldsymbol{x}_3$ で生成される 2 次元の部分空間である．

注意　$\boldsymbol{R}^3 = W(1) \oplus W(2)$ である．

$A-E$		
0	2	2
0	1	1
−1	2	1
1	0	1
0	1	1
0	0	0

$A-2E$		
−1	2	2
0	0	1
−1	2	0
1	−2	0
0	0	1
0	0	0

$(A-2E)^2$		
−1	2	0
−1	2	0
1	−2	0
1	−2	0
0	0	0
0	0	0

問　題

4.1　つぎの行列の固有値とそれに対する一般固有空間を求めよ．

(a) $\begin{bmatrix} 1 & 0 & -1 \\ 1 & 2 & 1 \\ 2 & 2 & 3 \end{bmatrix}$　(b) $\begin{bmatrix} 17 & -2 & 4 \\ 28 & -1 & 8 \\ -42 & 6 & -9 \end{bmatrix}$　(c) $\begin{bmatrix} 0 & -5 & -4 \\ -3 & -7 & -7 \\ 5 & 14 & 13 \end{bmatrix}$

例題 5 **ケーリー・ハミルトンの定理**

$A = \begin{bmatrix} 1 & -1 \\ 2 & 5 \end{bmatrix}$ のとき $(2A^4 - 12A^3 + 19A^2 - 29A + 37E)^{-1}$ を A と E で表せ.

解答 $f(t) = 2t^4 - 12t^3 + 19t^2 - 29t + 37$ とおくとき $B = f(A)$ とすると, B^{-1} を A の多項式として表す問題である.

A の固有多項式は $\varphi(t) = t^2 - 6t + 7$ だから $f(t)$ を $\varphi(t)$ でわると

$$f(t) = (2t^2 + 5)\varphi(t) + (t + 2)$$

ケーリー・ハミルトンの定理から $\varphi(A) = O$ だから

$$B = f(A) = A + 2E = \begin{bmatrix} 3 & -1 \\ 2 & 7 \end{bmatrix}$$

B の固有多項式は $\psi(t) = t^2 - 10t + 23$ だからふたたびケーリー・ハミルトンの定理から B は

$$\psi(B) = B^2 - 10B + 23E = O$$

をみたす. B は正則だから上式に B^{-1} をかけて移項すると

$$B^{-1} = -\frac{1}{23}B + \frac{10}{23}E = -\frac{1}{23}(A + 2E) + \frac{10}{23}E$$
$$= -\frac{1}{23}A + \frac{8}{23}E$$

が求める式である.

注意 $B^{-1} = \dfrac{1}{23}\begin{bmatrix} 7 & 1 \\ -2 & 3 \end{bmatrix}$ から求めてもよい.

問題

5.1 $A = \begin{bmatrix} 2 & -1 \\ 1 & 3 \end{bmatrix}$ のとき, $A^4 - 4A^3 - A^2 + 2A - 5E$ を求めよ.

5.2 $A = \begin{bmatrix} -2 & -3 & 0 \\ 1 & 7 & 3 \\ 0 & 1 & -2 \end{bmatrix}$ のとき, $A^4 - 3A^3 - 24A^2 - 28A - 9E$ を求めよ.

5.3 $A = \begin{bmatrix} 1 & 0 & 0 \\ 1 & 0 & 1 \\ 0 & 1 & 0 \end{bmatrix}$ のとき, A^{100} を求めよ.

例題 6 **最小多項式**

n 次正方行列 $A = \begin{bmatrix} 1 & 1 & \cdots & 1 \\ 1 & 1 & \cdots & 1 \\ \vdots & \vdots & \ddots & \vdots \\ 1 & 1 & \cdots & 1 \end{bmatrix}$ の固有多項式と最小多項式を求めよ．

解答 固有多項式は

$$|A - tE| = \begin{vmatrix} 1-t & 1 & \cdots & 1 \\ 1 & 1-t & \cdots & 1 \\ \vdots & \vdots & \ddots & \vdots \\ 1 & 1 & \cdots & 1-t \end{vmatrix} = \begin{vmatrix} n-t & 1 & \cdots & 1 \\ n-t & 1-t & \cdots & 1 \\ \vdots & \vdots & \ddots & \vdots \\ n-t & 1 & \cdots & 1-t \end{vmatrix}$$

$$= (n-t)\begin{vmatrix} 1 & 1 & \cdots & 1 \\ 1 & 1-t & \cdots & 1 \\ \vdots & \vdots & \ddots & \vdots \\ 1 & 1 & \cdots & 1-t \end{vmatrix} = (n-t)\begin{vmatrix} 1 & 1 & \cdots & 1 \\ 0 & -t & \cdots & 0 \\ \vdots & \vdots & \ddots & \vdots \\ 0 & 0 & \cdots & -t \end{vmatrix}$$

$$= (-1)^{n-1}t^{n-1}(n-t)$$

固有値 n の標数は 1 であり

$$\mathrm{rank}\,(A - 0E) = \mathrm{rank}\,A = 1 = n - (n-1)$$

だから，固有値 0 の標数は 1 である．

最小多項式における t および $t-n$ の次数がそれぞれ固有値 0 および n の標数だから最小多項式 $f(t)$ は

$$f(t) = t(t-n)$$

である．

問 題

6.1 標数は代数的重複度を越えないことを示せ．

6.2 $g(t)$ を多項式とし，$g(A) = O$ とする．$f(t)$ を A の最小多項式とすると，$f(t)$ は $g(t)$ を割り切ること，また固有値は $f(t) = 0$ の根であることを示せ．

6.3 A が正則である必要十分条件は A の最小多項式の定数項が 0 でないことである．

6.4 つぎの行列の最小多項式を求めよ．

(a) $\begin{bmatrix} -1 & 0 & 0 \\ 0 & 2 & 0 \\ 0 & 0 & 3 \end{bmatrix}$ (b) $\begin{bmatrix} 1 & 2 & 2 \\ 2 & 1 & 2 \\ 2 & 2 & 1 \end{bmatrix}$ (c) $\begin{bmatrix} 7 & 4 & -3 \\ 1 & 0 & -1 \\ 7 & 4 & -3 \end{bmatrix}$

5.3 正則行列による対角化

● 対角化 ●　n 次正方行列 A に対して，正則行列 P を適当に選んで，$P^{-1}AP$ を対角行列にすることができるとき，A は **対角化可能**であるという．　このとき，対角行列 $P^{-1}AP$ を求めることを A を **対角化する**といい，P を**変換の行列**という．A を対角化するとは同値な行列の中に対角行列を見いだすことである．

つぎの条件は同値であり，対角化されるための必要十分条件を与える．

(1)　A はつぎの形に対角化される:

$$P^{-1}AP = \begin{bmatrix} \lambda_1 & & & \text{\Large 0} \\ & \lambda_2 & & \\ & & \ddots & \\ \text{\Large 0} & & & \lambda_n \end{bmatrix}$$ (固有値 $\lambda_1, \lambda_2, \ldots, \lambda_n$ を対角要素とする対角行列)

(2)　$\boldsymbol{x}_1, \boldsymbol{x}_2, \ldots, \boldsymbol{x}_n$ をそれぞれ固有値 $\lambda_1, \lambda_2, \ldots, \lambda_n$ に対する固有ベクトルとするとき $P = [\boldsymbol{x}_1\ \boldsymbol{x}_2\ \cdots\ \boldsymbol{x}_n]$ は正則行列である（$\mathrm{rank}\, P = n, |P| \neq 0$）．
すなわち，1 次独立な固有ベクトルが n 個存在する．

(3)　$\lambda_1, \lambda_2, \ldots, \lambda_s$ を A のすべての異なる固有値とし

$$\varphi(t) = (-1)^n (t - \lambda_1)^{m_1} (t - \lambda_2)^{m_2} \cdots (t - \lambda_s)^{m_s}$$

とする．各固有値 $\lambda_i (i = 1, 2, \ldots, s)$ に対して

幾何的重複度 ＝ 代数的重複度

すなわち

$$n - \mathrm{rank}\,(A - \lambda_i E) \ = \ m_i \quad (i = 1, 2, \ldots, s)$$

が成り立つ．

(4)　$V(\lambda_i) (i = 1, 2, \cdots, s)$ を λ_i に対する固有空間とすると

$$\boldsymbol{R}^n = V(\lambda_1) \oplus V(\lambda_2) \oplus \cdots \oplus V(\lambda_s) \qquad \text{(直和)}$$

(5)　すべての固有値に対して，固有空間と一般固有空間は一致する．

(6)　すべての固有値の標数は 1 である．

(7)　A の最小多項式を $f(t)$ とすると $f(t) = 0$ は重根をもたない．
とくに，固有方程式が重根をもたなければ A は対角化可能である．

変換行列 P の求め方　対角化された行列の対角要素にある固有値の並び方に対応させて固有ベクトルを並べればよい．ただし，λ_i が固有方程式の m_i 重根，すなわち m_i を λ_i の代数的重複度とするときは，λ_i に対する固有ベクトルとして $(A - \lambda_i E)\boldsymbol{x} = \boldsymbol{0}$ の 1 組の基本解（固有空間の基底，m_i 個のベクトルで構成される）を並べればよい．

例題 7　**対角化可能性**

つぎの行列は対角化可能であるかどうか判定せよ．ただし，$\lambda \neq \mu$ とする．

（a）$A = \begin{bmatrix} \lambda & 1 & 0 \\ 0 & \lambda & 1 \\ 0 & 0 & \lambda \end{bmatrix}$　　（b）$B = \begin{bmatrix} \lambda & 0 & 0 \\ 0 & \lambda & 1 \\ 0 & 0 & \mu \end{bmatrix}$

解答　（a）A の固有多項式は

$$|A - tE| = \begin{vmatrix} \lambda - t & 1 & 0 \\ 0 & \lambda - t & 1 \\ 0 & 0 & \lambda - t \end{vmatrix} = (\lambda - t)^3$$

だから，固有値は λ だけで代数的重複度は 3 である．

$$\operatorname{rank}(A - \lambda E) = \operatorname{rank} \begin{bmatrix} 0 & 1 & 0 \\ 0 & 0 & 1 \\ 0 & 0 & 0 \end{bmatrix} = 2$$

だから λ に対する固有空間 $V(\lambda)$ の次元（幾何的重複度）は

$$\dim V(\lambda) = 3 - \operatorname{rank}(A - \lambda E) = 3 - 2 = 1$$

で代数的重複度に一致しない．したがって，対角化可能でない．

（b）B の固有多項式は $|B - tE| = (\lambda - t)^2(\mu - t)$ だから，固有値は λ, μ である．

$$\operatorname{rank}(B - \lambda E) = \operatorname{rank} \begin{bmatrix} 0 & 0 & 0 \\ 0 & 0 & 1 \\ 0 & 0 & \mu - \lambda \end{bmatrix} = 1$$

だから，λ に対する固有空間 $V(\lambda)$ の次元（幾何的重複度）は $\dim V(\lambda) = 3 - 1 = 2$ で代数的重複度に一致する．μ に対しては代数的重複度 (一般固有空間の次元) が 1 だから幾何的重複度 (固有空間の次元) も 1 で一致する．このように，各固有値に対する幾何的重複度と代数的重複度が一致するので対角化可能である．

注意　$\boldsymbol{R}^3 = V(\lambda) \oplus V(\mu)$ となっている．

問　題

7.1　つぎの行列が対角化可能かどうか判定せよ ($\lambda \neq \mu$).

（a）$\begin{bmatrix} \lambda & 1 \\ 0 & \lambda \end{bmatrix}$　　（b）$\begin{bmatrix} \lambda & 1 \\ 0 & \mu \end{bmatrix}$　　（c）$\begin{bmatrix} \lambda & 1 & 0 \\ 0 & \lambda & 0 \\ 0 & 0 & \mu \end{bmatrix}$

例題 8 　　　　　　　　　　　　　　　　　　　　　　　　**対角化**

行列 $A = \begin{bmatrix} 2 & 1 & 1 \\ 1 & 2 & 1 \\ 0 & 0 & 1 \end{bmatrix}$ が対角化可能ならば変換の行列を求めて対角化せよ．

解答　A の固有多項式は

$$\varphi(t) = |A - tE| = \begin{vmatrix} 2-t & 1 & 1 \\ 1 & 2-t & 1 \\ 0 & 0 & 1-t \end{vmatrix} = (1-t)^2(3-t)$$

だから，固有値は $1, 3$ で代数的重複度はそれぞれ $2, 1$ である．

右表から $\mathrm{rank}\,(A - E) = 1$ だから固有値 1 に対する固有空間 $V(1)$ の次元（幾何的重複度）は $\dim V(1) = 3 - \mathrm{rank}\,(A - E) = 3 - 1 = 2$ で代数的重複度に一致する．

固有値 3 に関しては代数的重複度は 1 だから固有空間 $V(3)$ の次元も 1 である．各固有値に対して幾何的重複度と代数的重複度が一致するから A は対角化可能である．

$A-E$		
1	1	1
1	1	1
0	0	0
1	1	1
0	0	0
0	0	0

$A-3E$		
−1	1	1
1	−1	1
0	0	−2
1	−1	0
0	0	1
0	0	0

固有値 1 に対する固有空間 $V(1)$ は表から

$$V(1) = L\{\boldsymbol{x}_1, \boldsymbol{x}_2\}, \quad \boldsymbol{x}_1 = {}^t[\,-1 \;\; 1 \;\; 0\,], \quad \boldsymbol{x}_2 = {}^t[\,-1 \;\; 0 \;\; 1\,]$$

で $\boldsymbol{x}_1, \boldsymbol{x}_2$ が $V(1)$ の 1 組の基底である．

固有値 3 に対する固有空間 $V(3)$ に関しても表から

$$V(1) = L\{\boldsymbol{x}_3\}, \quad \boldsymbol{x}_3 = {}^t[\,1 \;\; 1 \;\; 0\,]$$

で $\boldsymbol{x}_3$ が $V(3)$ の基底である．

よって，$P = [\boldsymbol{x}_1 \; \boldsymbol{x}_2 \; \boldsymbol{x}_3]$ とおくと $P^{-1}AP = \begin{bmatrix} 1 & 0 & 0 \\ 0 & 1 & 0 \\ 0 & 0 & 3 \end{bmatrix}$ となる．

注意　$\boldsymbol{R}^3 = V(1) \oplus V(3)$ である．

問　題

8.1　つぎの行列 A が対角化可能ならば対角化せよ．

(a) $\begin{bmatrix} 7 & 6 \\ -5 & -6 \end{bmatrix}$　　(b) $\begin{bmatrix} 1 & -1 & 1 \\ -7 & 2 & 1 \\ 2 & 1 & 2 \end{bmatrix}$　　(c) $\begin{bmatrix} 2 & -1 & -1 \\ 6 & -4 & 2 \\ -2 & 2 & -4 \end{bmatrix}$

例題 9 ―――――――――――――――――――――――――――――――― **べき零行列の対角化**

A がべき零行列で，$A \neq O$ とすると，A は対角化可能でないことを示せ．

解答　A が対角化可能であるとすると

$$P^{-1}AP = \begin{bmatrix} \lambda_1 & & & 0 \\ & \lambda_2 & & \\ & & \ddots & \\ 0 & & & \lambda_n \end{bmatrix} \quad (\lambda_1, \lambda_2, \ldots, \lambda_n \text{は} A \text{の固有値})$$

となる正則行列 P が存在する．A がべき零行列だから $A^k = O$ として，上式を k 乗すると

$$(P^{-1}AP)^k = \begin{bmatrix} \lambda_1 & & & 0 \\ & \lambda_2 & & \\ & & \ddots & \\ 0 & & & \lambda_n \end{bmatrix}^k = \begin{bmatrix} \lambda_1^k & & & 0 \\ & \lambda_2^k & & \\ & & \ddots & \\ 0 & & & \lambda_n^k \end{bmatrix}$$

一方

$$(P^{-1}AP)^k = \overbrace{P^{-1}AP\,P^{-1}AP\,P^{-1}AP\cdots P^{-1}AP}^{k\text{ 個}} = P^{-1}A^kP = P^{-1}OP = O$$

だから

$$\lambda_1 = \lambda_2 = \cdots = \lambda_n = 0$$

よって，

$$A = POP^{-1} = O$$

であるがこれは仮定に反する．

問　題

9.1　$A^2 = A$ ならば対角化可能で，$\mathrm{tr}\,A = \mathrm{rank}\,A$ であることを示せ．

9.2　(a)　n 次正方行列 A が相異なる n 個の正の固有値をもつとする．このとき，$B^2 = A$ となる正方行列 B が存在することを示せ．

(b)　$A = \begin{bmatrix} -2 & -3 \\ 6 & 7 \end{bmatrix}$ に対し $B^2 = A$ となる B を求めよ．

5.4 ジョルダンの標準形

●ジョルダンの標準形●

ジョルダン細胞 つぎの形の j 次正方行列を λ に属する j 次**ジョルダン細胞**という.

$$\begin{bmatrix} \lambda & 1 & & & \\ & \lambda & 1 & & \\ & & \ddots & \ddots & \\ & & & \lambda & 1 \\ & & & & \lambda \end{bmatrix}$$

ジョルダン標準形 A を n 次正方行列とし, $\lambda_1, \lambda_2, \cdots, \lambda_s$ を異なる固有値,

$$\varphi(t) = (-1)^n (t-\lambda_1)^{m_1} (t-\lambda_2)^{m_2} \cdots (t-\lambda_s)^{m_s}$$

を固有多項式とする. m_i は λ_i の代数的重複度である. W_i を λ_i に対する一般固有空間とし, 各 W_i の適当な基底 (**ジョルダン基**) をとって列ベクトルとしてならべた n 次正則行列を P とすると $P^{-1}AP$ はブロックに分かれ

$$P^{-1}AP = \begin{bmatrix} A_1 & & & \\ & A_2 & & \\ & & \ddots & \\ & & & A_s \end{bmatrix}$$

と変換される. ここに A_i は対角線上に λ_i に属するジョルダン細胞がブロックとしてならんだ m_i 次正方行列である. これを**ジョルダン標準形**という. この表し方は順序の除いて一意的である.

各 A_i の対角線にブロックとして現れるジョルダン細胞についてはつぎが成り立つ (添字 i を省く).

(1) ジョルダン細胞の個数は λ の固有空間 V の次元 $\dim V$ に等しい.

(2) λ の標数 k は最大のジョルダン細胞の次数である.

(3) j 次ジョルダン細胞の個数 l_j $(j = 1, 2, \ldots, k)$ は次式で与えられる.

$$l_j = \operatorname{rank}(A-\lambda E)^{j+1} - 2\operatorname{rank}(A-\lambda E)^j + \operatorname{rank}(A-\lambda E)^{j-1}$$

(4) 一般固有空間の次元 $\dim W = n - \operatorname{rank}(A-\lambda E)^k$
$= kl_k + (k-1)l_{k-1} + \cdots + l_1$

固有空間の次元 $\dim V = n - \operatorname{rank}(A-\lambda E)$
$= l_k + l_{k-1} + \cdots + l_1$

ジョルダン基 ジョルダン基の作り方は固有空間の基底から**ジョルダン鎖**を作っていくのであるが, 詳しくは例題を参照すること.

例題 10　3 次行列のジョルダン標準形

3 次正方行列のジョルダン標準形をすべて挙げ，それぞれの固有多項式，最小多項式を求めよ．

解答　最小多項式は固有多項式の約数であり，すべての固有値を根にもつ．最小多項式における各因数の指数が各固有値の標数であることと，標数が最大のジョルダン細胞の次数であることを考慮すると，ジョルダン標準形の型はつぎの 6 つである（λ, μ, ν は異なる数）．

固有多項式	最小多項式	ジョルダン標準形の型
$(\lambda - t)^3$	$t-\lambda$	$\begin{bmatrix} \lambda & & \\ & \lambda & \\ & & \lambda \end{bmatrix}$
	$(t-\lambda)^2$	$\begin{bmatrix} \lambda & 1 & \\ & \lambda & \\ & & \lambda \end{bmatrix}$
	$(t-\lambda)^3$	$\begin{bmatrix} \lambda & 1 & \\ & \lambda & 1 \\ & & \lambda \end{bmatrix}$
$(\lambda - t)^2(\mu - t)$	$(t-\lambda)(t-\mu)$	$\begin{bmatrix} \lambda & & \\ & \lambda & \\ & & \mu \end{bmatrix}$
	$(t-\lambda)^2(t-\mu)$	$\begin{bmatrix} \lambda & 1 & \\ & \lambda & \\ & & \mu \end{bmatrix}$
$(\lambda - t)(\mu - t)(\nu - t)$	$(t-\lambda)(t-\mu)(t-\nu)$	$\begin{bmatrix} \lambda & & \\ & \mu & \\ & & \nu \end{bmatrix}$

問　題

10.1　2 次正方行列のジョルダン標準形を分類せよ．

10.2　4 次正方行列の固有方程式 $\varphi(t)$, 最小多項式 $f(t)$ がつぎのとき，A ジョルダン標準形を求めよ $(\lambda \neq \mu)$.

(a)　$\varphi(t) = (\lambda - t)^2(\mu - t)^2$,　$f(t) = (t-\lambda)(t-\mu)$

(b)　$\varphi(t) = (\lambda - t)^3(\mu - t)$,　$f(t) = (t-\lambda)^2(t-\mu)$

(c)　$\varphi(t) = (\lambda - t)^4$,　$f(t) = (t-\lambda)^3$

例題 11　　**ジョルダン標準形の決定**

唯一つの固有値 λ をもつ 7 次正方行列 A に対して

$$\mathrm{rank}(A-\lambda E)=4,\quad \mathrm{rank}(A-\lambda E)^2=2,\quad \mathrm{rank}(A-\lambda E)^3=0$$

のとき，ジョルダン標準形を求めよ．

解答　λ に対する固有空間 V の次元は

$$\dim V = 7 - \mathrm{rank}\,(A-\lambda E) = 7-4 = 3$$

だから，ジョルダン細胞の個数は 3 個である．また最小多項式は条件から $f(t)=(t-\lambda)^3$ で標数は 3 だから，最大のジョルダン細胞の次数は 3 である．また，j 次のジョルダン細胞の個数を l_j とすると

$$l_1 = \mathrm{rank}\,(A-\lambda E)^2 - 2\,\mathrm{rank}\,(A-\lambda E) + \mathrm{rank}\,(A-\lambda E)^0 = 2-8+7=1$$

$$l_2 = \mathrm{rank}\,(A-\lambda E)^3 - 2\,\mathrm{rank}\,(A-\lambda E)^2 + \mathrm{rank}\,(A-\lambda E) = 0-4+4=0$$

$$l_3 = \mathrm{rank}\,(A-\lambda E)^4 - 2\,\mathrm{rank}\,(A-\lambda E)^3 + \mathrm{rank}\,(A-\lambda E)^2 = 0-0+2=2$$

だから，これらに対応するジョルダン細胞を対角線に並べれば，つぎのジョルダン標準形を得る．

$$\begin{bmatrix} \boxed{\lambda} & & & & & & \\ & \lambda & 1 & & & & \\ & & \lambda & 1 & & & \\ & & & \lambda & & & \\ & & & & \lambda & 1 & \\ & & & & & \lambda & 1 \\ & & & & & & \lambda \end{bmatrix}$$

問　題

11.1　上の例題において，つぎの場合ジョルダン標準形はどうなるか．

（a）　$\mathrm{rank}\,(A-\lambda E)=4,\ \mathrm{rank}\,(A-\lambda E)^2=1,\ \mathrm{rank}\,(A-\lambda E)^3=0$

（b）　$\mathrm{rank}\,(A-\lambda E)=4,\ \mathrm{rank}\,(A-\lambda E)^4=0$

11.2　唯一つの固有値 λ をもつ 4 次正方行列 A に対し，つぎのときジョルダン標準形を求めよ．

（a）　$\mathrm{rank}\,(A-\lambda E)=2,\ \mathrm{rank}\,(A-\lambda E)^2=1,\ \mathrm{rank}\,(A-\lambda E)^3=0$

（b）　$\mathrm{rank}\,(A-\lambda E)=2,\ \mathrm{rank}\,(A-\lambda E)^2=0$

11.3　唯一つの固有値 λ をもつ 3 次および 4 次正方行列のジョルダン標準形を分類せよ．

例題 12 **2 次行列のジョルダン標準形**

$A = \begin{bmatrix} 7 & 3 \\ -3 & 1 \end{bmatrix}$ のジョルダン標準形を求めよ．

解答 A の固有方程式は $|A - tE| = (4-t)^2$ だから固有値は 4 である．

$$\mathrm{rank}\,(A-4E) = \mathrm{rank}\begin{bmatrix} 3 & 3 \\ -3 & -3 \end{bmatrix} = 1$$

だから，4 に対する固有空間の次数は $2 - \mathrm{rank}\,(A-4E) = 1$．したがって，ジョルダン細胞の個数は 1 個．よって，ジョルダン標準形は $\begin{bmatrix} 4 & 1 \\ 0 & 4 \end{bmatrix}$ の形である．

変換の行列を $P = [\boldsymbol{p}_1\ \boldsymbol{p}_2]$ とおくと $AP = P\begin{bmatrix} 4 & 1 \\ 0 & 4 \end{bmatrix}$ より

$$\begin{cases} A\boldsymbol{p}_1 = 4\boldsymbol{p}_1 \\ A\boldsymbol{p}_2 = \boldsymbol{p}_1 + 4\boldsymbol{p}_2 \end{cases} \quad \text{すなわち} \quad \begin{cases} (A-4E)\boldsymbol{p}_1 = \boldsymbol{0} \\ (A-4E)\boldsymbol{p}_2 = \boldsymbol{p}_1 \end{cases}$$

をみたす 1 次独立な $\boldsymbol{p}_1, \boldsymbol{p}_2$ を求めればよい．
$(A-4E)\boldsymbol{p} = \boldsymbol{0}$ を解くと

$$\boldsymbol{p} = \alpha\begin{bmatrix} 1 \\ -1 \end{bmatrix}$$

この場合，どのように $\boldsymbol{p}_1$ を選んでも $(A-4E)\boldsymbol{x} = \boldsymbol{p}_1$ は解をもつから簡単のために $\alpha = 3$ として，$\boldsymbol{p}_1 = \begin{bmatrix} 3 \\ -3 \end{bmatrix}$ とおく．$(A-4E)\boldsymbol{x} = \boldsymbol{p}_1$ 解の 1 つとして $\boldsymbol{p}_2 = \begin{bmatrix} 1 \\ 0 \end{bmatrix}$ をうるから，$P = [\boldsymbol{p}_1\ \boldsymbol{p}_2] = \begin{bmatrix} 3 & 1 \\ -3 & 0 \end{bmatrix}$ とおくと

$$P^{-1}AP = \begin{bmatrix} 4 & 1 \\ 0 & 4 \end{bmatrix}$$

問　題

12.1 つぎの行列 A をジョルダン標準形に変換せよ．

(a) $\begin{bmatrix} 1 & -5 \\ 5 & -9 \end{bmatrix}$ (b) $\begin{bmatrix} 1 & -9 \\ 1 & -5 \end{bmatrix}$ (c) $\begin{bmatrix} 1 & 1 \\ -1 & -1 \end{bmatrix}$

例題 13 **ジョルダン標準形**

$A = \begin{bmatrix} -4 & 3 & -1 \\ -6 & 5 & -2 \\ -9 & 9 & -4 \end{bmatrix}$ を変換行列 P を求めてジョルダン標準形に変換せよ．

解答 A の固有方程式は $|A - tE| = -(1+t)^3$ だから固有値は -1 である．

$$\operatorname{rank}(A+E) = \operatorname{rank}\begin{bmatrix} -3 & 3 & -1 \\ -6 & 6 & -2 \\ -9 & 9 & -3 \end{bmatrix} = 1, \quad \operatorname{rank}(A+E)^2 = \operatorname{rank} O = 0$$

だから，-1 に対する固有空間の次数 (ジョルダン細胞の個数) は $3 - \operatorname{rank}(A+E) = 2$ であり，標数 (最大のジョルダン細胞の次数) は 2 である．よって，ジョルダン標準形は $\begin{bmatrix} -1 & 1 & 0 \\ 0 & -1 & 0 \\ 0 & 0 & -1 \end{bmatrix}$ の形である．

変換行列 P は $P = [\boldsymbol{p}_1\ \boldsymbol{p}_2\ \boldsymbol{p}_3]$，$AP = P\begin{bmatrix} -1 & 1 & 0 \\ 0 & -1 & 0 \\ 0 & 0 & -1 \end{bmatrix}$ より

$$\begin{cases} A\boldsymbol{p}_1 = -\boldsymbol{p}_1 \\ A\boldsymbol{p}_2 = \boldsymbol{p}_1 - \boldsymbol{p}_2 \\ A\boldsymbol{p}_3 = -\boldsymbol{p}_3 \end{cases} \quad \text{すなわち} \quad \begin{cases} (A+E)\boldsymbol{p}_1 = \boldsymbol{0} \\ (A+E)\boldsymbol{p}_2 = \boldsymbol{p}_1 \\ (A+E)\boldsymbol{p}_3 = \boldsymbol{0} \end{cases}$$

をみたす 1 次独立な $\boldsymbol{p}_1, \boldsymbol{p}_2, \boldsymbol{p}_3$ を求めればよい．

まず，$(A+E)\boldsymbol{p} = \boldsymbol{0}$ を解くと表から

$$\boldsymbol{p} = \alpha\begin{bmatrix} 1 \\ 1 \\ 0 \end{bmatrix} + \beta\begin{bmatrix} -1 \\ 0 \\ 3 \end{bmatrix}$$

であるが，$(A+E)\boldsymbol{x} = \boldsymbol{p}_1$ が解をもつように $\boldsymbol{p}_1$ を選ばなければならない．$(A+E)\boldsymbol{x} = \boldsymbol{p}$ が解をもつための必要十分条件は，

$A+E$			$\boldsymbol{p}$
-3	3	-1	$\alpha - \beta$
-6	6	-2	α
-9	9	-3	3β
3	-3	1	$-\alpha + \beta$
0	0	0	$-\alpha + 2\beta$
0	0	0	$-3\alpha + 6\beta$

$$\operatorname{rank}(A+E) = \operatorname{rank}[A+E\ \ \boldsymbol{p}]$$

だから表から

$$\alpha = 2\beta$$

を得る．

そこで簡単のために，$\alpha = 2, \beta = 1$ とし，$\boldsymbol{p}_1 = \begin{bmatrix} 1 \\ 2 \\ 3 \end{bmatrix}$ とおく．$(A+E)\boldsymbol{x} = \boldsymbol{p}_1$ を解くと解の 1 つとして $\boldsymbol{p}_2 = \begin{bmatrix} 0 \\ 1 \\ 2 \end{bmatrix}$ をうる．また，$(A+E)\boldsymbol{p} = \boldsymbol{0}$ の解で $\boldsymbol{p}_1$ と 1 次独立なものとして $\boldsymbol{p}_3 = \begin{bmatrix} 1 \\ 1 \\ 0 \end{bmatrix}$ ととって，$P = [\boldsymbol{p}_1\ \boldsymbol{p}_2\ \boldsymbol{p}_3] = \begin{bmatrix} 1 & 0 & 1 \\ 2 & 1 & 1 \\ 3 & 2 & 0 \end{bmatrix}$ とおくと

$$P^{-1}AP = \begin{bmatrix} -1 & 1 & 0 \\ 0 & -1 & 0 \\ 0 & 0 & -1 \end{bmatrix}$$

注意 変換の行列 P を求めるとき，固有値 λ に対する固有空間の基底の 1 つ $\boldsymbol{p}_1$ に対して

$$(A-\lambda E)\boldsymbol{p}_2 = \boldsymbol{p}_1, \quad (A-\lambda E)\boldsymbol{p}_3 = \boldsymbol{p}_2, \quad \cdots\cdots$$

となるベクトルの列 $\boldsymbol{p}_1, \boldsymbol{p}_2, \boldsymbol{p}_3, \ldots$ を可能な限り長く作ることになる．これを**ジョルダン鎖**という．固有空間の基底の各々にジョルダン鎖を作ると一般固有空間の基底になる．これを**ジョルダン基**という．ジョルダン基を列ベクトルとして並べた行列が変換の行列 P である．
一般固有空間のジョルダン基は下図のような図式（次元分の正方形を左側をそろえ下の方にある正方形の数が上の方にあるそれより多くならないように並べた鍵状の図形）で表される．この場合，1 つの正方形は W の基底を構成するベクトルを表わし，最初の行は固有空間の基底を表わす．下方への移行はジョルダン鎖をのばすことに相当する．1 つの列が 1 つのジョルダン細胞を表す．右の図では

$\dim W = 22$
$\dim V = 9$：ジョルダン細胞の個数
標数 $k = 4$：最大のジョルダン細胞の次数
4 次のジョルダン細胞の個数 $= 3$
3 次のジョルダン細胞の個数 $= 2$
1 次のジョルダン細胞の個数 $= 4$
であることを表している．

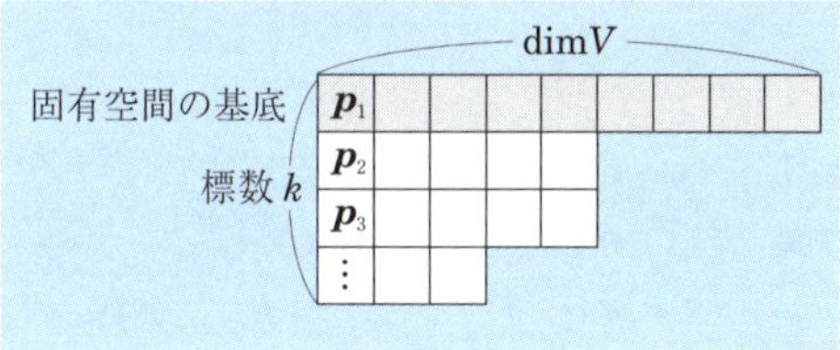

問　題

13.1　つぎの行列 A をジョルダン標準形に変換せよ．

(a) $\begin{bmatrix} 8 & 0 & -1 \\ -2 & 7 & 2 \\ 1 & 0 & 6 \end{bmatrix}$　(b) $\begin{bmatrix} 0 & -5 & -4 \\ -3 & -7 & -7 \\ 5 & 14 & 13 \end{bmatrix}$　(c) $\begin{bmatrix} -3 & 1 & -1 \\ -7 & 5 & -1 \\ -6 & 6 & -2 \end{bmatrix}$

(d) $\begin{bmatrix} -1 & 1 & 1 & -1 \\ 0 & -1 & 0 & 0 \\ 0 & 1 & -1 & 0 \\ 0 & 1 & 0 & -1 \end{bmatrix}$　(e) $\begin{bmatrix} 5 & 3 & -1 & -2 \\ 1 & 6 & -1 & -1 \\ 0 & -1 & 4 & 1 \\ 2 & 5 & -2 & 1 \end{bmatrix}$　(f) $\begin{bmatrix} 6 & 3 & -1 & -2 \\ 1 & 7 & -1 & -1 \\ 1 & 0 & 5 & 0 \\ 2 & 5 & -2 & 2 \end{bmatrix}$

5.5 対角化およびジョルダン標準形の応用

● **ジョルダン分解** ● 任意の正方行列は

$$A = D + N, \quad DN = ND$$

(ここに，D は対角化可能行列，N はべき零行列) と一意的に分解される．これをジョルダン分解という．

● **行列のベキ** ● A のジョルダン標準形を

$$J = P^{-1}AP = D + N, \quad (D: \text{対角行列},\ N: \text{べき零行列})$$

とするとき

$$A^n = (PJP^{-1})^n = P(D+N)^n P^{-1}$$

から求める．$DN = ND$ だから $(D+N)^n$ に2項定理を用いることができる．

● **指数行列** ●

$$\exp A = E + \frac{1}{1!}A + \frac{1}{2!}A^2 + \cdots + \frac{1}{k!}A^k + \cdots$$

と定義する．指数行列はどんな正方行列についても定義され

$$AB = BA \quad \Longrightarrow \quad \exp(A+B) = \exp A \exp B$$

である．

$$A = \begin{bmatrix} \lambda_1 & & & 0 \\ & \lambda_2 & & \\ & & \ddots & \\ 0 & & & \lambda_n \end{bmatrix} \text{ のとき，} \quad \exp A = \begin{bmatrix} e^{\lambda_1} & & & \\ & e^{\lambda_2} & & \\ & & \ddots & \\ & & & e^{\lambda_n} \end{bmatrix}$$

とくに $\exp E = eE$.

性質 (1) $\exp(-A) = (\exp A)^{-1}$

(2) $\exp(P^{-1}AP) = P^{-1}(\exp A)P$

● **同時対角化** ● n 次正方行列 A, B に対して $P^{-1}AP$ および $P^{-1}BP$ が対角行列になるような n 次正則行列 P が存在するとき，A, B は**同時対角化可能**という．A, B が対角化可能のとき

$$A, B \text{ は同時対角化可能} \quad \Longleftrightarrow \quad AB = BA$$

例題 14 行列のべき

$A=\begin{bmatrix} -3 & -1 & -1 \\ 5 & 3 & 1 \\ -5 & -6 & -4 \end{bmatrix}$ の n 乗を求めよ．

解答 A の固有多項式は $|A-tE|=-(2-t)(3+t)^2$ だから固有値は 2, -3. 固有値 -3 に対する固有空間の次元（ジョルダン細胞の個数）は $3-\mathrm{rank}\,(A+3E)=1$ である． $P=\begin{bmatrix} -1 & 0 & 0 \\ 1 & 0 & 1 \\ -1 & 1 & -1 \end{bmatrix}$ とおくと，ジョルダン標準形

$$P^{-1}AP=\begin{bmatrix} -3 & 1 & 0 \\ 0 & -3 & 0 \\ 0 & 0 & 2 \end{bmatrix}=\begin{bmatrix} -3 & 0 & 0 \\ 0 & -3 & 0 \\ 0 & 0 & 2 \end{bmatrix}+\begin{bmatrix} 0 & 1 & 0 \\ 0 & 0 & 0 \\ 0 & 0 & 0 \end{bmatrix}(=D+N \text{ とおく})$$

を得る．$N^k=O\ (k=2,3,\cdots)$ だから

$$\begin{aligned} P^{-1}A^nP &= (P^{-1}AP)^n=(D+N)^n=D^n+nD^{n-1}N \\ &= \begin{bmatrix} (-3)^n & 0 & 0 \\ 0 & (-3)^n & 0 \\ 0 & 0 & 2^n \end{bmatrix}+n\begin{bmatrix} (-3)^{n-1} & 0 & 0 \\ 0 & (-3)^{n-1} & 0 \\ 0 & 0 & 2^{n-1} \end{bmatrix}\begin{bmatrix} 0 & 1 & 0 \\ 0 & 0 & 0 \\ 0 & 0 & 0 \end{bmatrix} \\ &= \begin{bmatrix} (-3)^n & n(-3)^{n-1} & 0 \\ 0 & (-3)^n & 0 \\ 0 & 0 & 2^n \end{bmatrix} \end{aligned}$$

$$\begin{aligned} \therefore\quad A^n &= \begin{bmatrix} -1 & 0 & 0 \\ 1 & 0 & 1 \\ -1 & 1 & -1 \end{bmatrix}\begin{bmatrix} (-3)^n & n(-3)^{n-1} & 0 \\ 0 & (-3)^n & 0 \\ 0 & 0 & 2^n \end{bmatrix}\begin{bmatrix} -1 & 0 & 0 \\ 0 & 1 & 1 \\ 1 & 1 & 0 \end{bmatrix} \\ &= \begin{bmatrix} (-3)^n & -n(-3)^{n-1} & -n(-3)^{n-1} \\ -(-3)^n+2^n & n(-3)^{n-1}+2^n & n(-3)^{n-1} \\ (-3)^n-2^n & -n(-3)^{n-1}+(-3)^n-2^n & -n(-3)^{n-1}+(-3)^n \end{bmatrix} \end{aligned}$$

問　題

14.1 つぎの行列 A の n 乗を求めよ．

（a） $\begin{bmatrix} 5 & -8 \\ 3 & -6 \end{bmatrix}$　（b） $\begin{bmatrix} -3 & -4 \\ 1 & -7 \end{bmatrix}$　（c） $\begin{bmatrix} 1 & -1 & 0 \\ 1 & 2 & 1 \\ -2 & 1 & -1 \end{bmatrix}$

（d） $\begin{bmatrix} 2 & 0 & 1 \\ -1 & 3 & 1 \\ 1 & -1 & 2 \end{bmatrix}$

例題 15 **指数行列**

$A = \begin{bmatrix} 4 & 0 & 1 \\ 1 & 2 & 0 \\ -1 & 1 & 3 \end{bmatrix}$ のとき，$\exp A$ を求めよ．

解答 A の固有多項式は $|A - tE| = -(3-t)^3$ だから固有値は 3 だけ．

$P = \begin{bmatrix} -1 & -1 & -1 \\ -1 & 0 & -1 \\ 1 & 0 & 0 \end{bmatrix}$ おくとジョルダン標準形

$$P^{-1}AP = \begin{bmatrix} 3 & 1 & 0 \\ 0 & 3 & 1 \\ 0 & 0 & 3 \end{bmatrix} = \begin{bmatrix} 3 & 0 & 0 \\ 0 & 3 & 0 \\ 0 & 0 & 3 \end{bmatrix} + \begin{bmatrix} 0 & 1 & 0 \\ 0 & 0 & 1 \\ 0 & 0 & 0 \end{bmatrix} \ (= 3E + N \text{ とおく})$$

を得る．$N^k = O \ (k = 3, 4, \cdots)$ だから

$$\exp(3E) = E + \frac{1}{1!}3E + \frac{1}{2!}3^2E + \cdots + \frac{1}{k!}3^kE + \cdots = e^3E$$

$$\exp N = E + \frac{1}{1!}N + \frac{1}{2!}N^2 = \begin{bmatrix} 1 & 1 & 1/2 \\ 0 & 1 & 1 \\ 0 & 0 & 1 \end{bmatrix}$$

また

$$P^{-1}(\exp A)P = \exp(P^{-1}AP) = \exp(3E + N) = (\exp 3E)(\exp N)$$

したがって

$$\begin{aligned} \exp A &= P(\exp 3E)(\exp N)P^{-1} \\ &= e^3 \begin{bmatrix} -1 & -1 & -1 \\ -1 & 0 & -1 \\ 1 & 0 & 0 \end{bmatrix} \begin{bmatrix} 1 & 1 & 1/2 \\ 0 & 1 & 1 \\ 0 & 0 & 1 \end{bmatrix} \begin{bmatrix} 0 & 0 & 1 \\ -1 & 1 & 0 \\ 0 & -1 & -1 \end{bmatrix} \\ &= \frac{e^3}{2} \begin{bmatrix} 4 & 1 & 3 \\ 2 & 1 & 1 \\ -2 & 1 & 1 \end{bmatrix} \end{aligned}$$

問　題

15.1 つぎの行列 A の $\exp A$ を求めよ．

(a) $\begin{bmatrix} 3 & 1 \\ -7 & -5 \end{bmatrix}$ (b) $\begin{bmatrix} 1 & -1 \\ 4 & 5 \end{bmatrix}$ (c) $\begin{bmatrix} -1 & 2 & -1 \\ 2 & 3 & -3 \\ 2 & 1 & -1 \end{bmatrix}$

(d) $\begin{bmatrix} 1 & 2 & 1 \\ -4 & 7 & 2 \\ 4 & -4 & 1 \end{bmatrix}$

例題 16 **連立差分方程式**

2 つの数列 $\{x_n\}$, $\{y_n\}$ のあいだに，つぎの漸化式が成り立つとき x_n, y_n の一般項を求めよ．

$$\begin{cases} x_n = 5x_{n-1} - y_{n-1} \\ y_n = x_{n-1} + 7y_{n-1} \end{cases} \quad (n \geqq 1) \quad \begin{bmatrix} x_0 \\ y_0 \end{bmatrix} = \begin{bmatrix} 2 \\ 5 \end{bmatrix}$$

解答 $A = \begin{bmatrix} 5 & -1 \\ 1 & 7 \end{bmatrix}$ とおくと $\begin{bmatrix} x_n \\ y_n \end{bmatrix} = A \begin{bmatrix} x_{n-1} \\ y_{n-1} \end{bmatrix} = A^2 \begin{bmatrix} x_{n-2} \\ y_{n-2} \end{bmatrix} = \cdots = A^n \begin{bmatrix} x_0 \\ y_0 \end{bmatrix}$ だから A^n を求めればよい．A の固有多項式は $|A - tE| = -(6-t)^2$ だから A の固有値は 6 だけである．$P = \begin{bmatrix} 1 & -1 \\ -1 & 0 \end{bmatrix}$ とおくと A のジョルダン標準形 $P^{-1}AP = \begin{bmatrix} 6 & 1 \\ 0 & 6 \end{bmatrix}$ を得る．これから

$$\begin{aligned} A^n &= P \begin{bmatrix} 6 & 1 \\ 0 & 6 \end{bmatrix}^n P^{-1} = \begin{bmatrix} 1 & -1 \\ -1 & 0 \end{bmatrix} \begin{bmatrix} 6^n & n6^{n-1} \\ 0 & 6^n \end{bmatrix} \begin{bmatrix} 0 & -1 \\ -1 & -1 \end{bmatrix} \\ &= 6^{n-1} \begin{bmatrix} 6-n & -n \\ n & 6+n \end{bmatrix} \end{aligned}$$

よって

$$\begin{bmatrix} x_n \\ y_n \end{bmatrix} = 6^{n-1} \begin{bmatrix} 6-n & -n \\ n & 6+n \end{bmatrix} \begin{bmatrix} 2 \\ 5 \end{bmatrix} = \begin{bmatrix} 6^{n-1}(12-7n) \\ 6^{n-1}(30+7n) \end{bmatrix}$$

$$\therefore \quad \begin{cases} x_n = 6^{n-1}(12-7n) \\ y_n = 6^{n-1}(30+7n) \end{cases} \quad (n \geqq 0)$$

問 題

16.1 つぎの漸化式をみたす数列 $\{x_n\}$, $\{y_n\}$ の一般項を求めよ．

(a) $\begin{cases} x_n = 4x_{n-1} + 10y_{n-1} \\ y_n = -3x_{n-1} - 7y_{n-1} \end{cases} \quad (n \geqq 1) \quad \begin{bmatrix} x_0 \\ y_0 \end{bmatrix} = \begin{bmatrix} 3 \\ 1 \end{bmatrix}$

(b) $\begin{cases} x_n = y_{n-1} \\ y_n = -9x_{n-1} - 6y_{n-1} \end{cases} \quad (n \geqq 1) \quad \begin{bmatrix} x_0 \\ y_0 \end{bmatrix} = \begin{bmatrix} 1 \\ 2 \end{bmatrix}$

例題 17 **同時対角化**

$A = \begin{bmatrix} 1 & -5 \\ 2 & -6 \end{bmatrix}$, $B = \begin{bmatrix} 7 & -5 \\ 2 & 0 \end{bmatrix}$ のとき

(a)　$AB = BA$ を確かめよ．

(b)　A, B が対角化可能であることを示し，$A, B, A+B, AB$ を同時に対角化せよ．

解答　(a)　$AB = \begin{bmatrix} -3 & -5 \\ 2 & -10 \end{bmatrix} = BA$ である．

(b)　A の固有多項式は $|A - tE| = (1+t)(4+t)$, B の固有多項式は $|B - tE| = (5-t)(2-t)$ である．A, B の固有方程式は重根をもたないからどちらも対角化可能である．

A の固有値は -1, -4 で固有値 -1 に対する固有ベクトルは $(A+E)\boldsymbol{x} = \mathbf{0}$ を解いて $\boldsymbol{x}_1 = \begin{bmatrix} 5 \\ 2 \end{bmatrix}$ であり，固有値 -4 に対する固有ベクトルは $(A+4E)\boldsymbol{x} = \mathbf{0}$ を解いて $\boldsymbol{x}_2 = \begin{bmatrix} 1 \\ 1 \end{bmatrix}$ である．

このとき，$B\boldsymbol{x}_1 = 5\boldsymbol{x}_1$, $B\boldsymbol{x}_2 = 2\boldsymbol{x}_2$ だから，$\boldsymbol{x}_1$, $\boldsymbol{x}_2$ はそれぞれ B の固有値 $5, 2$ に対する固有ベクトルになっている．よって $P = [\boldsymbol{x}_1\ \boldsymbol{x}_2]$ とおくと

$$P^{-1}AP = \begin{bmatrix} -1 & 0 \\ 0 & -4 \end{bmatrix}, \quad P^{-1}BP = \begin{bmatrix} 5 & 0 \\ 0 & 2 \end{bmatrix}$$

である．また

$$P^{-1}(A+B)P = P^{-1}AP + P^{-1}BP = \begin{bmatrix} -4 & 0 \\ 0 & -2 \end{bmatrix}$$

$$P^{-1}ABP = (P^{-1}AP)(P^{-1}BP) = \begin{bmatrix} -5 & 0 \\ 0 & -8 \end{bmatrix}$$

である．

問　題

17.1　$A = \begin{bmatrix} 7 & -6 \\ 2 & 0 \end{bmatrix}$, $B = \begin{bmatrix} -7 & 12 \\ -4 & 7 \end{bmatrix}$ を同時に対角化せよ．

6 線形写像

連立方程式の解空間や固有空間など多くの重要な概念が線形写像によって記述される．線形写像は基底を固定すれば行列に対応し，逆に行列から線形写像が定義されるので線形写像は行列と同等の概念である．基底の取り替えによって線形写像に対応する表現行列は同値な行列に変換されるがこのことによって対角化の意味が明らかになる．

6.1 線形写像

● 線形写像 ●　n 次元数ベクトル空間 $\boldsymbol{R}^n$ から m 次元数ベクトル空間 $\boldsymbol{R}^m$ への写像 f が

（1）　$\boldsymbol{R}^n$ の任意のベクトル $\boldsymbol{a}, \boldsymbol{b}$ に対し，$f(\boldsymbol{a}+\boldsymbol{b}) = f(\boldsymbol{a}) + f(\boldsymbol{b})$.

（2）　$\boldsymbol{R}^n$ の任意のベクトル $\boldsymbol{a}$ と任意の実数 λ に対して $f(\lambda\boldsymbol{a}) = \lambda f(\boldsymbol{a})$ が成り立つとき f を $\boldsymbol{R}^n$ から $\boldsymbol{R}^m$ への**線形写像**という．

(1), (2) はつぎの (3) と同値である．

（3）　$\boldsymbol{R}^n$ の任意のベクトル $\boldsymbol{a}, \boldsymbol{b}$ と任意の実数 λ, μ に対して

$$f(\lambda\boldsymbol{a} + \mu\boldsymbol{b}) = \lambda f(\boldsymbol{a}) + \mu f(\boldsymbol{b})$$

f が線形写像のとき，$\boldsymbol{a}_1, \boldsymbol{a}_2, \ldots, \boldsymbol{a}_k$ を $\boldsymbol{R}^n$ のベクトル，$\lambda_1, \lambda_2, \ldots, \lambda_k$ を任意の実数とすると

$$f(\lambda_1\boldsymbol{a}_1 + \lambda_2\boldsymbol{a}_2 + \cdots + \lambda_k\boldsymbol{a}_k) = \lambda_1 f(\boldsymbol{a}_1) + \lambda_2 f(\boldsymbol{a}_2) + \cdots + \lambda_k f(\boldsymbol{a}_k)$$

が成り立つ．

また，零ベクトルは零ベクトルに写像され ($f(\boldsymbol{0}) = \boldsymbol{0}$)，$f(-\boldsymbol{a}) = -f(\boldsymbol{a})$ である．

とくに**零写像**や**恒等写像** (問題 1.2) も線形写像である．

線形写像の表現行列 $\boldsymbol{e}_1, \boldsymbol{e}_2, \ldots, \boldsymbol{e}_n$ を $\boldsymbol{R}^n$ の標準的な基底とする．

$$f(\boldsymbol{e}_j) = \boldsymbol{a}_j = (a_{1j}, a_{2j}, \ldots, a_{mj}) \quad (j = 1, 2, \ldots, n)$$

のときこれらを列ベクトルとみなして，$m \times n$ 行列

$$A = [f(\boldsymbol{e}_1)\ f(\boldsymbol{e}_2)\ \cdots\ f(\boldsymbol{e}_n)] = [\boldsymbol{a}_1\ \boldsymbol{a}_2\ \cdots\ \boldsymbol{a}_n] = \begin{bmatrix} a_{11} & a_{12} & \cdots & a_{1n} \\ a_{21} & a_{22} & \cdots & a_{2n} \\ \vdots & \vdots & \ddots & \vdots \\ a_{m1} & a_{m2} & \cdots & a_{mn} \end{bmatrix}$$

を f の **(標準的な基底に関する) 表現行列**という．

$\boldsymbol{y} = f(\boldsymbol{x})$, $\boldsymbol{x} = (x_1, x_2, \ldots, x_n) \in \boldsymbol{R}^n$, $\boldsymbol{y} = (y_1, y_2, \ldots, y_m) \in \boldsymbol{R}^m$ のとき

$$\begin{bmatrix} y_1 \\ y_2 \\ \vdots \\ y_m \end{bmatrix} = A \begin{bmatrix} x_1 \\ x_2 \\ \vdots \\ x_n \end{bmatrix} \qquad ①$$

である．

逆に，$m \times n$ 行列 $A = [a_{ij}]$ が与えられたとき，$\boldsymbol{R}^n$ から $\boldsymbol{R}^m$ への写像

$$(x_1, x_2, \ldots, x_n) \quad \longmapsto \quad (y_1, y_2, \ldots, y_m)$$

を①で定義すれば，表現行列が A の線形写像である．

すなわち，$\boldsymbol{x} \in \boldsymbol{R}^n$ を列ベクトルとみなせば

$$f(\boldsymbol{x}) = A\boldsymbol{x}$$

が成り立つ．

線形写像の和・実数倍・合成 f, g を $\boldsymbol{R}^n$ から $\boldsymbol{R}^m$ への線形写像とし，表現行列をそれぞれ A, B とする． $\boldsymbol{x} \in \boldsymbol{R}^n$, $\lambda \in \boldsymbol{R}$ に対して

$$(f+g)(x) = f(x) + g(x)$$

$$(\lambda f)x = \lambda f(x)$$

で定義すれば $f+g$, λf は線形写像の λ 倍で表現行列はそれぞれ $A+B$, λA である．$f+g$ を f と g の**和**といい，λf を f 線形写像の λ 倍という．また，f を $\boldsymbol{R}^n$ から $\boldsymbol{R}^m$ への線形写像，g を $\boldsymbol{R}^m$ から $\boldsymbol{R}^l$ への線形写像とし，表現行列をそれぞれ A, B とするとき

$$(g \circ f)(\boldsymbol{x}) = g(f(\boldsymbol{x}))$$

と定義すれば $g \circ f$ は $\boldsymbol{R}^n$ から $\boldsymbol{R}^l$ への線形写像であって，表現行列は BA である．$g \circ f$ を f と g の**合成写像**または**積**という (gf と表すこともある)．

例題 1 **線形写像**

$\boldsymbol{R}^4$ から $\boldsymbol{R}^3$ への写像

$$f:(x_1,x_2,x_3,x_4) \quad \longmapsto \quad (x_2,x_3,-x_1)$$

が線形写像であることを示し，表現行列を求めよ．

解答 線形写像の条件

$$\boldsymbol{x},\boldsymbol{y}\in\boldsymbol{R}^4, \quad \lambda\in\boldsymbol{R} \quad \Longrightarrow \quad f(\boldsymbol{x}+\boldsymbol{y})=f(\boldsymbol{x})+f(\boldsymbol{y}), \quad f(\lambda\boldsymbol{x})=\lambda f(\boldsymbol{x})$$

を示す．

$\boldsymbol{x}=(x_1,x_2,x_3,x_4)$, $\boldsymbol{y}=(y_1,y_2,y_3,y_4)$ のとき

$$\begin{aligned} f(\boldsymbol{x}+\boldsymbol{y}) &= (x_2+y_2,x_3+y_3,-x_1-y_1)=(x_2,x_3,-x_1)+(y_2,y_3,-y_1) \\ &= f(\boldsymbol{x})+f(\boldsymbol{y}) \\ f(\lambda\boldsymbol{x}) &= (\lambda x_2,\lambda x_3,-\lambda x_1)=\lambda(x_2,x_3,-x_1) \\ &= \lambda f(\boldsymbol{x}) \end{aligned}$$

よって線形写像である．また，$\boldsymbol{R}^4$ の標準的な基底に対して

$$\begin{aligned} f(\boldsymbol{e}_1) &= f(1,0,0,0)=(0,0,-1) \\ f(\boldsymbol{e}_2) &= f(0,1,0,0)=(1,0,0) \\ f(\boldsymbol{e}_3) &= f(0,0,1,0)=(0,1,0) \\ f(\boldsymbol{e}_1) &= f(0,0,0,1)=(0,0,0) \end{aligned}$$

だから標準的基底に関する表現行列は

$$[f(\boldsymbol{e}_1)\ f(\boldsymbol{e}_2)\ f(\boldsymbol{e}_3)\ f(\boldsymbol{e}_4)]=\begin{bmatrix} 0 & 1 & 0 & 0 \\ 0 & 0 & 1 & 0 \\ -1 & 0 & 0 & 0 \end{bmatrix}$$

である．

問　題

1.1 つぎの写像は線形写像かどうか調べ，線形写像ならば対応する表現行列を求めよ．

(a) $f:\boldsymbol{R}^2\longrightarrow\boldsymbol{R} \quad (x_1,x_2)\mapsto x_1x_2$

(b) $f:\boldsymbol{R}^2\longrightarrow\boldsymbol{R}^3 \quad (x_1,x_2,x_3)\mapsto(x_1+x_2,x_2,x_1-x_2)$

(c) $f:\boldsymbol{R}^3\longrightarrow\boldsymbol{R} \quad (x_1,x_2,x_3)\mapsto 2x_1-3x_2+4x_3$

(d) $f:\boldsymbol{R}^3\longrightarrow\boldsymbol{R}^2 \quad (x_1,x_2,x_3)\mapsto(x_1^2,x_2^2)$

1.2 つぎの写像が線形写像であるかどうか調べよ．

(a) 恒等写像 $\iota_n:\boldsymbol{R}^n\longrightarrow\boldsymbol{R}^n, \quad \iota_n(\boldsymbol{x})=\boldsymbol{x}$

(b) 零写像 $o_{m,n}:\boldsymbol{R}^n\longrightarrow\boldsymbol{R}^m, \quad o_{m,n}(\boldsymbol{x})=\boldsymbol{0}$

例題 2 **表現行列**

$\boldsymbol{R}^3$ から $\boldsymbol{R}^2$ への線形写像 f によって

$$\boldsymbol{a}_1 = (1,0,-1) \longmapsto (0,1) = \boldsymbol{b}_1$$
$$\boldsymbol{a}_2 = (-1,1,1) \longmapsto (2,0) = \boldsymbol{b}_2$$
$$\boldsymbol{a}_3 = (0,-1,1) \longmapsto (-3,1) = \boldsymbol{b}_3$$

に写像されるとき，f の表現行列を求めよ．また，$\boldsymbol{x} = (1,-1,2)$ のとき，$\boldsymbol{x}$ の像 $f(\boldsymbol{x})$ を求めよ．

解答 A を f の表現行列とする．数ベクトルを列ベクトルとみなすと

$$A\boldsymbol{a}_1 = \boldsymbol{b}_1, \quad A\boldsymbol{a}_2 = \boldsymbol{b}_2, \quad A\boldsymbol{a}_3 = \boldsymbol{b}_3$$

だから，まとめて

$$A[\boldsymbol{a}_1\ \boldsymbol{a}_2\ \boldsymbol{a}_3] = [\boldsymbol{b}_1\ \boldsymbol{b}_2\ \boldsymbol{b}_3]$$

$$A = \begin{bmatrix} 0 & 2 & -3 \\ 1 & 0 & 1 \end{bmatrix} \begin{bmatrix} 1 & -1 & 0 \\ 0 & 1 & -1 \\ -1 & 1 & 1 \end{bmatrix}^{-1}$$
$$= \begin{bmatrix} 0 & 2 & -3 \\ 1 & 0 & 1 \end{bmatrix} \begin{bmatrix} 2 & 1 & 1 \\ 1 & 1 & 1 \\ 1 & 0 & 1 \end{bmatrix}$$
$$= \begin{bmatrix} -1 & 2 & -1 \\ 3 & 1 & 2 \end{bmatrix}$$

$[\boldsymbol{a}_1$	$\boldsymbol{a}_2$	$\boldsymbol{a}_3]$	E		
1	−1	0	1	0	0
0	1	−1	0	1	0
−1	1	1	0	0	1
0	1	−1	0	1	0
0	0	1	1	0	1
1	−1	0	1	0	0
0	1	0	1	1	1
0	0	1	1	0	1
1	0	0	2	1	1
0	1	0	1	1	1
0	0	1	1	0	1

また，

$$A\boldsymbol{x} = \begin{bmatrix} -1 & 2 & -1 \\ 3 & 1 & 2 \end{bmatrix} \begin{bmatrix} 1 \\ -1 \\ 2 \end{bmatrix} = \begin{bmatrix} -5 \\ 6 \end{bmatrix}$$

だから

$$f(\boldsymbol{x}) = (-5, 6)$$

問 題

2.1 $\boldsymbol{R}^4$ の標準的な基底 $\boldsymbol{e}_1, \boldsymbol{e}_2, \boldsymbol{e}_3, \boldsymbol{e}_4$ に対して

$$f(\boldsymbol{e}_1) = (1,-1), \quad f(\boldsymbol{e}_2) = (2,0), \quad f(\boldsymbol{e}_3) = (-1,1), \quad f(\boldsymbol{e}_4) = (0,1)$$

となる線形写像 $f : \boldsymbol{R}^4 \longrightarrow \boldsymbol{R}^2$ に対応する表現行列を求め，$\boldsymbol{x} = (3,1,-1,2)$ の像を求めよ．

2.2 $f : \boldsymbol{R}^3 \longrightarrow \boldsymbol{R}^3$ によって

$$(-1,0,2) \longmapsto (-5,0,3), \quad (0,1,1) \longmapsto (0,1,6),$$
$$(3,-1,0) \longmapsto (-5,-1,9)$$

に写像されるとき f の表現行列を求めよ．

例題 3 **線形写像の和・合成**

平面において，直交座標系 $\{O; \boldsymbol{e}_1, \boldsymbol{e}_2\}$ が定められているとする．f を y 軸への正射影，g を $y = x$ に関する対称移動を表す線形変換とする．このとき $f + g$, $g \circ f$ および $f \circ g$ によってベクトル $\boldsymbol{a} = (2, 1)$ はどこに写像されるか．

解答 $f(\boldsymbol{e}_1) = \boldsymbol{0} = (0,\ 0)$, $f(\boldsymbol{e}_2) = \boldsymbol{e}_2 = (0,\ 1)$ だから f の表現行列は $A = \begin{bmatrix} 0 & 0 \\ 0 & 1 \end{bmatrix}$, $g(\boldsymbol{e}_1) = \boldsymbol{e}_2 = (0,\ 1)$, $g(\boldsymbol{e}_2) = \boldsymbol{e}_1 = (1,\ 0)$ だから g の表現行列は $B = \begin{bmatrix} 0 & 1 \\ 1 & 0 \end{bmatrix}$ である．$f + g, g \circ f, f \circ g$ の表現行列はそれぞれ

$$A + B = \begin{bmatrix} 0 & 0 \\ 0 & 1 \end{bmatrix} + \begin{bmatrix} 0 & 1 \\ 1 & 0 \end{bmatrix} = \begin{bmatrix} 0 & 1 \\ 1 & 1 \end{bmatrix}$$
$$BA = \begin{bmatrix} 0 & 1 \\ 1 & 0 \end{bmatrix}\begin{bmatrix} 0 & 0 \\ 0 & 1 \end{bmatrix} = \begin{bmatrix} 0 & 1 \\ 0 & 0 \end{bmatrix}$$
$$AB = \begin{bmatrix} 0 & 0 \\ 0 & 1 \end{bmatrix}\begin{bmatrix} 0 & 1 \\ 1 & 0 \end{bmatrix} = \begin{bmatrix} 0 & 0 \\ 1 & 0 \end{bmatrix}$$

である．

$$\begin{bmatrix} 0 & 1 \\ 1 & 1 \end{bmatrix}\begin{bmatrix} 2 \\ 1 \end{bmatrix} = \begin{bmatrix} 1 \\ 3 \end{bmatrix}, \quad \begin{bmatrix} 0 & 1 \\ 0 & 0 \end{bmatrix}\begin{bmatrix} 2 \\ 1 \end{bmatrix} = \begin{bmatrix} 1 \\ 0 \end{bmatrix}, \quad \begin{bmatrix} 0 & 0 \\ 1 & 0 \end{bmatrix}\begin{bmatrix} 2 \\ 1 \end{bmatrix} = \begin{bmatrix} 0 \\ 2 \end{bmatrix}$$

だから，$f + g$, $g \circ f$, $f \circ g$ によってベクトル $\boldsymbol{a} = (2, 1)$ はそれぞれ $(1, 3)$, $(1, 0)$, $(0, 2)$ に写像される．

問題

3.1 f, g をつぎのような平面の線形変換とするとき $f + g$, $g \circ f$ および $f \circ g$ に対応する表現行列を求めよ．

(a) $\begin{cases} f : y = x \text{ に関する対称移動} \\ g : x \text{ 軸への正射影} \end{cases}$

(b) $\begin{cases} f : y = -3x \text{ に関する対称移動} \\ g : \text{原点のまわりの } -\dfrac{\pi}{4} \text{ の回転} \end{cases}$

(c) $\begin{cases} f : \text{原点のまわりの} \dfrac{\pi}{6} \text{ の回転} \\ g : \text{相似比 } 2 \text{ の相似変換} \end{cases}$

(d) $\begin{cases} f : y = x \text{ への正射影} \\ g : \text{原点のまわりの} \dfrac{\pi}{3} \text{ の回転} \end{cases}$

6.2 像と核

● 像と核 ●

f を $\boldsymbol{R}^n$ から $\boldsymbol{R}^m$ への線形写像とする.

像 $\mathrm{Im}\, f = \{f(\boldsymbol{x}); \boldsymbol{x} \in \boldsymbol{R}^n\}$ は $\boldsymbol{R}^m$ の部分空間でこれを**像**（**空間**）という. f の表現行列を $A = [\boldsymbol{a}_1\ \boldsymbol{a}_2\ \cdots\ \boldsymbol{a}_n]$ するとき

$$\mathrm{Im}\, f = L\{\boldsymbol{a}_1, \boldsymbol{a}_2, \ldots, \boldsymbol{a}_n\} \quad (\boldsymbol{a}_1, \boldsymbol{a}_2, \ldots, \boldsymbol{a}_n \text{で生成される部分空間})$$
$$\dim(\mathrm{Im}\, f) = \mathrm{rank}\, A = \mathrm{rank}\,[\boldsymbol{a}_1\ \boldsymbol{a}_2\ \cdots\ \boldsymbol{a}_n]$$
$$\boldsymbol{y} \in \mathrm{Im}\, f \iff \mathrm{rank}\,[\boldsymbol{a}_1\ \boldsymbol{a}_2\ \cdots\ \boldsymbol{a}_n] = \mathrm{rank}\,[\boldsymbol{a}_1\ \boldsymbol{a}_2\ \cdots\ \boldsymbol{a}_n\ \boldsymbol{y}]$$

である. 一般に, V を $\boldsymbol{R}^n$ の部分空間とすると V の像

$$f(V) = \{f(\boldsymbol{x})\ ;\ \boldsymbol{x} \in V\}$$

は $\boldsymbol{R}^m$ の部分空間である.

全射 $\mathrm{Im}\, f = \boldsymbol{R}^m$ のとき, 線形写像 f は**全射**であるという. このとき

$$\boldsymbol{y} \in \boldsymbol{R}^m \implies f(\boldsymbol{x}) = \boldsymbol{y} \text{ となる } \boldsymbol{x} \in \boldsymbol{R}^n \text{ が存在する.}$$
$$f \text{ が全射} \iff \mathrm{rank}\, A = m$$

核 $\mathrm{Ker}\, f = \{\boldsymbol{x} \in \boldsymbol{R}^n; f(\boldsymbol{x}) = \boldsymbol{0}\}$ は $\boldsymbol{R}^n$ の部分空間であってこれを**核**（**空間**）という. このとき

$$\mathrm{Ker}\, f = \{\boldsymbol{x}; A\boldsymbol{x} = \boldsymbol{0}\} : \text{同次連立 1 次方程式 } A\boldsymbol{x}=\boldsymbol{0} \text{ の解空間}$$
$$\dim(\mathrm{Ker}\, f) = n - \mathrm{rank}\, A$$

である. 一般に, W を $\boldsymbol{R}^m$ の部分空間とすると, W の**逆像**

$$f^{-1}(W) = \{\boldsymbol{x} \in \boldsymbol{R}^n; f(\boldsymbol{x}) \in W\}$$

も $\boldsymbol{R}^n$ の部分空間である.

単射 $\mathrm{Ker}\, f = \{\boldsymbol{0}\}$ のとき f を**単射**であるという. このとき

$$f(\boldsymbol{x}_1) = f(\boldsymbol{x}_2) \implies \boldsymbol{x}_1 = \boldsymbol{x}_2$$
$$f \text{ が単射} \iff \mathrm{rank}\, A = n$$

次元定理 $\dim(\mathrm{Im}\, f) + \dim(\mathrm{Ker}\, f) = n$

● 線形写像と 1 次独立性 ● $\boldsymbol{x}_1, \boldsymbol{x}_2, \ldots, \boldsymbol{x}_k \in \boldsymbol{R}^n$ が 1 次独立でも $f(\boldsymbol{x}_1), f(\boldsymbol{x}_2), \ldots, f(\boldsymbol{x}_k)$ は 1 次独立とは限らないから, 線形写像 f は 1 次独立性を保持しないが,

$$f(\boldsymbol{x}_1), f(\boldsymbol{x}_2), \ldots, f(\boldsymbol{x}_k) : 1 \text{ 次独立} \implies \boldsymbol{x}_1, \boldsymbol{x}_2, \ldots, \boldsymbol{x}_k : 1 \text{ 次独立}$$

が成り立つ.

とくに, f が単射ならば 1 次独立性は保持される, すなわち

$$\boldsymbol{x}_1, \boldsymbol{x}_2, \ldots, \boldsymbol{x}_k : 1 \text{ 次独立} \implies f(\boldsymbol{x}_1), f(\boldsymbol{x}_2), \ldots, f(\boldsymbol{x}_k) : 1 \text{ 次独立}$$

例題 4 **像と核**

$A = \begin{bmatrix} 1 & 0 & -1 & -2 \\ -1 & 1 & 2 & 3 \\ 2 & 1 & -1 & -3 \end{bmatrix}$ とする．$\boldsymbol{R}^4$ から $\boldsymbol{R}^3$ への線形写像 f を $f(\boldsymbol{x}) = A\boldsymbol{x}$ で与えるとき f の $\mathrm{Im}\, f$ および $\mathrm{Ker}\, f$ の次元と 1 組の基底を求めよ．

解答 右の表から $\dim(\mathrm{Im}\, f) = \mathrm{rank}\, A = 2$. $\mathrm{Im}\, f$ は A の 4 個の列ベクトルで生成されるから，このうちの 2 個の 1 次独立なベクトルが $\mathrm{Im}\, f$ の基底である．たとえば表から A の第 1 列と第 2 列は 1 次独立だから $\mathrm{Im}\, f$ の 1 組の基底として $(1, -1, 2), (0, 1, 1)$ を採ることができる．

A			
1	0	−1	−2
−1	1	2	3
2	1	−1	−3
1	0	−1	−2
0	1	1	1
0	1	1	1
1	0	−1	−2
0	1	1	1
0	0	0	0

$\mathrm{Ker}\, f$ は同次連立 1 次方程式 $A\boldsymbol{x} = \boldsymbol{0}$ の解空間だから，表から次元は $\dim(\mathrm{Ker}\, f) = 4 - \mathrm{rank}\, A = 4 - 2 = 2$ であり，解は

$$\begin{bmatrix} x_1 \\ x_2 \\ x_3 \\ x_4 \end{bmatrix} = \lambda \begin{bmatrix} 1 \\ -1 \\ 1 \\ 0 \end{bmatrix} + \mu \begin{bmatrix} 2 \\ -1 \\ 0 \\ 1 \end{bmatrix}$$

だから $(1, -1, 1, 0), (2, -1, 0, 1)$ が $\mathrm{Ker}\, f$ の 1 組の基底である．

問　題

4.1 つぎの行列を表現行列としてもつ線形写像 f の像空間および核空間を求めよ．

(a) $\begin{bmatrix} -1 & 3 & 0 & 2 \\ 1 & 7 & 2 & 12 \\ 2 & -1 & 1 & 3 \end{bmatrix}$　(b) $\begin{bmatrix} 1 & 1 & 2 \\ 1 & -1 & 1 \\ 2 & 1 & 3 \\ 1 & -1 & 0 \end{bmatrix}$　(c) $\begin{bmatrix} 1 & 3 & 2 \\ 2 & 1 & 1 \\ 3 & 2 & 3 \end{bmatrix}$

4.2 $A = \begin{bmatrix} 2 & 0 & -1 & 1 \\ 1 & 1 & 2 & 0 \\ -1 & 3 & 8 & -2 \end{bmatrix}$ とする．$\boldsymbol{R}^4$ から $\boldsymbol{R}^3$ への線形写像を $f(\boldsymbol{x}) = A\boldsymbol{x}$ で与えるとき，ベクトル $\boldsymbol{a} = (1, -1, 1), \boldsymbol{b} = (-2, 1, 7)$ に対し，$\boldsymbol{a}$ の逆像 $\{\boldsymbol{x} \in \boldsymbol{R}^4; f(\boldsymbol{x}) = \boldsymbol{a}\}$ および $\boldsymbol{b}$ の逆像 $\{\boldsymbol{x} \in \boldsymbol{R}^4; f(\boldsymbol{x}) = \boldsymbol{b}\}$ を求めよ．

例題 5 **像と逆像**

f を $\boldsymbol{R}^n$ から $\boldsymbol{R}^m$ への線形写像とするとき，つぎのことがらを示せ．

(a) V を $\boldsymbol{R}^n$ の部分空間とすると V の像

$$f(V) = \{f(\boldsymbol{x}) \ ; \ \boldsymbol{x} \in V\}$$

は $\boldsymbol{R}^m$ の部分空間である．

(b) W を $\boldsymbol{R}^m$ の部分空間とすると W の逆像

$$f^{-1}(W) = \{\boldsymbol{x} \in \boldsymbol{R}^n \ ; \ f(\boldsymbol{x}) \in W\}$$

は $\boldsymbol{R}^n$ の部分空間である．

解答 部分空間の条件を確かめる．

(a) まず，$f(\boldsymbol{0}) = \boldsymbol{0}$ だから $\boldsymbol{0} \in f(V)$ よって $f(V) \neq \emptyset$.

$\boldsymbol{y}_1, \boldsymbol{y}_2 \in f(V)$, $\lambda, \mu \in \boldsymbol{R}$ とすると $f(\boldsymbol{x}_1) = \boldsymbol{y}_1$, $f(\boldsymbol{x}_2) = \boldsymbol{y}_2$ となる $\boldsymbol{x}_1$, $\boldsymbol{x}_2 (\in V)$ があるから

$$\lambda \boldsymbol{y}_1 + \mu \boldsymbol{y}_2 = \lambda f(\boldsymbol{x}_1) + \mu f(\boldsymbol{x}_2) = f(\lambda \boldsymbol{x}_1 + \mu \boldsymbol{x}_2) \in f(V)$$

よって，$f(V)$ は $\boldsymbol{R}^m$ の部分空間である．

(b) (a)と同様に $f(\boldsymbol{0}) = \boldsymbol{0}$ から $\boldsymbol{0} \in f^{-1}(W)$. よって $f^{-1}(W) \neq \emptyset$.

$\boldsymbol{x}_1, \boldsymbol{x}_2 \in f^{-1}(W)$ とすると $f(\boldsymbol{x}_1), f(\boldsymbol{x}_2) \in W$ だから

$$f(\lambda \boldsymbol{x}_1 + \mu \boldsymbol{x}_2) = \lambda f(\boldsymbol{x}_1) + \mu f(\boldsymbol{x}_2) \in W$$

よって

$$\lambda \boldsymbol{x}_1 + \mu \boldsymbol{x}_2 \in f^{-1}(W)$$

注意 $V = \boldsymbol{R}^n$ のとき $f(V) = \mathrm{Im}\, f$, $W = \{\boldsymbol{0}\}$ のとき $f^{-1}(W) = \mathrm{Ker}\, f$ である．

問 題

5.1 $\boldsymbol{a}_1, \boldsymbol{a}_2, \ldots, \boldsymbol{a}_m$ を V の基底とすると $f(V)$ は $f(\boldsymbol{a}_1), f(\boldsymbol{a}_2), \ldots, f(\boldsymbol{a}_m)$ で生成されることを示せ．

5.2 $\boldsymbol{a}(\neq \boldsymbol{0}) \in \boldsymbol{R}^m$ とすると $\boldsymbol{a}$ の逆像 $f^{-1}(\boldsymbol{a}) = \{\boldsymbol{x} \in \boldsymbol{R}^n; f(\boldsymbol{x}) = \boldsymbol{a}\}$ は $\boldsymbol{R}^n$ の部分空間をなさないことを示せ．

5.3 $\boldsymbol{R}^n$ から $\boldsymbol{R}^m$ への線形写像 f の表現行列を A とする．このとき

(a) f: 全射 $\iff$ $\mathrm{rank}\, A = m$

(b) f: 単射 $\iff$ $\mathrm{rank}\, A = n$

を示せ．

例題 6 **線形写像と 1 次独立性**

f を $\boldsymbol{R}^n$ から $\boldsymbol{R}^m$ への線形写像で単射とする．$\boldsymbol{x}_1, \boldsymbol{x}_2, \ldots, \boldsymbol{x}_k$ が 1 次独立であるならば $f(\boldsymbol{x}_1), f(\boldsymbol{x}_2), \ldots, f(\boldsymbol{x}_k)$ も 1 次独立であることを示せ．

解答

$$\lambda_1 f(\boldsymbol{x}_1) + \lambda_2 f(\boldsymbol{x}_2) + \cdots + \lambda_k f(\boldsymbol{x}_k) = \boldsymbol{0}$$

とすると

$$f(\lambda_1 \boldsymbol{x}_1 + \lambda_2 \boldsymbol{x}_2 + \cdots + \lambda_k \boldsymbol{x}_k) = \boldsymbol{0}$$

で f が単射だから $\mathrm{Ker}\, f = \{\boldsymbol{0}\}$, すなわち，零ベクトル $\boldsymbol{0}$ に写像されるベクトルは零ベクトルに限るから

$$\lambda_1 \boldsymbol{x}_1 + \lambda_2 \boldsymbol{x}_2 + \cdots + \lambda_k \boldsymbol{x}_k = \boldsymbol{0}$$

である．仮定によって $\boldsymbol{x}_1, \boldsymbol{x}_2, \ldots, \boldsymbol{x}_k$ は 1 次独立だから

$$\lambda_1 = \lambda_2 = \cdots = \lambda_k = 0$$

である．すなわち $f(\boldsymbol{x}_1), f(\boldsymbol{x}_2), \ldots, f(\boldsymbol{x}_k)$ は 1 次独立である．

問　題

6.1 $f(\boldsymbol{x}_1), f(\boldsymbol{x}_2), \ldots, f(\boldsymbol{x}_k)$ が 1 次独立ならば $\boldsymbol{x}_1, \boldsymbol{x}_2, \ldots, \boldsymbol{x}_k$ も 1 次独立であることを示せ．

6.2 $\boldsymbol{a}_1, \boldsymbol{a}_2, \ldots, \boldsymbol{a}_n$ を $\boldsymbol{R}^n$ の基底とし $\boldsymbol{b}_1, \boldsymbol{b}_2, \ldots, \boldsymbol{b}_n$ を $\boldsymbol{R}^m$ のかってなベクトルとする．このとき

$$f(\lambda_1 \boldsymbol{a}_1 + \lambda_2 \boldsymbol{a}_2 + \cdots + \lambda_n \boldsymbol{a}_n) = \lambda_1 \boldsymbol{b}_1 + \lambda_2 \boldsymbol{b}_2 + \cdots + \lambda_n \boldsymbol{b}_n$$

で定めると $\boldsymbol{R}^n$ から $\boldsymbol{R}^m$ への線形写像 f が得られることを示せ．

6.3 $\boldsymbol{R}^n$ から $\boldsymbol{R}^m$ への線形写像 f の表現行列を A とすると

（a）$\dim(\mathrm{Im}\, f) = \mathrm{rank}\, A$

（b）$\dim(\mathrm{Ker}\, f) = n - \mathrm{rank}\, A$

を示せ ($\dim(\mathrm{Im}\, f)$ を f の**階数**，$\dim(\mathrm{Ker}\, f)$ を f の**退化次数**という)．

6.4 R^n の線形変換

● 線形変換 ● $\boldsymbol{R}^n$ から $\boldsymbol{R}^n$ への線形写像 f を $\boldsymbol{R}^n$(上) の**線形変換**という. f の標準的な基底に関する表現行列を A とすると, A は n 次正方行列である.

和・実数倍・積・べき f, g を $\boldsymbol{R}^n$ の線形変換とすると $f+g$, λf, fg は $\boldsymbol{R}^n$ 上の線形変換である. また, 負でない整数 k に対して

$$f^k = f^{k-1}f \ (k \geqq 1), \quad f^0 = \iota_n \quad (\text{恒等変換})$$

と定義すると f^k も $\boldsymbol{R}^n$ 上の線形変換である. f^k の表現行列は A^k である.

主な線形変換 A を f の表現行列とする.

恒等変換	$\iota_n(\boldsymbol{x}) = \boldsymbol{x}$	表現行列は単位行列 E
零変換	$o_n(\boldsymbol{x}) = \boldsymbol{0}$	表現行列は零行列 O
べき零変換	$f^{p-1} \neq o_n$, $f^p = o_n$ (零変換)	$A^{p-1} \neq O$, $A^p = O$ (A はべき零行列)
べき等変換	$f^2 = f$	$A^2 = A$: べき等行列
対合変換	$f^2 = \iota_n$ (恒等変換)	$A^2 = E$: 対合行列

正則線形変換 f を $\boldsymbol{R}^n$ 上の線形変換とすると

$$f : \text{全射} \iff f : \text{単射} \iff f : \text{全単射} \iff A : \text{正則行列}$$

が成り立つ. f が全単射のとき, f を**正則線形変換**または**同型写像**という. このとき, 任意の $\boldsymbol{y} \in \boldsymbol{R}^n$ に対して $\boldsymbol{y} = f(\boldsymbol{x})$ となる $\boldsymbol{x}$ を対応させる写像は $\boldsymbol{R}^n$ 上の線形変換であって, これを f の**逆変換**いい f^{-1} とかく. f^{-1} の表現行列は A^{-1} であり, $ff^{-1} = f^{-1}f = \iota_n$ である.

基底の変換 $\mathcal{P} = \{\boldsymbol{p}_1, \boldsymbol{p}_2, \ldots, \boldsymbol{p}_n\}$ を $\boldsymbol{R}^n$ の基底とする. $P = [\boldsymbol{p}_1 \ \boldsymbol{p}_2 \ \cdots \ \boldsymbol{p}_n]$ とおくと f の基底 $\mathcal{P}$ に関する表現行列は A と**同値な行列**

$$P^{-1}AP$$

である.

$$\boldsymbol{y} = f(\boldsymbol{x}), \quad \boldsymbol{x} = (x_1, x_2, \ldots, x_n), \quad \boldsymbol{y} = (y_1, y_2, \ldots, y_n) \in \boldsymbol{R}^n$$

とし $\boldsymbol{x}, \boldsymbol{y}$ の基底 $\mathcal{P}$ に関する成分を

$$\boldsymbol{x} = (x_1', x_2', \ldots, x_n')_{\mathcal{P}}, \quad \boldsymbol{y} = (y_1', y_2', \ldots, y_n')_{\mathcal{P}}$$

とするとつぎが成り立つ.

$$\begin{bmatrix} y_1' \\ y_2' \\ \vdots \\ y_n' \end{bmatrix} = P^{-1}AP \begin{bmatrix} x_1' \\ x_2' \\ \vdots \\ x_n' \end{bmatrix}$$

例題 8 射影

空間において，直交座標系 $\{\mathrm{O}; \boldsymbol{e}_1, \boldsymbol{e}_2, \boldsymbol{e}_3\}$ が定められているとする．

$$\text{直線}\, g\ :\ \frac{x-1}{2}=\frac{y-2}{-3}=\frac{z+3}{5},\qquad \text{平面}\, \pi\ :\ x+3y-z+4=0$$

とするとき，f を直線 g にそって平面 π へ平行射影する線形変換とする．このとき f はべき等変換であることを示し，f の標準的な基底 $\{\boldsymbol{e}_1, \boldsymbol{e}_2, \boldsymbol{e}_3\}$ に関する表現行列 A を求めよ．

解答 平面 π は $\boldsymbol{p}_1=(-3,1,0),\ \boldsymbol{p}_2=(1,0,1)$ で張られ，直線 g の方向ベクトルは $\boldsymbol{p}_3=(2,-3,5)$ である．これらは 1 次独立だから $\mathcal{P}=\{\boldsymbol{p}_1, \boldsymbol{p}_2, \boldsymbol{p}_3\}$ は $\boldsymbol{R}^3$ の基底であり，$P=[\boldsymbol{p}_1\ \boldsymbol{p}_2\ \boldsymbol{p}_3]$ とおくと，P は正則である．f の定義から

$$\begin{cases} f(\boldsymbol{p}_1)=\boldsymbol{p}_1 \\ f(\boldsymbol{p}_2)=\boldsymbol{p}_2 \\ f(\boldsymbol{p}_3)=\boldsymbol{0} \end{cases}$$

だから，f の基底 $\mathcal{P}$ に関する表現行列 B は $B=\begin{bmatrix}1&0&0\\0&1&0\\0&0&0\end{bmatrix}$ である．$B^2=B$ から f はべき等変換である．$B=P^{-1}AP$ だから

$$A=P\begin{bmatrix}1&0&0\\0&1&0\\0&0&0\end{bmatrix}P^{-1}=\begin{bmatrix}-3&1&2\\1&0&-3\\0&1&5\end{bmatrix}\begin{bmatrix}1&0&0\\0&1&0\\0&0&0\end{bmatrix}\frac{1}{12}\begin{bmatrix}-3&3&3\\5&15&7\\-1&-3&1\end{bmatrix}$$

$$=\frac{1}{12}\begin{bmatrix}14&6&-2\\-3&3&3\\5&15&7\end{bmatrix}$$

である．

注意 f がべき等変換であることを示すのに，$A^2=A$ をいってもよい．これは直接計算で確かめられるが，

$$A^2=(PBP^{-1})^2=PB^2P^{-1}=PBP^{-1}=A$$

からもわかる．

問　題

8.1 空間において f を平面 $x+y+z=0$ に正射影する線形変換とする．f の標準的な基底に関する表現行列を求めよ．

8.2 平面においても直交座標系 $\{\mathrm{O}; \boldsymbol{e}_1, \boldsymbol{e}_2\}$ が定められているとする．直線 $g: 2x-3y+1=0,\ h: x+2y-3=0$ とする．g にそって h に平行射影する線形変換を f とするとき，f の標準的な基底に関する表現行列を求めよ．

例題 9 **基底の変換**

$\boldsymbol{R}^3$ の基底 $\mathcal{P} = \{(0,-1,2),(4,1,0),(-2,0,-4)\}$ に関する表現行列が

$$A_{\mathcal{P}} = \begin{bmatrix} 1 & 1 & 0 \\ 0 & 1 & 1 \\ 1 & 0 & 1 \end{bmatrix}$$

である線形変換 f の，基底 $\mathcal{Q} = \{(1,-1,1),(1,0,-1),(1,2,1)\}$ に関する表現行列 $A_{\mathcal{Q}}$ を求めよ．

解答 f の標準的な基底に関する表現行列を A とし

$$P = \begin{bmatrix} 0 & 4 & -2 \\ -1 & 1 & 0 \\ 2 & 0 & -4 \end{bmatrix}, \quad Q = \begin{bmatrix} 1 & 1 & 1 \\ -1 & 0 & 2 \\ 1 & -1 & 1 \end{bmatrix}$$

とすると $A_{\mathcal{P}} = P^{-1}AP$, $A_{\mathcal{Q}} = Q^{-1}AQ$ であるから

$$\begin{aligned} A_{\mathcal{Q}} &= Q^{-1}PA_{\mathcal{P}}P^{-1}Q \\ &= \frac{1}{6}\begin{bmatrix} 2 & -2 & 2 \\ 3 & 0 & 3 \\ 1 & 2 & 2 \end{bmatrix}\begin{bmatrix} 0 & 4 & -2 \\ -1 & 1 & 0 \\ 2 & 0 & -4 \end{bmatrix}\begin{bmatrix} 1 & 1 & 0 \\ 0 & 1 & 1 \\ 1 & 0 & 1 \end{bmatrix}\frac{1}{6}\begin{bmatrix} 2 & -8 & -1 \\ 2 & -2 & -1 \\ 1 & -4 & -2 \end{bmatrix}\begin{bmatrix} 1 & 1 & 1 \\ -1 & 0 & 2 \\ 1 & -1 & 1 \end{bmatrix} \\ &= \begin{bmatrix} -1 & 0 & 3 \\ 2 & 2 & 5 \\ -1 & 0 & 2 \end{bmatrix} \end{aligned}$$

問　題

9.1 $\boldsymbol{R}^3$ の標準的な基底に関して

$$A = \begin{bmatrix} 1 & 2 & 3 \\ 3 & 2 & 1 \\ 1 & 1 & -1 \end{bmatrix}$$

で表される線形変換が正則変換であることを示し，その逆変換の基底 $\mathcal{P} = \{(1,1,0),(1,0,1),(1,1,1)\}$ に関する表現行列を求めよ．

9.2 $\boldsymbol{R}^n$ 上の線形変換において，全射であることと単射であることは同値であることを示せ．

例題 10　　**巾等変換**

f を $\boldsymbol{R}^n$ 上のべき等変換 $(f^2 = f)$ とするとき，つぎのことがらを示せ．

(a)　$\mathrm{Im}\, f = \{\boldsymbol{a} \in \boldsymbol{R}^n; f(\boldsymbol{a}) = \boldsymbol{a}\}$

(b)　$\boldsymbol{R}^n = \mathrm{Im}\, f \oplus \mathrm{Ker}\, f$　(直積)

(c)　$\dim(\mathrm{Im}\, f) = r$ とするとき，f の表現行列は $\begin{bmatrix} E_r & O \\ O & O \end{bmatrix}$ に同値である．ここに E_r は r 次の単位行列である．

解答　(a)　$\boldsymbol{a} \in \mathrm{Im}\, f$ とすると $\boldsymbol{a} = f(\boldsymbol{b}), \boldsymbol{b} \in \boldsymbol{R}^n$ である．よって

$$f(\boldsymbol{a}) = f^2(\boldsymbol{b}) = f(\boldsymbol{b}) = \boldsymbol{a}$$

ゆえに $\mathrm{Im}\, f \subset \{\boldsymbol{a}; f(\boldsymbol{a}) = \boldsymbol{a}\}$. また，$\boldsymbol{a} \in \{\boldsymbol{a}; f(\boldsymbol{a}) = \boldsymbol{a}\}$ ならば $\boldsymbol{a} = f(\boldsymbol{a}) \in \mathrm{Im}\, f$ だから逆向きの包含も成り立つ．

(b)　$\mathrm{Im}\, f + \mathrm{Ker}\, f \subset \boldsymbol{R}^n$ は明らかだから，$\boldsymbol{a} \in \boldsymbol{R}^n$ とする．$\boldsymbol{b} = \boldsymbol{a} - f(\boldsymbol{a})$ とおくと $f(\boldsymbol{b}) = f(\boldsymbol{a} - f(\boldsymbol{a})) = f(\boldsymbol{a}) - f^2(\boldsymbol{a}) = \boldsymbol{0}$. よって，$\boldsymbol{b} \in \mathrm{Ker}\, f$ だから $\boldsymbol{a} = f(\boldsymbol{a}) + \boldsymbol{b} \in \mathrm{Im}\, f + \mathrm{Ker}\, f$. すなわち $\boldsymbol{R}^n = \mathrm{Im}\, f + \mathrm{Ker}\, f$ である．
$\boldsymbol{a} \in \mathrm{Im}\, f \cap \mathrm{Ker}\, f$ とすると $\boldsymbol{a} = f(\boldsymbol{a}) = \boldsymbol{0}$ すなわち $\mathrm{Im}\, f \cap \mathrm{Ker}\, f = \{\boldsymbol{0}\}$ だから

$$\boldsymbol{R}^n = \mathrm{Im}\, f \oplus \mathrm{Ker}\, f$$

(c)　$\dim(\mathrm{Im}\, f) = r$ とし，$\boldsymbol{p}_1, \ldots, \boldsymbol{p}_r$ を $\mathrm{Im}\, f$ の基底，$\boldsymbol{p}_{r+1}, \ldots, \boldsymbol{p}_n$ を $\mathrm{Ker}\, f$ の基底とすると，$\mathcal{P} = \{\boldsymbol{p}_1, \ldots, \boldsymbol{p}_r, \boldsymbol{p}_{r+1}, \ldots, \boldsymbol{p}_n\}$ は $\boldsymbol{R}^n$ の基底である．

$$f(\boldsymbol{p}_i) = \begin{cases} \boldsymbol{p}_i & (i = 1, 2, \ldots, r) \\ \boldsymbol{0} & (i = r+1, \ldots, n) \end{cases}$$

だから，f の基底 $\mathcal{P}$ に関する表現行列は $B = \begin{bmatrix} E_r & O \\ O & O \end{bmatrix}$ である．よって，A を f の標準的な基底に関する表現行列とし，$P = [\boldsymbol{p}_1 \ \cdots \ \boldsymbol{p}_r \ \boldsymbol{p}_{r+1} \ \cdots \ \boldsymbol{p}_n]$ とおくと

$$P^{-1}AP = B = \begin{bmatrix} E_r & O \\ O & O \end{bmatrix}$$

問　題

10.1　$\boldsymbol{R}^3$ の標準的な基底に関する表現行列が

$$A = \begin{bmatrix} 2 & -2 & -4 \\ -1 & 3 & 4 \\ 1 & -2 & -3 \end{bmatrix}$$

である線形変換 f がべき等変換であることを示せ．また，$\mathrm{Im}\, f$, $\mathrm{Ker}\, f$ の基底を求め，その基底に関する表現行列を求めよ．

6.5 不変部分空間

不変部分空間 f を $\boldsymbol{R}^n$ 上の線形変換とし，A を f の標準的な基底に関する表現行列とする．$\boldsymbol{R}^n$ の部分空間 V が

$$f(V) \subset V$$

をみたすとき，V を f に関する**不変部分空間**という．核 $\mathrm{Ker}\, f$ および像 $\mathrm{Im}\, f$ は f の不変部分空間である．

不変部分空間に対応する表現行列 $\dim V = m$ とし $\boldsymbol{p}_1, \ldots, \boldsymbol{p}_m$ を V の基底とする．$\boldsymbol{p}_{m+1}, \ldots, \boldsymbol{p}_n$ を選んで $\mathcal{P} = \{\boldsymbol{p}_1, \ldots, \boldsymbol{p}_m, \boldsymbol{p}_{m+1}, \ldots, \boldsymbol{p}_n\}$ を $\boldsymbol{R}^n$ の基底とする．$P = [\boldsymbol{p}_1 \ \cdots \ \boldsymbol{p}_m \ \boldsymbol{p}_{m+1} \ \cdots \ \boldsymbol{p}_n]$ とおくと，f の基底 $\mathcal{P}$ に関する表現行列は

$$P^{-1}AP = \begin{bmatrix} B & * \\ O & C \end{bmatrix} \quad (B \text{ は } m \text{ 次正方行列，} C \text{ は } n-m \text{ 次正方行列})$$

となる．さらに，$W = L\{\boldsymbol{p}_{m+1}, \ldots, \boldsymbol{p}_n\}$ も f に関する不変部分空間とすると

$$\boldsymbol{R}^n = V \oplus W \quad (\text{直和})$$

であり f の表現行列は

$$P^{-1}AP = \begin{bmatrix} B & O \\ O & C \end{bmatrix}$$

となる．

注意 一般に $V_1, V_2, \ldots, V_s$ を f に関する不変部分空間とし，$\boldsymbol{R}^n$ が $V_1, V_2, \ldots, V_s$ の直和

$$\boldsymbol{R}^n = V_1 \oplus V_2 \oplus \cdots \oplus V_s$$

とすると $V_1, V_2, \ldots, V_s$ の基底を列ベクトルとする変換の行列 P によって f の表現行列は

$$P^{-1}AP = \begin{bmatrix} A_1 & O & \cdots & O \\ O & A_2 & \cdots & O \\ \vdots & \vdots & \ddots & \vdots \\ O & O & \cdots & A_s \end{bmatrix} \quad (A_i \text{は } (\dim V_i) \text{ 次正方行列})$$

と変換される．

主な不変部分空間の例 A を f の表現行列とする．

（1） 同次連立 1 次方程式の解空間: $\{\boldsymbol{x} \in \boldsymbol{R}^n; A\boldsymbol{x} = \boldsymbol{0}\}(= \mathrm{Ker}\, f)$

（2） 固有値 λ に対する固有空間: $\{\boldsymbol{x} \in \boldsymbol{R}^n; (A - \lambda E)\boldsymbol{x} = \boldsymbol{0}\}$

（3） 固有値 λ に対する一般固有空間 (k は標数): $\{\boldsymbol{x} \in \boldsymbol{R}^n; (A - \lambda E)^k \boldsymbol{x} = \boldsymbol{0}\}$

（4） f がべき零変換 ($f^{p-1} \neq o_n, f^p = o_n$) のとき，$f(\boldsymbol{a}) \neq \boldsymbol{0}$ に対し $\boldsymbol{a}, f(\boldsymbol{a}), \ldots, f^{p-1}(\boldsymbol{a})$ で生成される部分空間 (これを $\boldsymbol{a}$ によって生成される**巡回部分空間**) という．

注意 2 つの不変部分空間の交わりと和も不変部分空間である．

例題 11　　**不変部分空間 1**

$\boldsymbol{R}^4$ における線形変換 f の，基底 $\{\boldsymbol{p}_1, \boldsymbol{p}_2, \boldsymbol{p}_3, \boldsymbol{p}_4\}$ に関する表現行列が

$$A = \begin{bmatrix} 1 & -3 & 1 & -1 \\ -2 & 2 & 0 & 2 \\ 0 & 0 & 1 & -7 \\ 0 & 0 & 5 & 6 \end{bmatrix}$$

であるとき，$V = L\{\boldsymbol{p}_1, \boldsymbol{p}_2\}$ は f の不変部分空間であることを示せ．

解答　表現行列の定義から

$$\begin{aligned} f(\boldsymbol{p}_1) &= \boldsymbol{p}_1 - 2\boldsymbol{p}_2 \\ f(\boldsymbol{p}_2) &= -3\boldsymbol{p}_1 + 2\boldsymbol{p}_2 \\ f(\boldsymbol{p}_3) &= \boldsymbol{p}_1 + \boldsymbol{p}_3 + 5\boldsymbol{p}_4 \\ f(\boldsymbol{p}_4) &= -\boldsymbol{p}_1 + 2\boldsymbol{p}_2 - 7\boldsymbol{p}_3 + 6\boldsymbol{p}_4 \end{aligned}$$

だから $f(\boldsymbol{p}_1), f(\boldsymbol{p}_2) \in V$.

したがって，$\boldsymbol{x} = \lambda\boldsymbol{p}_1 + \mu\boldsymbol{p}_2 \in V$ とすると

$$f(\boldsymbol{x}) = \lambda f(\boldsymbol{p}_1) + \mu f(\boldsymbol{p}_2) \in V$$

すなわち

$$f(V) \subset V$$

ゆえに V は f の不変部分空間である．

問　題

11.1　$\boldsymbol{R}^4$ の線形変換 f の標準的な基底に関する表現行列がつぎの行列で与えられるとき，どのような不変部分空間をもつか．

(a) $\begin{bmatrix} 1 & -1 & 0 & 0 \\ 1 & 1 & 0 & 0 \\ 0 & 0 & 0 & 7 \\ 0 & 0 & 1 & 4 \end{bmatrix}$　　(b) $\begin{bmatrix} -3 & 5 & 0 & 0 \\ 0 & 4 & 0 & 0 \\ 0 & 0 & 1 & 0 \\ 0 & 0 & -2 & 1 \end{bmatrix}$

11.2　$\boldsymbol{R}^n$ 上の線形変換 f に対して $\mathrm{Ker}\, f$ および $\mathrm{Im}\, f$ は f の不変部分空間であることを示せ．

11.3　A を $\boldsymbol{R}^n$ 上の線形変換 f の表現行列とし，λ を A の固有値とする．λ に対する一般固有空間は f の不変部分空間であることを示せ．

11.4　U, V を f に関する不変部分空間とすると交わり $U \cap V$ と和 $U + V$ の不変部分空間であることを示せ．

例題 12 **不変部分空間 2**

$\boldsymbol{R}^3$ の標準的な基底に関する表現行列が

$$A=\begin{bmatrix} 0 & -2 & -2 \\ -1 & 1 & 2 \\ -1 & -1 & 2 \end{bmatrix}$$

である線形変換 f の1次元の不変部分空間を求めよ．

解答 1次元の不変部分空間を $L\{\boldsymbol{x}\}$ とすると，ある実数 λ に対して $A\boldsymbol{x}=\lambda\boldsymbol{x}$ が成り立つ．すなわち，λ は A の実の固有値で，$\boldsymbol{x}$ は λ に関する固有ベクトルである．固有多項式は

$$\varphi(t)=|A-tE|=\begin{vmatrix} -t & -2 & -2 \\ -1 & 1-t & 2 \\ -1 & -1 & 2-t \end{vmatrix}=-(t-2)^2(t+1)$$

だから，固有値は $t=-1$, $t=2$(重根) である．

$t=-1$ のとき，左表から $\boldsymbol{x}_1=\begin{bmatrix} 8 \\ 1 \\ 3 \end{bmatrix}$ は固有ベクトルである．

$t=2$ のとき，右表から固有ベクトルとして $\boldsymbol{x}_2=\begin{bmatrix} -1 \\ 1 \\ 0 \end{bmatrix}$ は固有ベクトルである．よって，$L\{\boldsymbol{x}_1\}$ および $L\{\boldsymbol{x}_2\}$ が求める1次元の不変部分空間である．

$A+E$		
1	−2	−2
−1	2	2
−1	−1	3
1	−2	−2
−1	−1	3
0	0	0
1	−2	−2
0	−3	1
0	0	0
1	−8	0
0	−3	1
0	0	0

$A-2E$		
−2	−2	−2
−1	−1	2
−1	−1	0
1	1	0
0	0	1
0	0	0

問　題

12.1 $\boldsymbol{R}^3$ の標準的な基底に関する表現行列が，つぎの行列である線形変換 f の1次元の不変部分空間を求めよ．

(a) $\begin{bmatrix} 2 & 2 & 1 \\ 1 & 3 & 1 \\ 1 & 2 & 2 \end{bmatrix}$　(b) $\begin{bmatrix} -3 & 1 & -1 \\ -7 & 5 & -1 \\ -6 & 6 & -2 \end{bmatrix}$　(c) $\begin{bmatrix} 2 & 1 & 2 \\ -2 & 2 & 1 \\ 1 & 2 & -2 \end{bmatrix}$

例題 13 ——— **べき零変換**

f を $\boldsymbol{R}^n$ 上の p 次のべき零変換とする $(f^{p-1} \neq o_n,\ f^p = o_n)$．このとき，つぎのことがらを示せ．

（a）　$\boldsymbol{a}$ を $f^{p-1}(\boldsymbol{a}) \neq \boldsymbol{0}$ となるベクトルとすると

$$\boldsymbol{a}, f(\boldsymbol{a}), \ldots, f^{p-1}(\boldsymbol{a})$$

は 1 次独立である．

（b）　$\boldsymbol{a}, f(\boldsymbol{a}), \ldots, f^{p-1}(\boldsymbol{a})$ で生成される巡回部分空間

$$V = L\{\boldsymbol{a}, f(\boldsymbol{a}), \ldots, f^{p-1}(\boldsymbol{a})\}$$

は f に関する不変部分空間である．

解答　（a）　$f^{p-1} \neq o_n$ だから $f^{p-1}(\boldsymbol{a}) \neq \boldsymbol{0}$ となるベクトル $\boldsymbol{a}$ が存在する．

$$\lambda_1 \boldsymbol{a} + \lambda_2 f(\boldsymbol{a}) + \cdots + \lambda_p f^{p-1}(\boldsymbol{a}) = \boldsymbol{0}$$

とし，両辺に f^{p-1} をほどこすと第 2 項以下は消去されるから $\lambda_1 f^{p-1}(\boldsymbol{a}) = \boldsymbol{0}$ である．仮定から $f^{p-1}(\boldsymbol{a}) \neq \boldsymbol{0}$ だから $\lambda_1 = 0$ を得る．これをもとの式に代入して

$$\lambda_2 f(\boldsymbol{a}) + \cdots + \lambda_p f^{p-1}(\boldsymbol{a}) = \boldsymbol{0}$$

この両辺に f^{p-2} をほどこすと前と同様に $\lambda_2 = 0$ を得る．これを繰り返せば，結局

$$\lambda_1 = \lambda_2 = \cdots = \lambda_p = 0$$

を得るので $\boldsymbol{a}, f(\boldsymbol{a}), \ldots, f^{p-1}(\boldsymbol{a})$ は 1 次独立である．

（b）　$\boldsymbol{b} \in V = L\{\boldsymbol{a}, f(\boldsymbol{a}), \ldots, f^{p-1}(\boldsymbol{a})\}$ とすると

$$\boldsymbol{b} = \lambda_1 \boldsymbol{a} + \lambda_2 f(\boldsymbol{a}) + \cdots + \lambda_{p-1} f^{p-2}(\boldsymbol{a}) + \lambda_p f^{p-1}(\boldsymbol{a})$$

と表される．両辺に f をほどこすと最後の項は消去され

$$f(\boldsymbol{b}) = \lambda_1 f(\boldsymbol{a}) + \lambda_2 f^2(\boldsymbol{a}) + \cdots + \lambda_{p-1} f^{p-1}(\boldsymbol{a}) \in V$$

である．よって $f(V) \subset V$ である．

問　題

13.1　f を $\boldsymbol{R}^n$ 上の対合変換 $(f^2 = \iota_n)$ とするとき，つぎのことがらを示せ．

（a）　$V_1 = \{\boldsymbol{x}; f(\boldsymbol{x}) = \boldsymbol{x}\}$, $V_2 = \{\boldsymbol{x}; f(\boldsymbol{x}) = -\boldsymbol{x}\}$ はいずれも f の不変部分空間である．

（b）　$\boldsymbol{R}^n = V_1 \oplus V_2$

6.6 内積を考えた R^n の線形変換

● 内積空間の線形変換と基底の変換 ● $\boldsymbol{R}^n$ で自然な内積を考えたときは普通基底 $\mathcal{P} = \{\boldsymbol{p}_1, \boldsymbol{p}_2, \ldots, \boldsymbol{p}_n\}$ を正規直交基底にとるので $P = [\boldsymbol{p}_1\ \boldsymbol{p}_2\ \cdots\ \boldsymbol{p}_n]$ は直交行列 $(P^{-1} = {}^tP)$ であり，$\boldsymbol{R}^n$ 上の線形変換 f の $\mathcal{P}$ に関する表現行列は標準的な基底に関する表現行列 A を直交行列 P で変換した行列

$$P^{-1}AP = {}^tPAP$$

となる．

直交変換 $\boldsymbol{R}^n$ 上の線形変換 f が

$$f(\boldsymbol{a}) \cdot f(\boldsymbol{b}) = \boldsymbol{a} \cdot \boldsymbol{b}$$

をみたすとき，f を**直交変換**という．直交変換は内積を変えないから大きさと交角を変えない．

$$f：直交変換 \iff A：直交行列\ ({}^tAA = E)$$

である．また，$\mathcal{P} = \{\boldsymbol{p}_1, \boldsymbol{p}_2, \ldots, \boldsymbol{p}_n\}$ を $\boldsymbol{R}^n$ の正規直交基底とすると

（1） $f(\boldsymbol{p}_1), f(\boldsymbol{p}_2), \ldots, f(\boldsymbol{p}_n)$ は $\boldsymbol{R}^n$ の正規直交基底である．

（2） 正規直交基底 $\mathcal{P} = \{\boldsymbol{p}_1, \boldsymbol{p}_2, \cdots, \boldsymbol{p}_n\}$ に関する表現行列は直交行列である．

実対称変換 $\boldsymbol{R}^n$ 上の線形変換 f が

$$f(\boldsymbol{a}) \cdot \boldsymbol{b} = \boldsymbol{a} \cdot f(\boldsymbol{b})$$

をみたすとき，f を**実対称変換**という．

$$f：実対称変換 \iff A：実対称行列$$

である．また，実対称変換の正規直交基底に関する表現行列は実対称行列である．

実正規変換 表現行列 A が ${}^tAA = A\,{}^tA$ をみたす線形変換を**実正規変換**という．直交変換も実対称変換も実正規変換である．

注意 複素数上の n 次元数ベクトル空間 $\boldsymbol{C}^n$ に標準的な内積を考える，すなわち $\boldsymbol{a} = (a_1, a_2, \ldots, a_n)$, $\boldsymbol{b} = (b_1, b_2, \ldots, b_n) \in \boldsymbol{C}^n$ に対し

$$\boldsymbol{a} \cdot \boldsymbol{b} = a_1\bar{b}_1 + a_2\bar{b}_2 + \cdots + a_n\bar{b}_n \quad (\,\overline{}\ は共役複素数を表す)$$

とする．$\boldsymbol{C}^n$ 上の線形変換 f の表現行列を $A = [a_{ij}]$ とすると，成分が複素数の n 次正方行列である．

$$A^* = \overline{{}^tA} = {}^t\overline{A} = {}^t[\overline{a_{ij}}]$$

を A の**共役転置行列**とする．このとき

f：ユニタリー変換	$\iff$	$A^*A = AA^* = E$	$\iff$	$f(\boldsymbol{a}) \cdot f(\boldsymbol{b}) = \boldsymbol{a} \cdot \boldsymbol{b}$
f：エルミート変換	$\iff$	$A^* = A$	$\iff$	$f(\boldsymbol{a}) \cdot \boldsymbol{b} = \boldsymbol{a} \cdot f(\boldsymbol{b})$
f：歪(わい)エルミート変換	$\iff$	$A^* = -A$	$\iff$	$f(\boldsymbol{a}) \cdot \boldsymbol{b} = -\boldsymbol{a} \cdot f(\boldsymbol{b})$
f：正規変換	$\iff$	$A^*A = AA^*$		

という．直交変換は実ユニタリー変換であり，実対称変換は実エルミート変換である．

例題 14 ―――――――――――――――――――――――――――――― **直交変換・対称**

直交座標系 $\{\mathrm{O}; \boldsymbol{e}_1, \boldsymbol{e}_2, \boldsymbol{e}_3\}$ が設けられた空間おいて，π を $\boldsymbol{n} = (1, 0, 1)$ を法線ベクトルにもつ平面とする．ベクトル $\boldsymbol{x}$ を π に関して対称なベクトルに変換する変換

$$f : \boldsymbol{x} \quad \longmapsto \quad \boldsymbol{x} - 2\frac{\boldsymbol{x} \cdot \boldsymbol{n}}{\boldsymbol{n} \cdot \boldsymbol{n}}\boldsymbol{n}$$

は直交変換であることを示せ．また，標準的な基底に関する表現行列を求めよ．

解答　一般的に $\boldsymbol{n}$ がどんなベクトルであっても上の f は内積を保存することを示す．

$$\begin{aligned} f(\boldsymbol{x}) \cdot f(\boldsymbol{y}) &= \left(\boldsymbol{x} - 2\frac{\boldsymbol{x} \cdot \boldsymbol{n}}{\boldsymbol{n} \cdot \boldsymbol{n}}\boldsymbol{n}\right) \cdot \left(\boldsymbol{y} - 2\frac{\boldsymbol{y} \cdot \boldsymbol{n}}{\boldsymbol{n} \cdot \boldsymbol{n}}\boldsymbol{n}\right) \\ &= \boldsymbol{x} \cdot \boldsymbol{y} - 2\frac{\boldsymbol{y} \cdot \boldsymbol{n}}{\boldsymbol{n} \cdot \boldsymbol{n}}\boldsymbol{x} \cdot \boldsymbol{n} - 2\frac{\boldsymbol{x} \cdot \boldsymbol{n}}{\boldsymbol{n} \cdot \boldsymbol{n}}\boldsymbol{n} \cdot \boldsymbol{y} + 4\frac{\boldsymbol{x} \cdot \boldsymbol{n}}{\boldsymbol{n} \cdot \boldsymbol{n}}\frac{\boldsymbol{y} \cdot \boldsymbol{n}}{\boldsymbol{n} \cdot \boldsymbol{n}}\boldsymbol{n} \cdot \boldsymbol{n} \\ &= \boldsymbol{x} \cdot \boldsymbol{y} \end{aligned}$$

よって，f は直交変換である．

$\boldsymbol{R}^3$ の正規直交基底 $\boldsymbol{e}_1, \boldsymbol{e}_2, \boldsymbol{e}_3$ に対して

$$\begin{aligned} f(\boldsymbol{e}_1) &= (1, 0, 0) - (1, 0, 1) = (0, 0, -1) \\ f(\boldsymbol{e}_2) &= (0, 1, 0) \\ f(\boldsymbol{e}_3) &= (0, 0, 1) - (1, 0, 1) = (-1, 0, 0) \end{aligned}$$

だから，求める f の表現行列は $\begin{bmatrix} 0 & 0 & -1 \\ 0 & 1 & 0 \\ -1 & 0 & 0 \end{bmatrix}$ である．

問　題

14.1　上の例題で $\boldsymbol{n} = (l, m, n)$ が単位ベクトルのときの表現行列を求めよ．

14.2　平面における直交変換は**回転**か**折り返し**であることを示せ．

14.3　座標系の設定された平面において，標準的な基底に関して表現行列がつぎの行列 A で与えられる線形変換は直交変換であることを示し，回転なら回転角を，折り返しなら対称軸を求めよ．

(a) $\begin{bmatrix} -3/5 & 4/5 \\ 4/5 & 3/5 \end{bmatrix}$　　(b) $\begin{bmatrix} 1/2 & -\sqrt{3}/2 \\ \sqrt{3}/2 & 1/2 \end{bmatrix}$

例題 15 **直交変換・回転**

直交座標系 $\{O; \boldsymbol{e}_1, \boldsymbol{e}_2, \boldsymbol{e}_3\}$ が定められた空間において，$\boldsymbol{a}_1 = \overrightarrow{OA} = (1,1,1)$ とする．直線 OA のまわりの $\dfrac{\pi}{2}$ の回転である線形写像 f の標準的な基底に関する表現行列 A を求めよ．

解答 $\boldsymbol{a}_1$ を法線ベクトルとしてもつ平面は $x+y+z=0$ を解けば $\boldsymbol{a}_2 = (1,-1,0)$, $\boldsymbol{a}_3 = (1,0,-1)$ で張られることがわかる．$\boldsymbol{a}_1, \boldsymbol{a}_2, \boldsymbol{a}_3$ は1次独立だから $\boldsymbol{R}^3$ の基底である．グラム・シュミットの直交化法によって正規直交基底

$$\mathcal{P} = \left\{ \boldsymbol{p}_1 = \left(\frac{1}{\sqrt{3}}, \frac{1}{\sqrt{3}}, \frac{1}{\sqrt{3}}\right), \boldsymbol{p}_2 = \left(\frac{1}{\sqrt{2}}, -\frac{1}{\sqrt{2}}, 0\right), \boldsymbol{p}_3 = \left(\frac{1}{\sqrt{6}}, \frac{1}{\sqrt{6}}, -\frac{2}{\sqrt{6}}\right) \right\}$$

を得る．定義から基底 $\mathcal{P}$ の関する f の表現行列は，$\boldsymbol{p}_1 = \boldsymbol{p}_2 \times \boldsymbol{p}_3$ に注意すると

$$\begin{cases} f(\boldsymbol{p}_1) = \boldsymbol{p}_1 \\ f(\boldsymbol{p}_2) = \boldsymbol{p}_3 \\ f(\boldsymbol{p}_3) = -\boldsymbol{p}_2 \end{cases} \quad \text{だから} \quad B = \begin{bmatrix} 1 & 0 & 0 \\ 0 & 0 & -1 \\ 0 & 1 & 0 \end{bmatrix}$$

で与えられる．$P = [\boldsymbol{p}_1\ \boldsymbol{p}_2\ \boldsymbol{p}_3]$ とおくと，$B = P^{-1}AP$ だから

$$\begin{aligned} A &= PBP^{-1} = PB{}^tP \\ &= \begin{bmatrix} 1/\sqrt{3} & 1/\sqrt{2} & 1/\sqrt{6} \\ 1/\sqrt{3} & -1/\sqrt{2} & 1/\sqrt{6} \\ 1/\sqrt{3} & 0 & -2/\sqrt{6} \end{bmatrix} \begin{bmatrix} 1 & 0 & 0 \\ 0 & 0 & -1 \\ 0 & 1 & 0 \end{bmatrix} \begin{bmatrix} 1/\sqrt{3} & 1/\sqrt{3} & 1/\sqrt{3} \\ 1/\sqrt{2} & -1/\sqrt{2} & 0 \\ 1/\sqrt{6} & 1/\sqrt{6} & -2/\sqrt{6} \end{bmatrix} \\ &= \frac{1}{3} \begin{bmatrix} 1 & 1-\sqrt{3} & 1+\sqrt{3} \\ 1+\sqrt{3} & 1 & 1-\sqrt{3} \\ 1-\sqrt{3} & 1+\sqrt{3} & 1 \end{bmatrix} \end{aligned}$$

である．

問題

15.1 直線 $x = y = \dfrac{z}{2}$ のまわりの $\dfrac{\pi}{3}$ 回転を表す行列を求めよ．

15.2 つぎの行列 A の表す回転の回転軸と回転角を求めよ．

(a) $\begin{bmatrix} 0 & 0 & 1 \\ 1 & 0 & 0 \\ 0 & 1 & 0 \end{bmatrix}$ (b) $\dfrac{1}{4}\begin{bmatrix} 2+\sqrt{2} & -2+\sqrt{2} & -2 \\ -2+\sqrt{2} & 2+\sqrt{2} & -2 \\ 2 & 2 & 2\sqrt{2} \end{bmatrix}$

7　直交行列による対角化

ベクトルに内積を考えているときは，単なる正則行列による変換よりも大きさや角度を不変にする直交行列による変換の方が大切である．とくに実対称行列の対角化は応用上重要である．

7.1　実対称行列・直交行列

● 実対称行列 ●

実対称行列　$A = [a_{ij}]$ が実対称行列である $\overset{\text{定義}}{\Longleftrightarrow}$ （1）$^tA = A$　$(\Leftrightarrow a_{ij} = a_{ji})$
（2）a_{ij} は実数

性質　A を実対称行列とすると

（1）A の固有値はすべて実数である．

（2）相異なる固有値に対する固有ベクトルは直交する．

（3）適当な直交行列 $P(^tPP = E)$ によって対角化される．

実正方行列 A が直交行列によって対角化されるための必要十分条件は A が対称行列であることである．このとき，5.3 (p.76) の対角化されるための条件は自動的にみたされる．

変換の直交行列の求め方　各固有値に対する単位固有ベクトルを並べればよい．代数的重複度が m の固有値に対しては，m 個の 1 次独立な固有ベクトルがあるからそれらをグラム・シュミットの直交化法によって正規直交化すればよい．

注意　複素行列 A においては，固有値がすべて実数になるのは A が**エルミート行列** $(A^* = A)$ のときである．また，相異なる固有値に対する固有ベクトルが直交し，適当な**ユニタリー行列** $U(U^*U = UU^* = E)$ によって対角化されるのは A が**正規行列** $(A^*A = AA^*)$ のときである．

● 直交行列 ●

性質　A を直交行列 (${}^tAA = E$) とすると

（1）　A の固有値は絶対値が 1 の複素数である．

（2）　$|A| = 1$ で n が奇数　$\Longrightarrow$　1 は固有値である．
　　　$|A| = -1$　$\Longrightarrow$　-1 は固有値である．
　　　$|A| = -1$ で n が偶数　$\Longrightarrow$　$1, -1$ は固有値である．
　　　(→ 第 3 章問題 11.3)

（3）　相異なる固有値に対する固有ベクトルは直交する．

（4）　適当な直交行列 P によってつぎの形の**標準形**に変換される．

$$
{}^tPAP = \begin{bmatrix} \pm 1 & & & & & & \\ & \pm 1 & & & & & \\ & & \ddots & & & & \\ & & & \pm 1 & & & \\ & & & & A_1 & & \\ & & & & & \ddots & \\ & & & & & & A_t \end{bmatrix}
$$

ここで A の複素数の固有値が t 個あるとし $\lambda_k = \cos\theta_k + i\sin\theta_k$, $(k = 1, \ldots, t)$ に対し $A_k = \begin{bmatrix} \cos\theta_k & -\sin\theta_k \\ \sin\theta_k & \cos\theta_k \end{bmatrix}$ とする．

変換の直交行列の求め方　各固有値の単位固有ベクトルを並べればよい．複素数の固有値 λ_k に対しては λ_k の単位固有ベクトルを $\boldsymbol{x}_k = \boldsymbol{s}_k + i\boldsymbol{t}_k$ ($\boldsymbol{s}_k, \boldsymbol{t}_k$は実ベクトル) とするとき複素ベクトル $\boldsymbol{x}_k, \overline{\boldsymbol{x}_k}$ ($\overline{}$ は複素共役を表す) の代わりに $\sqrt{2}\boldsymbol{s}_k, \sqrt{2}\boldsymbol{t}_k$ をとればよい．

注意　λ を実行列 A の複素数の固有値，$\boldsymbol{x}$ を λ に対する (複素数の) 固有ベクトルとすると，複素共役 $\overline{\lambda}$ は A の固有値で，$\overline{\boldsymbol{x}}$ は $\overline{\lambda}$ に対する固有ベクトルである．

例題 1 **実対称行列の対角化**

実対称行列 $A = \begin{bmatrix} 4 & -1 & 1 \\ -1 & 4 & -1 \\ 1 & -1 & 4 \end{bmatrix}$ を直交行列 P によって対角化せよ.

解答 A の固有多項式は $|A - tE| = (3-t)^2(6-t)$ だから 3, 6 が固有値である.

固有値 3 に対する固有空間 $V(3)$ は同次連立 1 次方程式 $(A-3E)\boldsymbol{x} = \boldsymbol{0}$ を解くと表から $\boldsymbol{x}_1 = {}^t[1\ 1\ 0]$, $\boldsymbol{x}_2 = {}^t[-1\ 0\ 1]$ を基底にもつ. これらをグラム・シュミットの直交化法で正規化すると

$$\boldsymbol{p}_1 = {}^t[1/\sqrt{2}\ \ 1/\sqrt{2}\ \ 0],$$
$$\boldsymbol{p}_2 = {}^t[-1/\sqrt{6}\ \ 1/\sqrt{6}\ \ 2/\sqrt{6}]$$

を得る.

$A-3E$		
−1	1	−1
1	−1	1
−1	1	−1
1	−1	1
0	0	0
0	0	0

$A-6E$		
2	1	−1
1	2	1
−1	1	2
1	0	−1
0	1	1
0	0	0

固有値 6 に対する固有空間 $V(6)$ は $(A-6E)\boldsymbol{x} = \boldsymbol{0}$ を解くと $\boldsymbol{x}_3 = {}^t[1\ \ -1\ 1]$ が基底だからこれを正規化して

$$\boldsymbol{p}_3 = {}^t[1/\sqrt{3}\ \ -1/\sqrt{3}\ \ 1/\sqrt{3}]$$

を得る. よって $P = [\boldsymbol{p}_1\ \boldsymbol{p}_2\ \boldsymbol{p}_3] = \begin{bmatrix} 1/\sqrt{2} & -1/\sqrt{6} & 1/\sqrt{3} \\ 1/\sqrt{2} & 1/\sqrt{6} & -1/\sqrt{3} \\ 0 & 2/\sqrt{6} & 1/\sqrt{3} \end{bmatrix}$ とおくと

$$ {}^tPAP = \begin{bmatrix} 3 & 0 & 0 \\ 0 & 3 & 0 \\ 0 & 0 & 6 \end{bmatrix}$$

である.

問　題

1.1 つぎの実対称行列 A を直交行列によって対角化せよ.

(a) $\begin{bmatrix} 2 & -4 & 2 \\ -4 & 2 & -2 \\ 2 & -2 & -1 \end{bmatrix}$　(b) $\begin{bmatrix} 0 & 1 & 0 \\ 1 & 0 & 0 \\ 0 & 0 & 2 \end{bmatrix}$　(c) $\begin{bmatrix} 1 & 1 & \sqrt{2} \\ 1 & 1 & -\sqrt{2} \\ \sqrt{2} & -\sqrt{2} & 0 \end{bmatrix}$

例題 2　　**直交行列の標準形**

直交行列 $A=\begin{bmatrix} 2/3 & 1/3 & 2/3 \\ -2/3 & 2/3 & 1/3 \\ 1/3 & 2/3 & -2/3 \end{bmatrix}$ の標準形を求めよ．

解答　A の固有方程式は $|A-tE|=-(t+1)\left(t^2-\dfrac{5}{3}t+1\right)$ だから固有値は $-1,\ (5\pm\sqrt{11}\,i)/6$ である．

-1 に対する単位固有ベクトルとして

$$\boldsymbol{p}_1={}^t[\,-1/\sqrt{11}\quad -1/\sqrt{11}\quad 3/\sqrt{11}\,]$$

$(5\pm\sqrt{11}i)/6$ に対する単位固有ベクトルとして

$$\begin{aligned}\boldsymbol{x}&={}^t[\,(3\mp\sqrt{11}\,i)/2\sqrt{11}\quad (3\pm\sqrt{11}\,i)/2\sqrt{11}\quad 1/\sqrt{11}\,]\\ &={}^t[\,3/2\sqrt{11}\quad 3/2\sqrt{11}\quad 1/\sqrt{11}\,]\pm i\,{}^t[\,1/2\quad -1/2\quad 0\,]\\ &=\boldsymbol{s}\pm i\boldsymbol{t}\quad (\text{とおく．}\boldsymbol{s},\boldsymbol{t}\text{ は実ベクトル})\end{aligned}$$

を得る．

$$\begin{aligned}\boldsymbol{p}_2&=\sqrt{2}\boldsymbol{s}={}^t[\,3/\sqrt{22}\quad 3/\sqrt{22}\quad 2/\sqrt{22}\,]\\ \boldsymbol{p}_3&=\sqrt{2}\boldsymbol{t}={}^t[\,1/\sqrt{2}\quad -1/\sqrt{2}\quad 0\,]\end{aligned}$$

とし $P=[\boldsymbol{p}_1\ \boldsymbol{p}_2\ \boldsymbol{p}_3]=\begin{bmatrix} -1/\sqrt{11} & 3/\sqrt{22} & 1/\sqrt{2} \\ -1/\sqrt{11} & 3/\sqrt{22} & -1/\sqrt{2} \\ 3/\sqrt{11} & 2/\sqrt{22} & 0 \end{bmatrix}$ とおくと

$${}^tPAP=\begin{bmatrix} -1 & 0 & 0 \\ 0 & 5/6 & -\sqrt{11}/6 \\ 0 & \sqrt{11}/6 & 5/6 \end{bmatrix}$$

となる．これが求める標準形である．

問　題

2.1　つぎの直交行列 A の標準形を求めよ．

(a) $\begin{bmatrix} -3/5 & 4/5 \\ 4/5 & 3/5 \end{bmatrix}$　　(b) $\begin{bmatrix} 1/2 & -\sqrt{3}/2 \\ \sqrt{3}/2 & 1/2 \end{bmatrix}$

(c) $\begin{bmatrix} 4/9 & -4/9 & 7/9 \\ 8/9 & 1/9 & -4/9 \\ 1/9 & 8/9 & 4/9 \end{bmatrix}$　　(d) $\begin{bmatrix} 2/3 & 2/3 & -1/3 \\ -1/3 & 2/3 & 2/3 \\ 2/3 & -1/3 & 2/3 \end{bmatrix}$

例題 3 **同時対角化**

実対称行列 $A = \begin{bmatrix} 1 & 2 \\ 2 & -2 \end{bmatrix}, B = \begin{bmatrix} 0 & -2 \\ -2 & 3 \end{bmatrix}$ について

(a) $AB = BA$ を確かめよ.

(b) A, B を直交行列 P によって同時に対角化せよ.

解答 (a) $AB = \begin{bmatrix} -4 & 4 \\ 4 & -10 \end{bmatrix} = BA$ である.

(b) A の固有多項式は $|A - tE| = (t-2)(t+3)$, B の固有多項式は $|B - tE| = (t-4)(t+1)$ だから A の固有値は $2, -3$, B の固有値は $4, -1$ である.
A の固有値 2 に対する固有ベクトルは $(A - 2E)\boldsymbol{x} = \boldsymbol{0}$ を解いて $\boldsymbol{x}_1 = {}^t[2 \ \ 1]$, 固有値 -3 に対する固有ベクトルは $(A + 3E)\boldsymbol{x} = \boldsymbol{0}$ を解いて $\boldsymbol{x}_2 = {}^t[-1 \ \ 2]$. このとき

$$B\boldsymbol{x}_1 = \begin{bmatrix} 0 & -2 \\ -2 & 3 \end{bmatrix} \begin{bmatrix} 2 \\ 1 \end{bmatrix} = \begin{bmatrix} -2 \\ -1 \end{bmatrix} = -\boldsymbol{x}_1$$

$$B\boldsymbol{x}_2 = \begin{bmatrix} 0 & -2 \\ -2 & 3 \end{bmatrix} \begin{bmatrix} -1 \\ 2 \end{bmatrix} = \begin{bmatrix} -4 \\ 8 \end{bmatrix} = 4\boldsymbol{x}_2$$

であるから

$$\boldsymbol{p}_1 = \boldsymbol{x}_1/|\boldsymbol{x}_1| = {}^t[2/\sqrt{5} \ \ 1/\sqrt{5}]$$
$$\boldsymbol{p}_2 = \boldsymbol{x}_2/|\boldsymbol{x}_2| = {}^t[-1/\sqrt{5} \ \ 2/\sqrt{5}]$$

と正規化して $P = [\boldsymbol{p}_1 \ \boldsymbol{p}_2] = \begin{bmatrix} 2/\sqrt{5} & -1/\sqrt{5} \\ 1/\sqrt{5} & 2/\sqrt{5} \end{bmatrix}$ とおくと

$${}^tPAP = \begin{bmatrix} 2 & 0 \\ 0 & -3 \end{bmatrix}, \quad {}^tPBP = \begin{bmatrix} -1 & 0 \\ 0 & 4 \end{bmatrix}$$

と同時に対角化される.

注意 実対称行列 A, B が同時に直交行列によって対角化されるための必要十分条件は $AB = BA$ である.

問 題

3.1 つぎの 2 つの実対称行列を直交行列 P によって同時に対角化せよ.

$$A = \begin{bmatrix} 1 & 0 & -2 \\ 0 & 2 & 0 \\ -2 & 0 & 1 \end{bmatrix}, \quad B = \begin{bmatrix} 3 & 0 & 2 \\ 0 & -3 & 0 \\ 2 & 0 & 3 \end{bmatrix}$$

7.2 2次形式

2次形式 $A = [a_{ij}]$ を n 次実対称行列，$\boldsymbol{x} = {}^t[x_1\ x_2\ \cdots\ x_n]$ を n 次元列ベクトルとするとき

$$f = {}^t\boldsymbol{x}A\boldsymbol{x} = \sum_{i,j=1}^{n} a_{ij}x_ix_j$$

を変数 $x_1, x_2, \ldots, x_n$ に関する **2次形式**という.

変数変換 正則行列 (または直交行列)P を用いて変数変換 $\boldsymbol{x} = P\boldsymbol{y}$ を行なうと2次形式 f は $f = {}^t\boldsymbol{y}{}^tPAP\boldsymbol{y}$ と書き換えられる.

標準形 A の正の固有値を $\lambda_1, \ldots, \lambda_p$, 負の固有値を $\mu_1, \ldots, \mu_q$ $(p+q = \mathrm{rank}\, A)$ とする．P を変換の直交行列として

$${}^tPAP = \begin{bmatrix} \lambda_1 & & & & & & & & \\ & \ddots & & & & & & & \\ & & \lambda_p & & & & & & \\ & & & -\mu_1 & & & & & \\ & & & & \ddots & & & & \\ & & & & & -\mu_q & & & \\ & & & & & & 0 & & \\ & & & & & & & \ddots & \\ & & & & & & & & 0 \end{bmatrix}$$

と対角化して，

$$\boldsymbol{x} = P\boldsymbol{y}, \quad \boldsymbol{y} = {}^t[y_1\ y_2\ \cdots\ y_n]$$

と変数変換をすれば

$$f = \lambda_1 y_1^2 + \cdots + \lambda_p y_p^2 - \mu_1 y_{p+1}^2 - \cdots - \mu_q y_{p+q}^2$$

となる．これを2次形式 f の**標準形**という.

シルベスターの慣性律 2次形式の標準形における正項の個数 p, 負項の個数 q は変数変換の選び方によらない．これを**シルベスターの慣性律**という．(p, q) を f の**符号**という.

正値2次形式 2次形式 f が正値である $\iff$ $\boldsymbol{x}(\neq \boldsymbol{0})$ に対して $f(\boldsymbol{x}) > 0$

$\iff$ 固有値がすべて正 (符号が $(n, 0)$)

例題 4 **2 次形式の変数変換**

2 次形式

$$f = x_1^2 + 2x_2^2 + 3x_3^2 + 2x_1x_2 + 2x_2x_3 - 2x_1x_3$$

を行列 $P = \begin{bmatrix} 1 & -1 & 3 \\ 0 & 1 & -2 \\ 0 & 0 & 1 \end{bmatrix}$ によって変数変換せよ.

解答 f は $A = \begin{bmatrix} 1 & 1 & -1 \\ 1 & 2 & 1 \\ -1 & 1 & 3 \end{bmatrix}$ とおくと $f = {}^t\boldsymbol{x}A\boldsymbol{x}$, $\boldsymbol{x} = \begin{bmatrix} x_1 \\ x_2 \\ x_3 \end{bmatrix}$

と表される.

$$\boldsymbol{x} = P\boldsymbol{y} = \begin{bmatrix} 1 & -1 & 3 \\ 0 & 1 & -2 \\ 0 & 0 & 1 \end{bmatrix} \begin{bmatrix} y_1 \\ y_2 \\ y_3 \end{bmatrix}$$

と変数変換をすれば

$$\begin{aligned} f &= {}^t(P\boldsymbol{y})AP\boldsymbol{y} = {}^t\boldsymbol{y}{}^tPAP\boldsymbol{y} \\ &= \begin{bmatrix} y_1 & y_2 & y_3 \end{bmatrix} \begin{bmatrix} 1 & 0 & 0 \\ -1 & 1 & 0 \\ 3 & -2 & 1 \end{bmatrix} \begin{bmatrix} 1 & 1 & -1 \\ 1 & 2 & 1 \\ -1 & 1 & 3 \end{bmatrix} \begin{bmatrix} 1 & -1 & 3 \\ 0 & 1 & -2 \\ 0 & 0 & 1 \end{bmatrix} \begin{bmatrix} y_1 \\ y_2 \\ y_3 \end{bmatrix} \\ &= \begin{bmatrix} y_1 & y_2 & y_3 \end{bmatrix} \begin{bmatrix} 1 & 0 & 0 \\ 0 & 1 & 0 \\ 0 & 0 & -2 \end{bmatrix} \begin{bmatrix} y_1 \\ y_2 \\ y_3 \end{bmatrix} \\ &= y_1^2 + y_2^2 - 2y_3^2 \end{aligned}$$

となる.

問 題

4.1 つぎの 2 次形式を行列を用いて表せ.

(a) $2x_1^2 + 4x_1x_2 + 3x_2^2$

(b) $x_1^2 - 3x_2^2 + x_1x_2 - x_2x_3 + 2x_1x_3$

(c) $x_2x_3 + x_1x_3$

4.2 $\begin{bmatrix} 2 & 3 & -1 \\ 3 & 1 & 4 \\ -1 & 4 & 5 \end{bmatrix}$ を行列にもつ x_1, x_2, x_3 に関する 2 次形式をかけ.

例題 5 **2 次形式の標準形**

2 次形式 $f = 3x_1^2 + 3x_2^2 - x_3^2 + 4x_1x_2 - 4x_2x_3 + 4x_1x_3$ の標準形を求めよ．

解答 f に対応する行列 $A = \begin{bmatrix} 3 & 2 & 2 \\ 2 & 3 & -2 \\ 2 & -2 & -1 \end{bmatrix}$ の固有方程式は

$$|A - tE| = (5-t)(3-t)(3+t)$$

だから 5, 3, −3 が固有値である．

これらの固有値に対する単位固有ベクトルを求めると，それぞれ

$${}^t[1/\sqrt{2} \;\; 1/\sqrt{2} \;\; 0], \quad {}^t[1/\sqrt{3} \;\; -1/\sqrt{3} \;\; 1/\sqrt{3}], \quad {}^t[-1/\sqrt{6} \;\; 1/\sqrt{6} \;\; 2/\sqrt{6}]$$

である．よって $P = \begin{bmatrix} 1/\sqrt{2} & 1/\sqrt{3} & -1/\sqrt{6} \\ 1/\sqrt{2} & -1/\sqrt{3} & 1/\sqrt{6} \\ 0 & 1/\sqrt{3} & 2/\sqrt{6} \end{bmatrix}$ とおくと P は直交行列で

$${}^tPAP = \begin{bmatrix} 5 & 0 & 0 \\ 0 & 3 & 0 \\ 0 & 0 & -3 \end{bmatrix}$$

したがって，変数変換 $\boldsymbol{x} = P\boldsymbol{y}, \boldsymbol{y} = {}^t[y_1 \;\; y_2 \;\; y_3]$ によって

$$f = 5y_1^2 + 3y_2^2 - 3y_3^2$$

となる．

問 題

5.1 つぎの 2 次形式 f の標準形を求めよ．

(a) $3x_1^2 + 2x_2^2 + 4x_3^2 + 4x_1x_2 + 4x_1x_3$

(b) $4x_1^2 + 4x_2^2 + 4x_3^2 - 2x_1x_2 - 2x_2x_3 + 2x_1x_3$

(c) $7x_1^2 + 10x_2^2 + 7x_3^2 - 4x_1x_2 - 4x_2x_3 + 2x_1x_3$

5.2 つぎの 2 次形式が正値であるような a の範囲を求めよ．

(a) $f = a(x^2 + y^2 + z^2) - 2xy - 2yz + 2zx$

(b) $f = x^2 + y^2 + z^2 + 2a(xy + yz + zx)$

5.3 n 次正方行列 A の固有値がすべて正であるとする．$\boldsymbol{a}, \boldsymbol{b} \in \boldsymbol{R}^n$ に対して $\boldsymbol{a} \cdot \boldsymbol{b} = {}^t\boldsymbol{a}A\boldsymbol{b}$ と定義すると内積であることを示せ．

例題 6 —— **2 次形式の最大・最小**

(a) $|\boldsymbol{x}|^2 = x_1^2 + x_2^2 + \cdots + x_n^2 = 1$ のとき 2 次形式 $f = {}^t\boldsymbol{x}A\boldsymbol{x}$ の最大値と最小値は A の固有値の最大値と最小値にそれぞれ等しいことを示せ.

(b) $x^2 + y^2 + z^2 = 1$ のとき $f = x^2 + y^2 + z^2 + xy + yz + zx$ の最大値と最小値を求めよ.

解答 (a) A の固有値を $\lambda_1, \lambda_2, \ldots, \lambda_n$ とし，それら固有値に対する単位固有ベクトルをそれぞれ $\boldsymbol{p}_1, \boldsymbol{p}_2, \ldots, \boldsymbol{p}_n$ とする．直交行列 $P = [\boldsymbol{p}_1\ \boldsymbol{p}_2\ \cdots\ \boldsymbol{p}_n]$ とおくと，変数変換 $\boldsymbol{x} = P\boldsymbol{y}$ によって f は

$$f = \lambda_1 y_1^2 + \lambda_2 y_2^2 + \cdots + \lambda_n y_n^2$$

と標準形に直される．また，仮定 ${}^t\boldsymbol{x}\boldsymbol{x} = \boldsymbol{x}\cdot\boldsymbol{x} = |\boldsymbol{x}|^2 = 1$ から

$${}^t\boldsymbol{x}\boldsymbol{x} = {}^t(P\boldsymbol{y})P\boldsymbol{y} = {}^t\boldsymbol{y}\,{}^tPP\boldsymbol{y} = {}^t\boldsymbol{y}\boldsymbol{y} = y_1^2 + y_2^2 + \cdots + y_n^2 = 1$$

であるから，今，λ_j を最大の固有値とすると

$$f = \lambda_1 y_1^2 + \lambda_2 y_2^2 + \cdots + \lambda_n y_n^2 \leqq \lambda_j(y_1^2 + y_2^2 + \cdots + y_n^2) = \lambda_j$$

で，等号は $\boldsymbol{y} = \boldsymbol{e}_j = {}^t[0\ \cdots\ \overset{(j)}{1}\ \cdots\ 0]$, つまり $\boldsymbol{x} = P\boldsymbol{e}_j = \boldsymbol{p}_j$ が λ_j の単位固有ベクトルのときに成り立つ．よって，f の最大値は A の最大の固有値である．
また，λ_k を最小の固有値とすると

$$f = \lambda_k(y_1^2 + y_2^2 + \cdots + y_n^2) + (\lambda_1 - \lambda_k)y_1^2 + \cdots + (\lambda_n - \lambda_k)y_n^2 \geqq \lambda_k$$

であり，等号が成り立つのは $\boldsymbol{y} = \boldsymbol{e}_k = {}^t[0\ \cdots\ \overset{(k)}{1}\ \cdots\ 0]$, つまり $\boldsymbol{x} = P\boldsymbol{e}_k = \boldsymbol{p}_k$ が λ_k の単位固有ベクトルのときである．

(b) f に対応する行列は $\begin{bmatrix} 1 & 1/2 & 1/2 \\ 1/2 & 1 & 1/2 \\ 1/2 & 1/2 & 1 \end{bmatrix}$ で，固有多項式は $(1/2 - t)^2(2 - t)$ だから $[x\ \ y\ \ z] = [-1/\sqrt{2}\ \ 0\ \ 1/\sqrt{2}]$ (固有値 1/2 に対する単位固有ベクトル) のとき f は最小値 1/2 をとり，$[x\ \ y\ \ z] = [1/\sqrt{3}\ \ 1/\sqrt{3}\ \ 1/\sqrt{3}]$（固有値 2 に対する単位固有ベクトル）のとき f は最大値 2 をとる．

問 題

6.1 $\begin{bmatrix} 1 & 2 \\ 0 & 2 \end{bmatrix}$ のとし，$x_1^2 + x_2^2 = 1$ のとき ${}^t\boldsymbol{x}({}^tAA)\boldsymbol{x}$ の最小値を求めよ．

6.2 $x^2 + y^2 + z^2 = 1$ のとき $2x^2 + 3y^2 + z^2 + 4xy + 4zx$ の最大値と最小値を求めよ．

7.3　2 次曲線

座標変換　直交座標系 $\{\mathrm{O}; \boldsymbol{e}_1, \boldsymbol{e}_2\}$ を新座標系 $\{\mathrm{O}'; \boldsymbol{e}_1', \boldsymbol{e}_2'\}$ に変換するとき

$$\begin{cases} \boldsymbol{e}_1' = p_{11}\boldsymbol{e}_1 + p_{21}\boldsymbol{e}_2 \\ \boldsymbol{e}_2' = p_{12}\boldsymbol{e}_1 + p_{22}\boldsymbol{e}_2 \end{cases} \qquad \left(P = \begin{bmatrix} p_{11} & p_{12} \\ p_{21} & p_{22} \end{bmatrix} \text{は直交行列}\right)$$

とし O' の旧座標系に関する成分を $(x_0,\, y_0)$ とする．点 P の旧座標系に関する成分を (x, y), 新座標系に関する成分を (x', y') とすると

$$\begin{bmatrix} x \\ y \end{bmatrix} = \begin{bmatrix} p_{11} & p_{12} \\ p_{21} & p_{22} \end{bmatrix} \begin{bmatrix} x' \\ y' \end{bmatrix} + \begin{bmatrix} x_0 \\ y_0 \end{bmatrix}$$

が成り立つ．これを平面の**座標変換の式**という．

2 次曲線　平面において，直交座標系に関して x, y の方程式

$$ax^2 + 2hxy + by^2 + 2gx + 2fy + c = 0$$

で表される図形を **2 次曲線**という．

$$A = \begin{bmatrix} a & h & g \\ h & b & f \\ g & f & c \end{bmatrix}, \quad X = \begin{bmatrix} x \\ y \\ 1 \end{bmatrix}, \quad Q = \begin{bmatrix} a & h \\ h & b \end{bmatrix}, \quad \boldsymbol{b} = \begin{bmatrix} g \\ f \end{bmatrix}, \quad \boldsymbol{x} = \begin{bmatrix} x \\ y \end{bmatrix}$$

とおくと，方程式は

$$^tXAX = 0 \quad \text{あるいは} \quad {}^t\boldsymbol{x}Q\boldsymbol{x} + 2{}^t\boldsymbol{b}\boldsymbol{x} + c = 0$$

と表される．

主軸変換　座標系を変換して**標準形**を導くことを**主軸変換**という．2 次曲線は主軸変換によって，つぎの標準形のいずれかになる．

$\mathrm{rank}\, Q$	$\mathrm{rank}\, A$	$\det Q$	標準形	曲線の種類	
2 (有心)	3	$\det Q > 0$	$\dfrac{x^2}{\alpha^2} + \dfrac{y^2}{\beta^2} = 1$	楕円	固有
			$\dfrac{x^2}{\alpha^2} + \dfrac{y^2}{\beta^2} = -1$	虚楕円	
		$\det Q < 0$	$\dfrac{x^2}{\alpha^2} - \dfrac{y^2}{\beta^2} = 1$	双曲線	固有
	2	$\det Q > 0$	$\dfrac{x^2}{\alpha^2} + \dfrac{y^2}{\beta^2} = 0$	1 点	退化
		$\det Q < 0$	$\dfrac{x^2}{\alpha^2} - \dfrac{y^2}{\beta^2} = 0$	交わる 2 直線	退化
1 (無心)	3	$\det Q = 0$	$y^2 = 4px,\ (p > 0)$	放物線	固有
	2		$y^2 = \alpha^2$	平行 2 直線	退化
			$y^2 = -\alpha^2$	虚平行 2 直線	
	1		$y^2 = 0$	1 直線	退化

例題 7　　**2 次曲線の標準形 (1)**

つぎの 2 次曲線の標準形を求めよ．

$$5x^2 + 2xy + 5y^2 - 10x - 2y - 7 = 0$$

解答　与えられた 2 次方程式は

$$Q = \begin{bmatrix} 5 & 1 \\ 1 & 5 \end{bmatrix}, \quad \boldsymbol{b} = \begin{bmatrix} -5 \\ -1 \end{bmatrix}, \quad \boldsymbol{x} = \begin{bmatrix} x \\ y \end{bmatrix}$$

とおくと

$$^t\boldsymbol{x}Q\boldsymbol{x} + 2\,^t\boldsymbol{b}\boldsymbol{x} - 7 = 0$$

である．

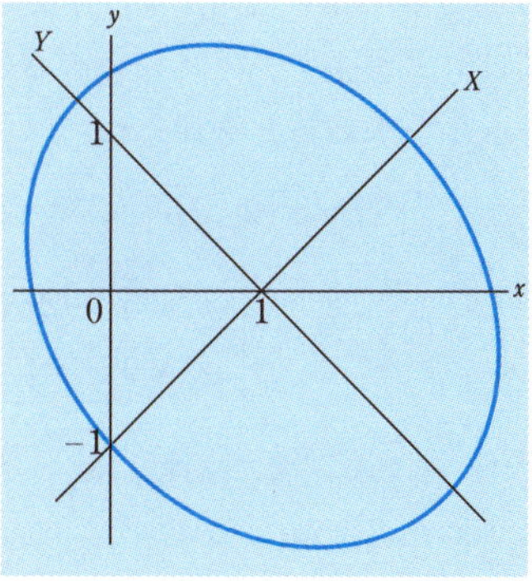

Q の固有多項式は $|Q - tE| = (6-t)(4-t)$ だから固有値は $6, 4$ である．これらの固有値に対する単位固有ベクトルを求めるとそれぞれ

$$^t[1/\sqrt{2} \;\; 1/\sqrt{2}], \quad ^t[-1/\sqrt{2} \;\; 1/\sqrt{2}]$$

を得るので $P = \begin{bmatrix} 1/\sqrt{2} & -1/\sqrt{2} \\ 1/\sqrt{2} & 1/\sqrt{2} \end{bmatrix}$ とおき，座標変換 ($\pi/4$ の回転) $\boldsymbol{x} = P\boldsymbol{y}$, $\boldsymbol{y} = \begin{bmatrix} x' \\ y' \end{bmatrix}$ を行なうと

$$^t\boldsymbol{y}\,^tPQP\boldsymbol{y} + 2\,^t\boldsymbol{b}P\boldsymbol{y} - 7 = 0$$

$$\therefore \quad 6(x')^2 - 6\sqrt{2}x' + 4(y')^2 + 4\sqrt{2}y' - 7 = 0$$

$$\therefore \quad 6(x' - 1/\sqrt{2})^2 + 4(y' + 1/\sqrt{2})^2 - 12 = 0$$

を得る．さらに，座標の平行移動 $\begin{bmatrix} x' \\ y' \end{bmatrix} = \begin{bmatrix} X \\ Y \end{bmatrix} + \begin{bmatrix} 1/\sqrt{2} \\ -1/\sqrt{2} \end{bmatrix}$ を行なうと

$$6X^2 + 4Y^2 = 12, \quad \text{すなわち} \quad \frac{X^2}{2} + \frac{Y^2}{3} = 1$$

となる．これは楕円である．

注意　標準形を得る座標変換の式は $\begin{bmatrix} x \\ y \end{bmatrix} = \begin{bmatrix} 1/\sqrt{2} & -1/\sqrt{2} \\ 1/\sqrt{2} & 1/\sqrt{2} \end{bmatrix} \begin{bmatrix} X \\ Y \end{bmatrix} + \begin{bmatrix} 1 \\ 0 \end{bmatrix}$.

問　題

7.1　つぎの 2 次曲線の標準形を求めよ．

（a）　$3x^2 + 4xy + 6y^2 - 6x - 2y + 2 = 0$

（b）　$4x^2 + 12xy + 4y^2 - 12x - 8y + 9 = 0$

（c）　$4x^2 - 6xy - 4y^2 + 7x + 6y - 2 = 0$

例題 8 **2次曲線の標準形 (2)**

つぎの2次曲線の標準形を求めよ．

$$4x^2 - 4xy + y^2 + 30x + 10y - 25 = 0$$

解答 与えられた2次方程式は

$$Q = \begin{bmatrix} 4 & -2 \\ -2 & 1 \end{bmatrix}, \quad \boldsymbol{b} = \begin{bmatrix} 15 \\ 5 \end{bmatrix}, \quad \boldsymbol{x} = \begin{bmatrix} x \\ y \end{bmatrix}$$

とおくと

$$^t\boldsymbol{x}Q\boldsymbol{x} + 2\,^t\boldsymbol{b}\boldsymbol{x} - 25 = 0$$

である．

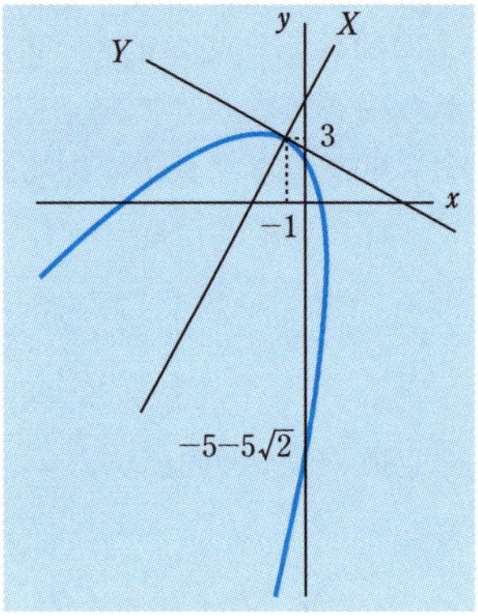

Q の固有多項式は $|Q - tE| = -t(5-t)$ だから固有値は $0, 5$ である．これらの固有値に対する単位固有ベクトルを求めるとそれぞれ

$$^t[1/\sqrt{5} \;\; 2/\sqrt{5}], \quad ^t[-2/\sqrt{5} \;\; 1/\sqrt{5}]$$

を得るので $P = \begin{bmatrix} 1/\sqrt{5} & -2/\sqrt{5} \\ 2/\sqrt{5} & 1/\sqrt{5} \end{bmatrix}$ とおき，座標変換 ($\theta = \tan^{-1} 2$ の回転) $\boldsymbol{x} = P\boldsymbol{y}$, $\boldsymbol{y} = \begin{bmatrix} x' \\ y' \end{bmatrix}$ を行なうと

$$^t\boldsymbol{y}\,^tPQP\boldsymbol{y} + 2\,^t\boldsymbol{b}P\boldsymbol{y} - 25 = 0$$

$$\therefore \quad (y')^2 - 2\sqrt{5}y' + 2\sqrt{5}x' - 5 = 0$$

$$\therefore \quad (y' - \sqrt{5})^2 + 2\sqrt{5}(x' - \sqrt{5}) = 0$$

を得る．さらに，座標の平行移動 $\begin{bmatrix} x' \\ y' \end{bmatrix} = \begin{bmatrix} X \\ Y \end{bmatrix} + \begin{bmatrix} \sqrt{5} \\ \sqrt{5} \end{bmatrix}$ を行なうと

$$Y^2 + 2\sqrt{5}X = 0, \quad \text{すなわち} \quad Y^2 = -2\sqrt{5}X$$

となる．これは放物線である．

注意 標準形を得る座標変換の式は $\begin{bmatrix} x \\ y \end{bmatrix} = \begin{bmatrix} 1/\sqrt{5} & -2/\sqrt{5} \\ 2/\sqrt{5} & 1/\sqrt{5} \end{bmatrix} \begin{bmatrix} X \\ Y \end{bmatrix} + \begin{bmatrix} -1 \\ 3 \end{bmatrix}$.

問　題

8.1 つぎの2次曲線の標準形を求めよ．

(a) $x^2 - 2xy + y^2 - 2x - y - 1 = 0$

(b) $9x^2 + 12xy + 4y^2 - 15x - 10y + 6 = 0$

(c) $x^2 + 4xy + 4y^2 - 2x - 4y + 1 = 0$

(d) $x^2 + 4xy + 4y^2 + 2x + 4y + 2 = 0$

例題 9 ―――― **2 次曲線の中心**

2 次曲線　$$ax^2 + 2hxy + by^2 + 2gx + 2fy + c = 0 \quad ①$$
がある点 P_0 に関して対称になっているとき，点 P_0 をこの 2 次曲線の**中心**という．
点 $\mathrm{P}_0(x_0, y_0)$ が中心であるための必要十分条件は，(x_0, y_0) が連立 1 次方程式
$$\begin{cases} ax + hy + g = 0 \\ hx + by + f = 0 \end{cases} \quad ②$$
をみたすことである．これを示せ．

解答　点 $\mathrm{P}_0(x_0, y_0)$ を通る直線は方向ベクトルを (l, m) とすると
$$\begin{cases} x = x_0 + tl \\ y = y_0 + tm \end{cases}$$
と表される．この直線と 2 次曲線との交点を与える t の値はこの式を方程式①に代入して得られる 2 次方程式
$$(al^2 + 2hlm + bm^2)t^2 + 2\{(ax_0 + hy_0 + g)l + (hx_0 + by_0 + f)m\}t \\ + ax_0^2 + 2hx_0y_0 + by_0^2 + 2gx_0 + 2fy_0 + c = 0$$
の 2 根である．したがって，$\mathrm{P}_0(x_0, y_0)$ がこの 2 次曲線の中心であるための必要十分条件は上の 2 次方程式の 2 根の和 (t の係数) がどんな l, m に対しても 0 になることである．すなわち，任意の l, m に対して
$$(ax_0 + hy_0 + g)l + (hx_0 + by_0 + f)m = 0$$
が成り立つことである．よって，(x_0, y_0) が上の連立 1 次方程式②をみたすことが条件である．

注意　連立 1 次方程式②は $|Q| = \begin{vmatrix} a & h \\ h & b \end{vmatrix} \neq 0$ ならば唯一つの解をもつ．このとき**有心** 2 次曲線という．$|Q| = 0$ ならば解をもたないかまたは解を無数にもつ．このとき**無心** 2 次曲線という．

問　題

9.1　$ax^2 + 2hxy + by^2 + 2gx + 2fy + c = 0$ を有心 2 次曲線とし，その中心を $\mathrm{P}_0(x_0, y_0)$ とする．このとき，つぎのことがらを示せ．

(a)　座標の平行移動 $\begin{bmatrix} x \\ y \end{bmatrix} = \begin{bmatrix} x' \\ y' \end{bmatrix} + \begin{bmatrix} x_0 \\ y_0 \end{bmatrix}$ によって方程式は
$$a(x')^2 + 2hx'y' + b(y')^2 = \kappa, \quad \kappa = -(gx_0 + fy_0 + c)$$
になる．

(b)　α, β を $Q = \begin{bmatrix} a & h \\ h & b \end{bmatrix}$ の固有値とすると，点 P_0 のまわりの適当な回転によって標準形 $\alpha X^2 + \beta Y^2 = \kappa$ になる．

7.4　2 次曲面

座標変換　直交座標系 $\{\mathrm{O}; \boldsymbol{e}_1, \boldsymbol{e}_2, \boldsymbol{e}_3\}$ を新座標系 $\{\mathrm{O}'; \boldsymbol{e}'_1, \boldsymbol{e}'_2, \boldsymbol{e}'_3\}$ に変換するとき

$$\begin{cases} \boldsymbol{e}'_1 = p_{11}\boldsymbol{e}_1 + p_{21}\boldsymbol{e}_2 + p_{31}\boldsymbol{e}_3 \\ \boldsymbol{e}'_2 = p_{12}\boldsymbol{e}_1 + p_{22}\boldsymbol{e}_2 + p_{32}\boldsymbol{e}_3 \\ \boldsymbol{e}'_2 = p_{13}\boldsymbol{e}_1 + p_{23}\boldsymbol{e}_2 + p_{33}\boldsymbol{e}_3 \end{cases} \quad \left(P = \begin{bmatrix} p_{11} & p_{12} & p_{13} \\ p_{21} & p_{22} & p_{23} \\ p_{31} & p_{32} & p_{33} \end{bmatrix} \text{は直交行列} \right)$$

とし O' の旧座標系に関する成分を $(x_0,\ y_0,\ z_0)$ とする．点 P の旧座標系に関する成分を (x, y, z), 新座標系に関する成分を (x', y', z') とすると

$$\begin{bmatrix} x \\ y \\ z \end{bmatrix} = \begin{bmatrix} p_{11} & p_{12} & p_{13} \\ p_{21} & p_{22} & p_{23} \\ p_{31} & p_{32} & p_{33} \end{bmatrix} \begin{bmatrix} x' \\ y' \\ z' \end{bmatrix} + \begin{bmatrix} x_0 \\ y_0 \\ z_0 \end{bmatrix}$$

が成り立つ．これを空間の**座標変換の式**という．

2 次曲面　空間において直交座標系に関して x, y, z の方程式

$$ax^2 + by^2 + cz^2 + 2fyz + 2gzx + 2hxy + 2lx + 2my + 2nz + d = 0$$

で表される図形を **2 次曲面**という．

$$A = \begin{bmatrix} a & h & g & l \\ h & b & f & m \\ g & f & c & n \\ l & m & n & d \end{bmatrix}, \quad X = \begin{bmatrix} x \\ y \\ z \\ 1 \end{bmatrix}, \quad Q = \begin{bmatrix} a & h & g \\ h & b & f \\ g & f & c \end{bmatrix}, \quad \boldsymbol{b} = \begin{bmatrix} l \\ m \\ n \end{bmatrix}, \quad \boldsymbol{x} = \begin{bmatrix} x \\ y \\ z \end{bmatrix}$$

とおくと，方程式は

$${}^t XAX = 0 \quad \text{あるいは} \quad {}^t\boldsymbol{x}Q\boldsymbol{x} + 2{}^t\boldsymbol{b}\boldsymbol{x} + d = 0$$

と表される．

主軸変換　座標系を変換して**標準形**を導くことを**主軸変換**という．2 次曲面は主軸変換によって次頁の表の標準形のいずれかになる．

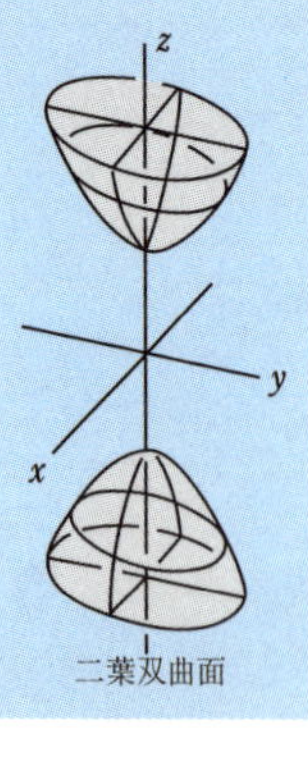

二葉双曲面

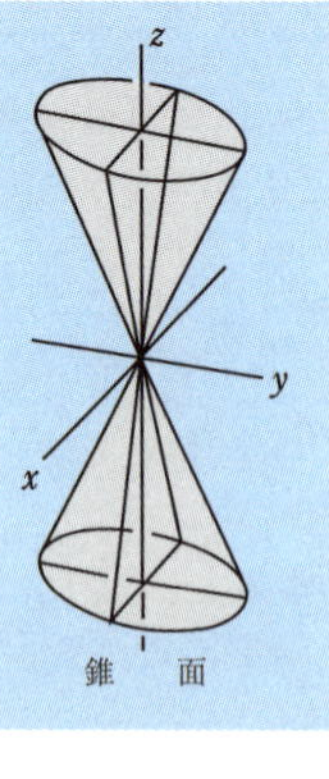

錐　面

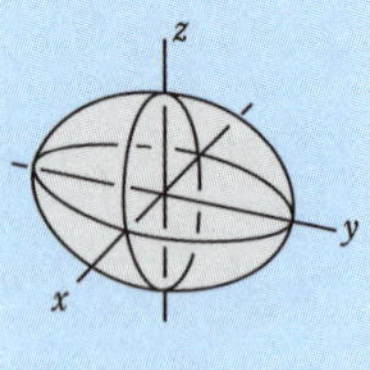

楕円面

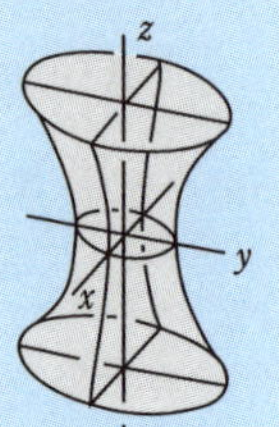

一葉双曲面

rank Q	rank A	種類	標準形
3	4	楕円面	$\frac{x^2}{\alpha^2}+\frac{y^2}{\beta^2}+\frac{z^2}{\gamma^2}=1$
		1 葉双曲面	$\frac{x^2}{\alpha^2}+\frac{y^2}{\beta^2}-\frac{z^2}{\gamma^2}=1$
		2 葉双曲面	$\frac{x^2}{\alpha^2}+\frac{y^2}{\beta^2}-\frac{z^2}{\gamma^2}=-1$
		虚楕円面	$\frac{x^2}{\alpha^2}+\frac{y^2}{\beta^2}+\frac{z^2}{\gamma^2}=-1$
	3	錐面	$\frac{x^2}{\alpha^2}+\frac{y^2}{\beta^2}-\frac{z^2}{\gamma^2}=0$
		1 点	$\frac{x^2}{\alpha^2}+\frac{y^2}{\beta^2}+\frac{z^2}{\gamma^2}=0$
2	4	楕円放物面	$z=\frac{x^2}{\alpha^2}+\frac{y^2}{\beta^2}$
		双曲放物面	$z=\frac{x^2}{\alpha^2}-\frac{y^2}{\beta^2}$
	3	楕円柱	$\frac{x^2}{\alpha^2}+\frac{y^2}{\beta^2}=1$
		双曲線柱	$\frac{x^2}{\alpha^2}-\frac{y^2}{\beta^2}=1$
		虚楕円柱	$\frac{x^2}{\alpha^2}+\frac{y^2}{\beta^2}=-1$
	2	交わる 2 平面	$\frac{x^2}{\alpha^2}-\frac{y^2}{\beta^2}=0$
		1 直線	$\frac{x^2}{\alpha^2}+\frac{y^2}{\beta^2}=0$
1	3	放物線柱	$z=\frac{x^2}{\alpha^2}$
	2	平行 2 平面	$\frac{x^2}{\alpha^2}=1$
		虚の平行2平面	$\frac{x^2}{\alpha^2}=-1$
	1	1 平面	$\frac{x^2}{\alpha^2}=0$

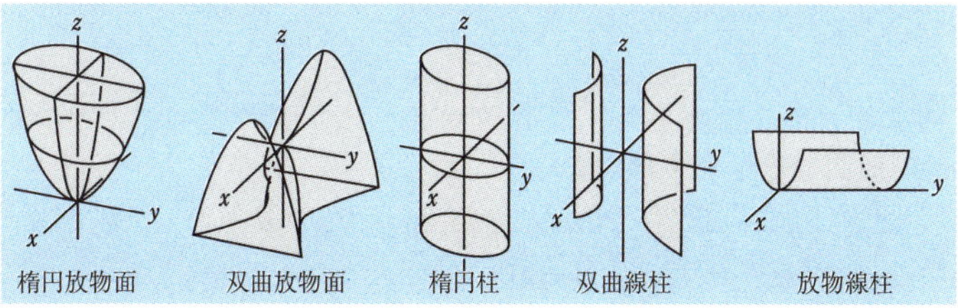

例題 10 **2 次曲面の標準形 (1)**

つぎの 2 次曲面の標準形を求めよ．

$$x^2+3y^2+3z^2-2yz+2x-2y+6z+2=0$$

解答 $Q=\begin{bmatrix}1&0&0\\0&3&-1\\0&-1&3\end{bmatrix}$, $\boldsymbol{b}=\begin{bmatrix}1\\-1\\3\end{bmatrix}$, $\boldsymbol{x}=\begin{bmatrix}x\\y\\z\end{bmatrix}$ とおくと，与えられた方程式は

$$^t\boldsymbol{x}Q\boldsymbol{x}+2^t\boldsymbol{b}\boldsymbol{x}+2=0$$

である．A の固有多項式は $|Q-tE|=(1-t)(2-t)(4-t)$ だから固有値は 1, 2, 4 で，各固有値に対する単位固有ベクトルはそれぞれ

$$^t[1\ \ 0\ \ 0],\quad ^t[0\ \ 1/\sqrt{2}\ \ 1/\sqrt{2}],\quad ^t[0\ \ -1/\sqrt{2}\ \ 1/\sqrt{2}]$$

だから

$P=\begin{bmatrix}1&0&0\\0&1/\sqrt{2}&-1/\sqrt{2}\\0&1/\sqrt{2}&1/\sqrt{2}\end{bmatrix}$ とおき，座標変換 $\boldsymbol{x}=P\boldsymbol{y}$, $\boldsymbol{y}=\begin{bmatrix}x'\\y'\\z'\end{bmatrix}$

を行うと

$$^t\boldsymbol{y}^tPQP\boldsymbol{y}+2^t\boldsymbol{b}P\boldsymbol{y}+2=0$$

$$\therefore\quad (x')^2+2x'+2(y')^2+2\sqrt{2}y'+4(z')^2+4\sqrt{2}z'+2=0$$

$$\therefore\quad (x'+1)^2+2(y'+1/\sqrt{2})^2+4(z'+1/\sqrt{2})^2-2=0$$

さらに，座標の平行移動 $\begin{bmatrix}x'\\y'\\z'\end{bmatrix}=\begin{bmatrix}X\\Y\\Z\end{bmatrix}+\begin{bmatrix}-1\\-1/\sqrt{2}\\-1/\sqrt{2}\end{bmatrix}$ によって

$$X^2+2Y^2+4Z^2=2$$

となる．これは楕円面である．

問　題

10.1 つぎの曲面の標準形を求めよ．

（a） $x^2+3y^2+3z^2-2yz+2x-2y+6z+d=0$

（b） $2yz+2zx+2xy+d=0$

例題 11 **2 次曲面の標準形 (2)**

つぎの 2 次曲面の標準形を求めよ．

$$x^2+y^2+z^2+2yz+2zx+2xy+2x+2y+8z+2=0$$

解答 $Q=\begin{bmatrix}1&1&1\\1&1&1\\1&1&1\end{bmatrix}$, $\boldsymbol{b}=\begin{bmatrix}1\\1\\4\end{bmatrix}$, $\boldsymbol{x}=\begin{bmatrix}x\\y\\z\end{bmatrix}$ とおくと，与えられた方程式は

$$^t\boldsymbol{x}Q\boldsymbol{x}+2^t\boldsymbol{b}\boldsymbol{x}+2=0$$

である．A の固有多項式は $|Q-tE|=-t^2(3-t)$ だから固有値は $0, 3$ である．固有値 3 に対する単位固有ベクトルは

$$^t[1/\sqrt{3}\ \ 1/\sqrt{3}\ \ 1/\sqrt{3}]$$

で，固有値 0 に対する 2 つの 1 次独立な固有ベクトル $^t[-1\ \ 1\ \ 0]$, $^t[-1\ \ 0\ \ 1]$ から，グラム・シュミットの直交化法によって互いに直交する単位ベクトルを求めれば

$$^t[-1/\sqrt{2}\ \ 1/\sqrt{2}\ \ 0],\quad ^t[1/\sqrt{6}\ \ 1/\sqrt{6}\ \ -2/\sqrt{6}]$$

だから $P=\begin{bmatrix}1/\sqrt{3}&-1/\sqrt{2}&1/\sqrt{6}\\1/\sqrt{3}&1/\sqrt{2}&1/\sqrt{6}\\1/\sqrt{3}&0&-2/\sqrt{6}\end{bmatrix}$ とおき，座標変換 $\boldsymbol{x}=P\boldsymbol{y}$, $\boldsymbol{y}=\begin{bmatrix}x'\\y'\\z'\end{bmatrix}$ を行うと

$$^t\boldsymbol{y}^tPQP\boldsymbol{y}+2^t\boldsymbol{b}P\boldsymbol{y}+2=0$$

$$\therefore\ \ 3(x')^2+4\sqrt{3}x'-2\sqrt{6}z'+2=0$$

$$\therefore\ \ 3(x'+2/\sqrt{3})^2-2\sqrt{6}(z'+1/\sqrt{6})=0$$

さらに，座標の平行移動 $\begin{bmatrix}x'\\y'\\z'\end{bmatrix}=\begin{bmatrix}X\\Y\\Z\end{bmatrix}+\begin{bmatrix}-2/\sqrt{3}\\0\\-1/\sqrt{6}\end{bmatrix}$ によって $Z=\dfrac{\sqrt{6}}{4}X^2$ となる．これは放物線柱である．

問 題

11.1 つぎの曲面の標準形を求めよ．

(a) $x^2+y^2+z^2+2yz+2zx+2xy+2x+2y+2z+d=0$

(b) $x^2+3y^2+3z^2-6yz+2x+6y-6z+d=0$

(c) $x^2+3y^2+3z^2-6yz+2x-6y-6z+1=0$

(d) $x^2+y^2-4yz-4zx+2xy+6x+6y-4z+d=0$

(e) $x^2+y^2-4yz-4zx+2xy+6x+2y-4z+4=0$

問 題 解 答

第 1 章の解答

問題 1.1　$AB = \begin{bmatrix} 2x+3 & 0 & 1+y \\ x+1 & 1 & 2+2y \\ x+1 & 0 & 2+y \end{bmatrix}$，$BA = \begin{bmatrix} 2x+3 & 3x+3 & x+1 \\ 0 & 1 & 0 \\ 1+y & 1+y & 2+y \end{bmatrix}$ を等しいとおき，各成分を比較して $x = y = -1$.

問題 1.2　$AB = \begin{bmatrix} 5 & 8 \\ -17 & 19 \\ -5 & 14 \end{bmatrix}$，$BA$ は定義されない．

問題 2.1　(a)　$2(C+2A) - 3(2C-B) = 4A + 3B - 4C = \begin{bmatrix} 17 & -28 & 7 \\ 19 & -17 & -4 \end{bmatrix}$

(b)　${}^tAB + {}^t({}^tBC) = {}^t(A+C)B = \begin{bmatrix} 18 & 3 & -3 \\ 32 & 7 & 3 \\ -40 & -7 & 5 \end{bmatrix}$

問題 2.2　$X = -9A + 12B = \begin{bmatrix} 3 & -42 \\ -27 & 12 \end{bmatrix}$, $Y = -36A + 42B = \begin{bmatrix} 6 & -156 \\ -108 & 24 \end{bmatrix}$

問題 2.3　(a)　$X = \frac{1}{2}\left(\begin{bmatrix} 5 \\ 4 \end{bmatrix} + \begin{bmatrix} 3 \\ -1 \end{bmatrix}\right) = \begin{bmatrix} 4 \\ 3/2 \end{bmatrix}$

(b)　$X = 3\begin{bmatrix} 3 & 1 \\ -1 & 4 \\ 4 & -5 \end{bmatrix} - \begin{bmatrix} 2 & -3 \\ -3 & 2 \\ 1 & -1 \end{bmatrix} = \begin{bmatrix} 7 & 6 \\ 0 & 10 \\ 11 & -14 \end{bmatrix}$

(c)　$X = 2A + 3B = \begin{bmatrix} -5 & 16 & 3 \\ -10 & -1 & 19 \\ 11 & -6 & -1 \end{bmatrix}$

問題 2.4　$\begin{bmatrix} -4 & -1 & 4 \\ 1 & 0 & 7 \end{bmatrix} = -4E_{11} - E_{12} + 4E_{13} + E_{21} + 7E_{23}$

問題 3.1　(a)　$\begin{bmatrix} 9 & 0 \\ 0 & 9 \end{bmatrix}$ (スカラー行列)　　(b)　O　(べき零)　　(c)　A　(べき等)

(d)　E

問題 3.2 (a) $A^2 = \begin{bmatrix} 0 & 0 & 3 \\ 0 & 0 & 0 \\ 0 & 0 & 0 \end{bmatrix}$, $A^3 = O$ (べき零)

(b) $A^2 = A^3 = A$ (べき等)

(c) $A^2 = \begin{bmatrix} -3 & 0 & 2 \\ -6 & 1 & 3 \\ -2 & -1 & 2 \end{bmatrix}$, $A^3 = E$ (d) $A^2 = \begin{bmatrix} -1 & 6 & -4 \\ -1 & 4 & -2 \\ -1 & 3 & -1 \end{bmatrix}$, $A^3 = A$

(e) $A^2 = \begin{bmatrix} -1 & 4 & 1 \\ -1 & 4 & 1 \\ 3 & -12 & -3 \end{bmatrix}$, $A^3 = O$ (べき零) (f) $A^2 = E$, $A^3 = A$

問題 3.3 (a) $E_{11} = \begin{bmatrix} 1 & 0 \\ 0 & 0 \end{bmatrix}$, $E_{22} = \begin{bmatrix} 0 & 0 \\ 0 & 1 \end{bmatrix}$ とおくと $E_{11}^n = E_{11}$, $E_{22}^n = E_{22}$, $E_{11}E_{22} = E_{22}E_{11} = O$ だから 2 項定理が使えて $\begin{bmatrix} a & 0 \\ 0 & b \end{bmatrix}^n = a(E_{11} + bE_{22})^n = a^n E_{11} + b^n E_{22} = \begin{bmatrix} a^n & 0 \\ 0 & b^n \end{bmatrix}$

(b) $E_{12} = \begin{bmatrix} 0 & 1 \\ 0 & 0 \end{bmatrix}$ とおくと $\begin{bmatrix} a & 1 \\ 0 & a \end{bmatrix} = aE + E_{12}$ で $E_{12}^k = 0$ $(k \geqq 2)$, $EE_{12} = E_{12}E = E_{12}$ だから $\begin{bmatrix} a & 1 \\ 0 & a \end{bmatrix}^n = (aE + E_{12})^n = a^n E + na^{n-1} E_{12} = \begin{bmatrix} a^n & na^{n-1} \\ 0 & a^n \end{bmatrix}$

(c) $\begin{bmatrix} 1 & a \\ 0 & 1 \end{bmatrix} = E + aE_{12}$ だから, $\begin{bmatrix} 1 & a \\ 0 & 1 \end{bmatrix}^n = (E + aE_{12})^n = E + naE_{12} = \begin{bmatrix} 1 & na \\ 0 & 1 \end{bmatrix}$

(d) $\begin{bmatrix} a & b \\ 0 & a \end{bmatrix} = (aE + bE_{12})^n = a^n E + na^{n-1} bE_{12} = \begin{bmatrix} a^n & na^{n-1}b \\ 0 & a^n \end{bmatrix}$

(e) $\begin{bmatrix} 0 & 1 & 0 \\ 0 & 0 & 1 \\ 0 & 0 & 0 \end{bmatrix}^2 = \begin{bmatrix} 0 & 0 & 1 \\ 0 & 0 & 0 \\ 0 & 0 & 0 \end{bmatrix}$, $\begin{bmatrix} 0 & 1 & 0 \\ 0 & 0 & 1 \\ 0 & 0 & 0 \end{bmatrix}^n = O$ $(n \geqq 3)$.

(f) $\begin{bmatrix} a & 0 & 0 \\ 0 & b & 0 \\ 0 & 0 & c \end{bmatrix}^n = \begin{bmatrix} a^n & 0 & 0 \\ 0 & b^n & 0 \\ 0 & 0 & c^n \end{bmatrix}$

(g) $P = \begin{bmatrix} 0 & 1 & 0 \\ 0 & 0 & 1 \\ 0 & 0 & 0 \end{bmatrix}$ とおくと $P^k = O \quad (k \geqq 3)$. $\begin{bmatrix} a & 1 & 0 \\ 0 & a & 1 \\ 0 & 0 & a \end{bmatrix} = (aE+P)^n$

$$= a^n E + na^{n-1}P + \frac{n(n-1)}{2}a^{n-2}P^2 = \begin{bmatrix} a^n & na^{n-1} & \frac{n(n-1)}{2}a^{n-2} \\ 0 & a^n & na^{n-1} \\ 0 & 0 & a^n \end{bmatrix}.$$

問題 3.4 $AB = \begin{bmatrix} 4 & 19 & 1 \\ 4 & 7 & -3 \\ 0 & 12 & 4 \end{bmatrix}$, $BA = \begin{bmatrix} 5 & 1 & 8 \\ 3 & 0 & 5 \\ 5 & -5 & 10 \end{bmatrix}$, $A^2 = \begin{bmatrix} 8 & 7 & 11 \\ 3 & 6 & 3 \\ 5 & 1 & 8 \end{bmatrix}$,

$B^2 = \begin{bmatrix} 0 & 12 & 4 \\ -2 & 15 & 3 \\ -4 & 10 & 10 \end{bmatrix}$

$(AB)^2 = \begin{bmatrix} 92 & 221 & -49 \\ 44 & 89 & -29 \\ 48 & 132 & -20 \end{bmatrix}$, $\quad A^2B^2 = \begin{bmatrix} -58 & 311 & 163 \\ -24 & 156 & 60 \\ -34 & 155 & 103 \end{bmatrix}$ ゆえに $\quad (AB)^2 \neq A^2B^2$

また，$\mathrm{tr}\,(AB) = 4+7+4 = 15$, $\mathrm{tr}\,(BA) = 5+0+10 = 15$ で両者は等しい.

問題 3.5 $\mathrm{tr}\,(AB-BA) = \mathrm{tr}\,AB - \mathrm{tr}\,BA = 0$. 一方 $\mathrm{tr}\,E = n$

問題 4.1 $A^2 - (a+d)A + (ad-bc)E = \begin{bmatrix} a^2+bc & ab+bd \\ ac+cd & bc+d^2 \end{bmatrix} - \begin{bmatrix} a^2+ad & ad+bd \\ ac+cd & ad+d^2 \end{bmatrix}$

$$- \begin{bmatrix} ad-bc & 0 \\ 0 & ad-bc \end{bmatrix} = O$$

問題 4.2 $A^2 = \begin{bmatrix} 9 & 8 & 8 \\ 8 & 9 & 8 \\ 8 & 8 & 9 \end{bmatrix}$, $\quad A^2 - 4A - 5E = (A+E)(A-5E) = \begin{bmatrix} 2 & 2 & 2 \\ 2 & 2 & 2 \\ 2 & 2 & 2 \end{bmatrix} \times$

$\begin{bmatrix} -4 & 2 & 2 \\ 2 & -4 & 2 \\ 2 & 2 & -4 \end{bmatrix}$ を計算しても可.

$$A^5 = 521A + 520E = \begin{bmatrix} 1041 & 1042 & 1042 \\ 1042 & 1041 & 1042 \\ 1042 & 1042 & 1041 \end{bmatrix}$$

$$(\because \quad x^5 = (x^3+4x^2+21x+104)(x^2-4x-5) + 521x + 520)$$

問題 5.1 (→p.6 いろいろな正方行列 注意) (a) $a=5, b=4, c=-1, x, y, z$ は任意

(b) $a=-5, b=-4, c=1, x=y=z=0$

問題 5.2 例題 5 と同様にして $A = \begin{bmatrix} 3 & 1 & 0 \\ 1 & 3 & -2 \\ 0 & -2 & 5 \end{bmatrix} + \begin{bmatrix} 0 & 3 & 1 \\ -3 & 0 & -2 \\ -1 & 2 & 0 \end{bmatrix}$

問題 5.3 A, B が対称行列なら ${}^t(A \pm B) = {}^tA \pm {}^tB = A \pm B$, A, B が交代なら ${}^t(A + B) = -(A \pm B)$

問題 5.4 (→ p.4 **転置行列**, p.6 **いろいろな正方行列**) ${}^t(A\,{}^tA) = {}^t({}^tA)\,{}^tA = A\,{}^tA$

問題 5.5 A が対称行列だと ${}^tA = A$, 交代行列だと ${}^tA = -A$. ゆえに $A = -A$. よって $A = O$.

問題 5.6 $A = S_1 + T_1 = S_2 + T_2$ (S_1, S_2 ; 対称行列, T_1, T_2 ; 交代行列) とする. $B = S_1 - S_2 = T_2 - T_1$ とおくと

$$ {}^tB = {}^tS_1 - {}^tS_2 = S_1 - S_2 = B, \quad {}^tB = {}^tT_2 - {}^tT_1 = -T_2 + T_1 = -B $$

となり, B は対称行列でも交代行列でもある. ゆえに前問より $B = O$. よって $S_1 = S_2$, $T_1 = T_2$.

問題 6.1 (a) 求める行列を $\begin{bmatrix} a & b \\ c & d \end{bmatrix}$ とし, $\begin{bmatrix} 0 & 1 \\ 0 & 0 \end{bmatrix}\begin{bmatrix} a & b \\ c & d \end{bmatrix} = \begin{bmatrix} a & b \\ c & d \end{bmatrix}\begin{bmatrix} 0 & 1 \\ 0 & 0 \end{bmatrix}$ から

$\begin{bmatrix} c & d \\ 0 & 0 \end{bmatrix} = \begin{bmatrix} 0 & a \\ 0 & c \end{bmatrix}$ より $a = d$, $c = 0$. ゆえに求める行列は $\begin{bmatrix} a & b \\ 0 & a \end{bmatrix}$ (a, b は任意)

(b) $\begin{bmatrix} 0 & -1 \\ -1 & 0 \end{bmatrix}\begin{bmatrix} a & b \\ c & d \end{bmatrix} = \begin{bmatrix} -c & -d \\ -a & -b \end{bmatrix}$, $\begin{bmatrix} a & b \\ c & d \end{bmatrix}\begin{bmatrix} 0 & -1 \\ -1 & 0 \end{bmatrix} = \begin{bmatrix} -b & -a \\ -d & -c \end{bmatrix}$ が等しいから $a = d$, $b = c$. よって求める行列は $\begin{bmatrix} a & b \\ b & a \end{bmatrix}$ (a, b は任意).

(c) $\begin{bmatrix} 1 & -1 \\ 1 & 1 \end{bmatrix}\begin{bmatrix} a & b \\ c & d \end{bmatrix} = \begin{bmatrix} a & b \\ c & d \end{bmatrix}\begin{bmatrix} 1 & -1 \\ 1 & 1 \end{bmatrix}$ $\therefore$ $\begin{bmatrix} a-c & b-d \\ a+c & b+d \end{bmatrix} = \begin{bmatrix} a+b & -a+b \\ c+d & -c+d \end{bmatrix}$

$\therefore$ $a = d$, $c = -b$. 求める行列は $\begin{bmatrix} a & b \\ -b & a \end{bmatrix}$ (a, b は任意).

(d) $$\left.\begin{aligned} \begin{bmatrix} 1 & 2 \\ 2 & 1 \end{bmatrix}\begin{bmatrix} a & b \\ c & d \end{bmatrix} &= \begin{bmatrix} a+2c & b+2d \\ 2a+c & 2b+d \end{bmatrix} \\ \begin{bmatrix} a & b \\ c & d \end{bmatrix}\begin{bmatrix} 1 & 2 \\ 2 & 1 \end{bmatrix} &= \begin{bmatrix} a+2b & 2a+b \\ c+2d & 2c+d \end{bmatrix} \end{aligned}\right\}$$ これらが等しいから. $a = d$, $b = c$.

求める行列は $\begin{bmatrix} a & b \\ b & a \end{bmatrix}$ (a, b は任意).

問題 6.2 (a) 求める行列を $\begin{bmatrix} a & b & c \\ x & y & z \\ u & v & w \end{bmatrix}$ とすると $\begin{bmatrix} a & b & c \\ x & y & z \\ u & v & w \end{bmatrix}\begin{bmatrix} 0 & 0 & 0 \\ 1 & 0 & 0 \\ 0 & 0 & 0 \end{bmatrix} = \begin{bmatrix} b & 0 & 0 \\ y & 0 & 0 \\ v & 0 & 0 \end{bmatrix}$,

$\begin{bmatrix} 0 & 0 & 0 \\ 1 & 0 & 0 \\ 0 & 0 & 0 \end{bmatrix}\begin{bmatrix} a & b & c \\ x & y & z \\ u & v & w \end{bmatrix} = \begin{bmatrix} 0 & 0 & 0 \\ a & b & c \\ 0 & 0 & 0 \end{bmatrix}$ が等しいから, $b = c = v = 0$, $a = y$.

求める行列は $\begin{bmatrix} a & 0 & 0 \\ x & a & z \\ u & 0 & w \end{bmatrix}$ $(a, x, z, u, w$ は任意$)$

(b) 求める行列を $\begin{bmatrix} a & b & c \\ x & y & z \\ u & v & w \end{bmatrix}$ とおくと $\begin{bmatrix} 0 & 1 & 0 \\ 0 & 0 & 1 \\ 0 & 0 & 0 \end{bmatrix}\begin{bmatrix} a & b & c \\ x & y & z \\ u & v & w \end{bmatrix} = \begin{bmatrix} x & y & z \\ u & v & w \\ 0 & 0 & 0 \end{bmatrix}$,

$\begin{bmatrix} a & b & c \\ x & y & z \\ u & v & w \end{bmatrix}\begin{bmatrix} 0 & 1 & 0 \\ 0 & 0 & 1 \\ 0 & 0 & 0 \end{bmatrix} = \begin{bmatrix} 0 & a & b \\ 0 & x & y \\ 0 & u & v \end{bmatrix}$ が等しいから, $\begin{cases} a = y = w \\ b = z \\ x = u = v = 0 \end{cases}$

求める行列は $\begin{bmatrix} a & b & c \\ 0 & a & b \\ 0 & 0 & a \end{bmatrix}$ $(a,\ b,\ c$ は任意$)$

(c) $\begin{bmatrix} \lambda & 1 & 0 \\ 0 & \lambda & 1 \\ 0 & 0 & \lambda \end{bmatrix} = \lambda E + \begin{bmatrix} 0 & 1 & 0 \\ 0 & 0 & 1 \\ 0 & 0 & 0 \end{bmatrix}$ で λE はすべて行列と可換だから, A が求める行列である必要十分条件は, A が $\begin{bmatrix} 0 & 1 & 0 \\ 0 & 0 & 1 \\ 0 & 0 & 0 \end{bmatrix}$ と可換であることである. (b)より $A = \begin{bmatrix} a & b & c \\ 0 & a & b \\ 0 & 0 & a \end{bmatrix}$

問題 6.3 $A = \begin{bmatrix} a & b \\ c & d \end{bmatrix}$ を求める行列とする, A は任意の 2 次正方行列と可換だから, とくに $E_{11} = \begin{bmatrix} 1 & 0 \\ 0 & 0 \end{bmatrix}$ および $E_{12} = \begin{bmatrix} 0 & 1 \\ 0 & 0 \end{bmatrix}$ と可換でなければならない. E_{11} と可換なことから $A = \begin{bmatrix} a & 0 \\ 0 & d \end{bmatrix}$ $(a,\ b$ は任意$)$ であることがわかり, E_{12} と可換なことから $\begin{bmatrix} a & b \\ 0 & a \end{bmatrix}$ $(a,\ b$ は任意$)$ であるから $(\to$ 問題 6.1 (a)), 両方に可換な行列 A は $\begin{bmatrix} a & 0 \\ 0 & a \end{bmatrix}$ $(a$ は任意$)$ である. 逆にこの形 (スカラー行列) は任意の行列と可換であるから $\begin{bmatrix} a & 0 \\ 0 & a \end{bmatrix}$ が求める行列である.

3 次行列については, 問題 6.2 (a), (b)から求める行列は aE の形でなければならない. 逆にこの形 (スカラー行列) は任意の 3 次正方行列と可換である.

問題 6.4 (a) $\begin{bmatrix} a & b \\ -b & a \end{bmatrix}\begin{bmatrix} c & d \\ -d & c \end{bmatrix} = \begin{bmatrix} ac - bd & ad + bc \\ -(ad + bc) & ac - bd \end{bmatrix}$

(b) $\begin{bmatrix} a & b \\ 2b & a \end{bmatrix}\begin{bmatrix} c & d \\ 2d & c \end{bmatrix} = \begin{bmatrix} ac + 2bd & ad + bc \\ 2(ad + bc) & ac + 2bd \end{bmatrix}$

(c) $$\begin{bmatrix} a & b & c \\ 0 & a+b & 0 \\ c & -c & a \end{bmatrix}\begin{bmatrix} x & y & z \\ 0 & x+y & 0 \\ z & -z & x \end{bmatrix}=\begin{bmatrix} ax+cz & ay+b(x+y)-cz & az+cx \\ 0 & (a+b)(x+y) & 0 \\ az+cx & cy-c(x+y)-az & ax+cz \end{bmatrix}$$

$$=\begin{bmatrix} ax+cz & ay+bx+by-cz & az+cx \\ 0 & ax+ay+bx+by & 0 \\ az+cx & -(az+cx) & ax+cz \end{bmatrix}$$

(d) $$\begin{bmatrix} a_1 & & & O \\ & a_2 & & \\ O & & \ddots & \\ & & & a_n \end{bmatrix}\begin{bmatrix} b_1 & & & O \\ & b_2 & & \\ O & & \ddots & \\ & & & b_n \end{bmatrix}=\left(\sum_{i=1}^{n} a_i E_{ii}\right)\left(\sum_{j=1}^{n} b_j E_{jj}\right)$$

$$=\sum_{i=1}^{n} a_i b_i E_{ii}=\begin{bmatrix} a_1b_1 & & & O \\ & a_2b_2 & & \\ O & & \ddots & \\ & & & a_nb_n \end{bmatrix}$$

問題 7.1 (a) $A=\begin{bmatrix} a & b \\ c & d \end{bmatrix}$ とおくと $\begin{bmatrix} a & b \\ c & d \end{bmatrix}\begin{bmatrix} a & b \\ c & d \end{bmatrix}=\begin{bmatrix} a^2+bc & ab+bd \\ ca+dc & cb+d^2 \end{bmatrix}=$ $\begin{bmatrix} a & b \\ c & d \end{bmatrix}$ から $a^2+bc=a,\ ab+bd=b,\ ca+dc=c,\ cb+d^2=d.$

$b\neq 0$ なら，$a+d=1$. $c=(a-a^2)/b$ より $A=\begin{bmatrix} a & b \\ (a-a^2)/b & 1-a \end{bmatrix}$ (a は任意，$b\neq 0$).

$b=0$ なら $a^2=a,\ d^2=d$ より $a=0,1,\ d=0,1$. $(a,d)=(0,0)$ のとき $c=0$, $(a,d)=(1,0)$, $(a,d)=(0,1)$ のとき c は任意，$(a,d)=(1,1)$ のとき $c=0$

ゆえに，$\begin{bmatrix} 0 & 0 \\ 0 & 0 \end{bmatrix}, \begin{bmatrix} 1 & 0 \\ c & 0 \end{bmatrix}, \begin{bmatrix} 0 & 0 \\ c & 1 \end{bmatrix}, \begin{bmatrix} 1 & 0 \\ 0 & 1 \end{bmatrix}$ (c は任意).

(b) (a)と同様に $a^2+bc=0,\ ab+bd=0,\ ca+dc=0,\ cb+d^2=0$

$b\neq 0$ ならば $a+d=0,\ c=-a^2/b$ より $\begin{bmatrix} a & b \\ -a^2/b & -a \end{bmatrix}$ (a は任意，$b\neq 0$).

$b=0$ ならば $a=d=0$, c は任意より $\begin{bmatrix} 0 & 0 \\ c & 0 \end{bmatrix}$ (c は任意).

(c) 同様に，$a^2+bc=1,\ ab+bd=0,\ ca+dc=0,\ cb+d^2=1.$

$b\neq 0$ なら，$a+d=0,\ c=(1-a^2)/b$ より $\begin{bmatrix} a & b \\ (1-a^2)/b & -a \end{bmatrix}$ (a は任意，$b\neq 0$)

1

$b=0$ なら，$a^2=d^2=1$ より $a=\pm1,\ d=\pm1,\ a=d=\pm1$ なら $c=0,\ a=-d=\pm1$ なら c は任意．よって

$$\begin{bmatrix}1&0\\0&1\end{bmatrix},\ \begin{bmatrix}-1&0\\0&-1\end{bmatrix},\ \begin{bmatrix}1&0\\c&-1\end{bmatrix},\ \begin{bmatrix}-1&0\\c&1\end{bmatrix}\quad (c\text{ は任意})$$

(d) $\begin{bmatrix}a&b\\c&d\end{bmatrix}\begin{bmatrix}a&c\\b&d\end{bmatrix}=\begin{bmatrix}a^2+b^2&ac+bd\\ac+bd&c^2+d^2\end{bmatrix},\ \begin{bmatrix}a&c\\b&d\end{bmatrix}\begin{bmatrix}a&b\\c&d\end{bmatrix}=\begin{bmatrix}a^2+c^2&ab+cd\\ab+cd&b^2+d^2\end{bmatrix}$

が等しいから，$a^2+b^2=a^2+c^2,\ ac+bd=ab+cd,\ c^2+d^2=b^2+d^2$.

$c=b$ のとき，a,d は任意，$c=-b\neq0$ のとき $d=a$ より

$$\begin{bmatrix}a&b\\b&d\end{bmatrix},\quad \begin{bmatrix}a&b\\-b&a\end{bmatrix}\quad (a,b,d\text{ は任意})$$

(e) (d)と同様に，$a^2+b^2=0,\ ac+bd=0,\ c^2+d^2=0$

$\therefore\ \ a=b=c=d=0.\ \begin{bmatrix}0&0\\0&0\end{bmatrix}$

(f) $A^2+A+E=\begin{bmatrix}a^2+a+1+bc&(a+d+1)b\\(a+d+1)c&d^2+d+1+bc\end{bmatrix}=O$ から上問と同様に

$\begin{bmatrix}a&b\\-(a^2+a+1)/b&-1-a\end{bmatrix}$ (a は任意，$b\neq0$)．成分に複素数も許せば，以上のほかに

$\begin{bmatrix}\omega&0\\c&\omega^2\end{bmatrix},\ \begin{bmatrix}\omega&0\\0&\omega\end{bmatrix}$ (c は任意，$\omega^3=1,\ \omega\neq1$)

(g) $\begin{bmatrix}2c&-2d\\-c&d\end{bmatrix}$ (c,d は任意)　(h) $A=\begin{bmatrix}3&-5\\-2&3\end{bmatrix}^{-1}\begin{bmatrix}-1&0\\0&1\end{bmatrix}=\begin{bmatrix}3&-5\\2&-3\end{bmatrix}$

問題 7.2 (a) $\begin{bmatrix}1&1\\0&0\end{bmatrix}\begin{bmatrix}a&b\\c&d\end{bmatrix}=\begin{bmatrix}a+c&b+d\\0&0\end{bmatrix}=\begin{bmatrix}1&0\\0&1\end{bmatrix}$ は不可能．

(b) $\begin{bmatrix}1&-2\\-2&4\end{bmatrix}\begin{bmatrix}a&b\\c&d\end{bmatrix}=\begin{bmatrix}a-2c&b-2d\\-2(a-2c)&-2(b-2d)\end{bmatrix}=\begin{bmatrix}1&0\\0&1\end{bmatrix}$ は不可能．

(c) $A=\begin{bmatrix}a&b\\c&d\end{bmatrix}$ とおくと $\begin{bmatrix}a^2+bc&(a+d)b\\(a+d)c&bc+d^2\end{bmatrix}=\begin{bmatrix}0&1\\1&0\end{bmatrix}$.

$(1,2)$ 成分と (2.1) 成分をくらべて $(a+d)b=(a+d)c=1$ から b,c は同符号．ゆえに $bc>0$．よって $a^2+bc>0$ だから $(1,1)$ 成分 $a^2+bc=0$ は成り立たない．

問題 8.1 $A+2A^{-1}=\begin{bmatrix}2&-3\\4&-5\end{bmatrix}+\begin{bmatrix}-5&3\\-4&2\end{bmatrix}=-3E$

問題 8.2 $\begin{bmatrix}x-4&2\\2&x-1\end{bmatrix}$ が正則だから $(x-4)(x-1)-4=x^2-5x\neq0\ \ \therefore\ \ x\neq0,5.$

$\begin{bmatrix} x-5 & 5 \\ -3 & x+3 \end{bmatrix}$ が正則でないから $(x-5)(x+3)+15 = x^2-2x=0 \quad \therefore \quad x=0,2.$ ゆえに $x=2.$

問題 9.1 $A^2 = \begin{bmatrix} 6 & -4 & 2 \\ -4 & 12 & -4 \\ 2 & -4 & 6 \end{bmatrix}$, $A^{-1} = \dfrac{1}{8}(A+2E) = \dfrac{1}{8}\begin{bmatrix} 3 & 2 & -1 \\ 2 & 0 & 2 \\ -1 & 2 & 3 \end{bmatrix}$, $A^{-2} = \dfrac{1}{8}(E+2A^{-1}) = \dfrac{1}{32}(A+6E) = \dfrac{1}{32}\begin{bmatrix} 7 & 2 & -1 \\ 2 & 4 & 2 \\ -1 & 2 & 7 \end{bmatrix}$

問題 10.1

$$BA = \left[\begin{array}{cc|ccc} 2 & -2 & 0 & 0 & 0 \\ 0 & 3 & 0 & 0 & 0 \\ 3 & -3 & 0 & 0 & 0 \\ \hline 0 & 0 & 1 & 5 & 2 \\ 0 & 0 & -3 & 2 & 3 \end{array}\right] \left[\begin{array}{ccc|cc} 2 & 3 & 1 & 0 & 0 \\ 1 & -1 & 0 & 0 & 0 \\ \hline 0 & 0 & 0 & 3 & 2 \\ 0 & 0 & 0 & -1 & 4 \\ 0 & 0 & 0 & 0 & 0 \end{array}\right]$$

$$= \left[\begin{array}{c|c} \begin{bmatrix} 2 & -2 \\ 0 & 3 \\ 3 & -3 \end{bmatrix}\begin{bmatrix} 2 & 3 & 1 \\ 1 & -1 & 0 \end{bmatrix} + \begin{bmatrix} 0 & 0 & 0 \\ 0 & 0 & 0 \\ 0 & 0 & 0 \end{bmatrix}\begin{bmatrix} 0 & 0 & 0 \\ 0 & 0 & 0 \\ 0 & 0 & 0 \end{bmatrix} & \begin{bmatrix} 2 & -2 \\ 0 & 3 \\ 3 & -3 \end{bmatrix}\begin{bmatrix} 0 & 0 \\ 0 & 0 \end{bmatrix} + \begin{bmatrix} 0 & 0 & 0 \\ 0 & 0 & 0 \\ 0 & 0 & 0 \end{bmatrix}\begin{bmatrix} 3 & 2 \\ -1 & 4 \\ 0 & 0 \end{bmatrix} \\ \hline \begin{bmatrix} 0 & 0 \\ 0 & 0 \end{bmatrix}\begin{bmatrix} 2 & 3 & 1 \\ 1 & -1 & 0 \end{bmatrix} + \begin{bmatrix} 1 & 5 & 2 \\ -3 & 2 & 3 \end{bmatrix}\begin{bmatrix} 0 & 0 & 0 \\ 0 & 0 & 0 \\ 0 & 0 & 0 \end{bmatrix} & \begin{bmatrix} 0 & 0 \\ 0 & 0 \end{bmatrix}\begin{bmatrix} 0 & 0 \\ 0 & 0 \end{bmatrix} + \begin{bmatrix} 1 & 5 & 2 \\ -3 & 2 & 3 \end{bmatrix}\begin{bmatrix} 3 & 2 \\ -1 & 4 \\ 0 & 0 \end{bmatrix} \end{array}\right] = \begin{bmatrix} 2 & 8 & 2 & 0 & 0 \\ 3 & -3 & 0 & 0 & 0 \\ 3 & 12 & 3 & 0 & 0 \\ 0 & 0 & 0 & -2 & 22 \\ 0 & 0 & 0 & -11 & 2 \end{bmatrix}$$

問題 10.2

$$\left[\begin{array}{cc|cc} 1 & 2 & 0 & 0 \\ 1 & -1 & 0 & 0 \\ \hline 0 & 0 & -1 & 5 \\ 0 & 0 & 3 & 1 \end{array}\right]\left[\begin{array}{cc|cc} -1 & 1 & 0 & 0 \\ 1 & -2 & 0 & 0 \\ \hline 0 & 0 & 0 & -1 \\ 0 & 0 & 4 & 2 \end{array}\right] = \left[\begin{array}{c|c} \begin{bmatrix} 1 & 2 \\ 1 & -1 \end{bmatrix}\begin{bmatrix} -1 & 1 \\ 1 & -2 \end{bmatrix} + \begin{bmatrix} 0 & 0 \\ 0 & 0 \end{bmatrix}\begin{bmatrix} 0 & 0 \\ 0 & 0 \end{bmatrix} & \begin{bmatrix} 1 & 2 \\ 1 & -1 \end{bmatrix}\begin{bmatrix} 0 & 0 \\ 0 & 0 \end{bmatrix} + \begin{bmatrix} -0 & 0 \\ 0 & 0 \end{bmatrix}\begin{bmatrix} 0 & -1 \\ 4 & 2 \end{bmatrix} \\ \hline \begin{bmatrix} 0 & 0 \\ 0 & 0 \end{bmatrix}\begin{bmatrix} -1 & 1 \\ 1 & -2 \end{bmatrix} + \begin{bmatrix} -1 & 5 \\ 3 & 1 \end{bmatrix}\begin{bmatrix} 0 & 0 \\ 0 & 0 \end{bmatrix} & \begin{bmatrix} 0 & 0 \\ 0 & 0 \end{bmatrix}\begin{bmatrix} 0 & 0 \\ 0 & 0 \end{bmatrix} + \begin{bmatrix} -1 & 5 \\ 3 & 1 \end{bmatrix}\begin{bmatrix} 0 & -1 \\ 4 & 2 \end{bmatrix} \end{array}\right] = \begin{bmatrix} 1 & -3 & 0 & 0 \\ -2 & 3 & 0 & 0 \\ 0 & 0 & 20 & 11 \\ 0 & 0 & 4 & -1 \end{bmatrix}$$

1

問題 11.1　$AB = AC$ の両辺に左から A の逆行列 A^{-1} をかけて $A^{-1}AB = A^{-1}AC$. $A^{-1}A = E$ だから $EB = EC$. E は単位行列だから $B = C$.

問題 11.2　(a)　$X = A^{-1}B$ とおくと，$A(A^{-1}B) = (AA^{-1})B = EB = B$ となり $X = A^{-1}B$ は与式をみたす．与式をみたす X が存在するならば A^{-1} を左からかけて $A^{-1}(AX) = A^{-1}B \quad \therefore \quad X = A^{-1}B$.

(b)　$Y = CA^{-1}$ とおくと(1)と同様に $(CA^{-1})A = C$ を得るから，与式をみたす行列は少なくとも 1 つは存在する．与式をみたす Y が存在するなら A^{-1} を右からかけて $(YA)A^{-1} = CA^{-1}$. よって $Y = CA^{-1}$ となりただ 1 つである.

問題 11.3　X を AB の逆行列とすると $ABX = E$ で，A, X は正則だから A^{-1} を左から，X^{-1} を右からかけて $B = A^{-1}X^{-1}$ は正則行列の積として正則である．または XA を B に左から，右からかけよ．$B(XA) = E \iff B(XA) = A^{-1}A \iff A(BXA)A^{-1} = E \iff (ABX)AA^{-1} = E \iff ABX = E$ に注意.

問題 11.4　$A^k = O, A^{k-1} \neq O$ として A が正則とすると $A^{-1}A^k = A^{-1}O \quad \therefore \quad A^{k-1} = O$ となって矛盾である.

問題 11.5　$A^2 = A, A \neq E$ が正則とすると $A^{-1}A^2 = A^{-1}A$ より $A = E$ を得るから矛盾.

問題 11.6　$A^2 = AA = E$ は $A^{-1} = A$ を示し，したがって A は正則である．$A^k = AA^{k-1} = A^{k-1}A = E$ に注意して逆行列の定義式とみくらべれば，$A^{-1} = A^{k-1}$ で A は正則.

問題 11.7　(→ p. 4 転置行列)　${}^tA\,{}^t(A^{-1}) = {}^t(A^{-1}A) = {}^tE = E, {}^t(A^{-1})\,{}^tA = {}^t(AA^{-1}) = {}^tE = E$ より $({}^tA)^{-1} = {}^t(A^{-1})$ である.

問題 11.8　トレースの性質 (→ p.6 正方行列) から，$\mathrm{tr}\,(P^{-1}AP) = \mathrm{tr}\,(PP^{-1}A) = \mathrm{tr}\,A$.

問題 12.1
$$\begin{aligned}{}^t(E-A)(E+A)^{-1} &= {}^t(E+A)^{-1}\,{}^t(E-A) = (E+{}^tA)^{-1}(E-{}^tA)\\ &= (E-{}^tA)(E+{}^tA)^{-1} \quad (\because \ \text{例題 12 (a)})\\ &= (E-A^{-1})(E+A^{-1})^{-1}\\ &= (E-A^{-1})AA^{-1}(E+A^{-1})^{-1}\\ &= -(E-A)(A+E)^{-1}\text{は交代行列}\end{aligned}$$

問題 12.2　$\dfrac{1}{1+a^2}\begin{bmatrix} 1-a^2 & -2a \\ 2a & 1-a^2 \end{bmatrix}$

問題 12.3　$(P^{-1}AP)^k = \underbrace{(P^{-1}AP)(P^{-1}AP)\cdots(P^{-1}AP)}_{k\ \text{個}} = P^{-1}A(PP^{-1})A(PP^{-1}) \cdots (PP^{-1})AP = P^{-1}A^kP$

問題 12.4　(a)　$(A+B)(A-B) = A^2 - AB + BA - B^2 = A^2 - B^2 \quad (\because \quad AB = BA)$

（b） m に関する数学的帰納法による．$m=1$ のときは問題ない．$m=k$ のとき成り立つと仮定すると，

$$
\begin{aligned}
(A+B)^{k+1} &= (A+B)(A+B)^k = (A+B)\sum_{r=0}^{k} {}_k\mathrm{C}_r A^r B^{k-r} \\
&= B^{k+1} + \sum_{r=1}^{k} ({}_k\mathrm{C}_{r-1} + {}_k\mathrm{C}_r) A^r B^{k+1-r} + A^{r+1} \\
&= \sum_{r=0}^{k+1} {}_{k+1}\mathrm{C}_r A^r B^{k+1-r} \qquad ({}_k\mathrm{C}_{r-1} + {}_k\mathrm{C}_r = {}_{k+1}\mathrm{C}_r)
\end{aligned}
$$

となり，任意の自然数 m について 2 項定理が成り立つ．

問題 12.5 （a） $A^{m_1}=O$, $B^{m_2}=O$ とするとき $m=m_1+m_2-1$ とおくと，A, B は可換だから 2 項定理が使えて

$$
(A \pm B)^m = \sum_{r=0}^{m} {}_m\mathrm{C}_r A^r B^{m-r}
$$

であって $r<m_1$ とすると $m-r=m_1+m_2-1-r \geqq m_2$ であるから $B^{m-r}=O$. $r \geqq m_1$ なら $A^r=O$. いずれの場合も各項が O となるから $(A \pm B)^m=O$.

また $m=\max(m_1, m_2)$ とおくと，

$$
(AB)^m = A^m B^m = O
$$

（b） $A^m=O$ とすると

$$
\left.
\begin{aligned}
&(E+A)(E-A+A^2-\cdots+(-1)^{m-1}A^{m-1}) = E+(-1)^{m-1}A^m = E \\
&(E-A)(E+A+A^2+\cdots\cdots+A^{m-1}) = E-A^m = E
\end{aligned}
\right\}
$$

だから

$$
\begin{aligned}
(E+A)^{-1} &= E-A+A^2-\cdots+(-1)^{m-1}A^{m-1} \\
(E-A)^{-1} &= E+A+A^2+\cdots+A^{m-1}
\end{aligned}
$$

問題 12.6 ${}^tA=A^{-1}$, ${}^tB=B^{-1}$ とすると ${}^t(AB)={}^tB\,{}^tA=B^{-1}A^{-1}=(AB)^{-1}$

第2章の解答

問題 1.1 (a) $\begin{bmatrix} 1 & 2 & 1 & 4 \\ 0 & 0 & 1 & -3 \\ -1 & -2 & 0 & -7 \end{bmatrix}$ (b) $\begin{bmatrix} 1 & 2 & 1 & 4 \\ 0 & 0 & 1 & -3 \\ 0 & 0 & 1 & -3 \end{bmatrix}$ (c) $\begin{bmatrix} 1 & 2 & 1 & 4 \\ 0 & 0 & 1 & -3 \\ 0 & 0 & 0 & 0 \end{bmatrix}$

階数は 2.

問題 1.2 (a) 階数 1 (b) 階数 1 (c) 階数 2

(d)

x	1	0
1	x	1
0	1	x
1	x	1
x	1	0
0	1	x
1	x	1
0	$1-x^2$	$-x$
0	1	x
1	x	1
0	1	x
0	$1-x^2$	$-x$
1	x	1
0	1	x
0	0	$x(x^2-2)$

上の表から $x=0$ または $x=\pm\sqrt{2}$ のとき階数 2.
$x \neq 0$ かつ $x \neq \pm\sqrt{2}$ のとき階数 3

(e)

1	x	x
x	1	x
x	x	1
1	x	x
0	$1-x^2$	$x-x^2$
0	$x-x^2$	$1-x^2$
1	x	x
0	$1-x$	$x-1$
0	$x-x^2$	$1-x^2$
1	x	x
0	$1-x$	$x-1$
0	0	$(1-x)(1+2x)$

$x=1$ のとき 階数 1
$x=-\dfrac{1}{2}$ のとき階数 2
それ以外階数 3

(f)

1	2	3	5
-1	$a-2$	4	1
-2	-4	$a-3$	-10
1	2	3	5
0	a	7	6
0	0	$a+3$	0

$a=-3$ のとき 階数 2
$a\neq-3$ のとき 階数 3

問題 2.1 (a)

3	2	−1	3
4	−5	3	5
1	16	−9	1
1	16	−9	1
3	2	−1	3
4	−5	3	5
1	16	−9	1
0	−46	26	0
0	−69	39	1
1	16	−9	1
0	−23	13	0
0	0	0	1

$\mathrm{rank}\ A = 2 < \mathrm{rank}[A\ \boldsymbol{b}] = 3$ より解なし

(b)

2	−3	5	−3
1	1	−1	0
−3	−6	2	−7
1	1	−1	0
2	−3	5	−3
−3	−6	2	−7
1	1	−1	0
0	−5	7	−3
0	−3	−1	−7
1	1	−1	0
0	1	−7/5	3/5
0	1	1/3	7/3
1	0	2/5	−3/5
0	1	−7/5	3/5
0	0	26/15	26/15
1	0	0	−1
0	1	0	2
0	0	1	1

$$\therefore \quad \begin{cases} x_1 = -1 \\ x_2 = 2 \\ x_3 = 1 \end{cases}$$

(c)

1	3	1	−8	3
−2	−5	−1	13	−4
3	8	2	−21	0
1	3	1	−8	3
0	1	1	−3	2
0	−1	−1	3	−9
1	3	1	−8	3
0	1	1	−3	2
0	0	0	0	−7

rank $A = 2 <$ rank $[A\ \boldsymbol{b}] = 3$ より解なし

(d)

1	1	1	2
2	1	0	3
2	0	1	−1
1	0	−1	a
1	1	1	2
0	−1	−2	−1
0	−2	−1	−5
0	−1	−2	$a-2$
1	1	1	2
0	1	2	1
0	0	3	−3
0	0	0	$a-1$
1	1	1	2
0	1	2	1
0	0	1	−1
0	0	0	0
1	1	0	3
0	1	0	3
0	0	1	−1
0	0	0	0
1	0	0	0
0	1	0	3
0	0	1	−1
0	0	0	0

$a \neq 1$ のとき rank $A = 3 <$ rank $[A\ \boldsymbol{b}] = 4$ より解なし

$a = 1$ のとき $\begin{cases} x_1 = 0 \\ x_2 = 3 \\ x_3 = -1 \end{cases}$

2

2

問題 3.1 (a)

1	−1	2	−3	1
−2	1	1	−4	−6
3	−5	16	−29	−5
1	−1	2	−3	1
0	−1	5	−10	−4
0	−2	10	−20	−8
1	0	−3	7	5
0	1	−5	10	4
0	0	0	0	0

$$\begin{cases} x_1 = 5 + 3\lambda - \ \ 7\mu \\ x_2 = 4 + 5\lambda - 10\mu \\ x_3 = \qquad\ \ \lambda \\ x_4 = \qquad\qquad\quad \mu \end{cases}$$

(λ, μ は任意)

(b)

1	1	4	−4	4	4
−3	−2	−6	5	−4	−7
4	2	4	−2	0	6
1	1	4	−4	4	4
0	1	6	−7	8	5
0	−2	−12	14	−16	−10
1	0	−2	3	−4	−1
0	1	6	−7	8	5
0	0	0	0	0	0

$$\begin{cases} x_1 = -1 + 2\lambda - 3\mu + 4\nu \\ x_2 = \ \ \ 5 - 6\lambda + 7\mu - 8\nu \\ x_3 = \qquad\quad \lambda \\ x_4 = \qquad\qquad\quad \mu \\ x_5 = \qquad\qquad\qquad\quad \nu \end{cases}$$

(λ, μ, ν は任意)

(c)

1	−2	−1	−1	2
2	3	5	−5	−3
3	1	4	2	−1
1	5	6	0	a
1	−2	−1	−1	2
0	7	7	−3	−7
0	7	7	5	−7
0	7	7	1	$a-2$
1	−2	−1	−1	2
0	7	7	−3	−7
0	0	0	8	0
0	0	0	4	$a+5$
1	0	1	0	0
0	1	1	0	−1
0	0	0	1	0
0	0	0	0	0

$a = -5$ のとき解がある．

$$\therefore \quad \begin{cases} x_1 = \qquad -\lambda \\ x_2 = -1 - \lambda \\ x_3 = \qquad\ \ \lambda \\ x_4 = \quad 0 \end{cases} \qquad (\lambda \text{ は任意})$$

問題 4.1 (a)

A		E	
2	−3	1	0
−4	6	0	1
2	−3	1	0
0	0	2	1

rank $A = 1 < 2$ だから正則でない．

(b)

A		E	
2	5	1	0
1	3	0	1
1	3	0	1
2	5	1	0
1	3	0	1
0	−1	1	−2
1	0	3	−5
0	1	−1	2
E		A^{-1}	

(c)

A			E		
1	2	−1	1	0	0
2	4	3	0	1	0
−1	−2	6	0	0	1
1	2	−1	1	0	0
0	0	5	−2	1	0
0	0	5	1	0	1
1	2	−1	1	0	0
0	0	5	−2	1	0
0	0	0	3	−1	1

rank $A = 2 < 3$ より正則でない.

(d)

A			E		
1	−1	−1	1	0	0
−1	2	2	0	1	0
2	1	2	0	0	1
1	−1	−1	1	0	0
0	1	1	1	1	0
1	3	4	−2	0	1
1	0	0	2	1	0
0	1	1	1	1	0
0	0	1	−5	−3	1
1	0	0	2	1	0
0	1	0	6	4	−1
0	0	1	−5	−3	1
E			A^{-1}		

(e)

A				E			
1	2	−1	2	1	0	0	0
2	2	−1	1	0	1	0	0
−1	−1	1	−1	0	0	1	0
2	1	−1	2	0	0	0	1
1	2	−1	2	1	0	0	0
0	−2	1	−3	−2	1	0	0
0	1	0	1	1	0	1	0
0	−3	1	−2	−2	0	0	1
1	2	−1	2	1	0	0	0
0	1	0	1	1	0	1	0
0	0	1	−1	0	1	2	0
0	0	1	1	1	0	3	1
1	0	0	−1	−1	1	0	0
0	1	0	1	1	0	1	0
0	0	1	−1	0	1	2	0
0	0	0	2	1	−1	1	1
1	0	0	0	−1/2	1/2	1/2	1/2
0	1	0	0	1/2	1/2	1/2	−1/2
0	0	1	0	1/2	1/2	5/2	1/2
0	0	0	1	1/2	−1/2	1/2	1/2
E				A^{-1}			

問題 5.1 (a)

−1	2	1
3	−1	2
3	−4	−1
1	−2	−1
0	5	5
0	2	2
1	0	1
0	1	1
0	0	0

$$\begin{cases} x = -\lambda \\ y = -\lambda \\ z = \lambda \quad (\text{任意}) \end{cases}$$

1 組の基本解は $\begin{bmatrix} -1 \\ -1 \\ 1 \end{bmatrix}$

(b)

1	1	1
4	1	2
3	−3	−1
1	1	1
0	−3	−2
0	−6	−4
1	0	1/3
0	1	2/3
0	0	0

$$\begin{cases} x = -(1/3)\lambda \\ y = -(2/3)\lambda \\ z = \lambda \quad (\text{任意}) \end{cases}$$

1 組の基本解は $\begin{bmatrix} -1 \\ -2 \\ 3 \end{bmatrix}$

(c)

1	2	−2	1
2	4	−5	3
1	2	−2	1
0	0	−1	1
1	2	0	−1
0	0	1	−1

$$\begin{cases} x_1 = -2\lambda + \mu \\ x_2 = \lambda \\ x_3 = \mu \quad (\lambda, \mu \text{ は任意}) \\ x_4 = \mu \end{cases}$$

1 組の基本解は $\begin{bmatrix} -2 \\ 1 \\ 0 \\ 0 \end{bmatrix}, \quad \begin{bmatrix} 1 \\ 0 \\ 1 \\ 1 \end{bmatrix}$

(d)

$$\begin{cases} x = -\lambda + 2\mu - \nu \\ y = \lambda \\ z = \mu \quad (\lambda, \mu, \nu \text{ は任意}) \\ u = \nu \end{cases}$$

1 組の基本解は

$$\begin{bmatrix} -1 \\ 1 \\ 0 \\ 0 \end{bmatrix}, \quad \begin{bmatrix} 2 \\ 0 \\ 1 \\ 0 \end{bmatrix}, \quad \begin{bmatrix} -1 \\ 0 \\ 0 \\ 1 \end{bmatrix}$$

問題 5.2

	特殊解	同伴な同次連立 1 次方程式の 1 組の基本解
例題 3	${}^t[7, 0, 2, -4, 0]$	${}^t[3, 1, 0, 0, 0]$, ${}^t[-5, 0, 0, 3, 1]$
問題 3.1 (a)	${}^t[5, 4, 0, 0]$	${}^t[3, 5, 1, 0]$, ${}^t[-7, -10, 0, 1]$
(b)	${}^t[-1, 5, 0, 0, 0]$	${}^t[2, -6, 1, 0, 0]$, ${}^t[-3, 7, 0, 1, 0]$, ${}^t[4, -8, 0, 0, 1]$
(c)	${}^t[0, -1, 0, 0]$	${}^t[-1, -1, 1, 0]$

問題 5.3 $AB = C$ を正則とする．B が正則ならば $A = CB^{-1}$ も正則である．また，B が正則でないとすると $B\boldsymbol{x} = \boldsymbol{0}$ は非自明解 $\boldsymbol{x}\,(\neq \boldsymbol{0})$ をもつので $C\boldsymbol{x} = AB\boldsymbol{x} = A\boldsymbol{0} = \boldsymbol{0}$ も非自明解をもつ．ところが，C が正則だからこれは不可能．よって B は正則．

第 3 章の解答

問題 1.1 （a） 14 （b） 1 （c） b^2 （d） -48 （e） $3abc-a^3-b^3-c^3$ （f） 0

問題 2.1 （a） $\begin{vmatrix} a & 3a+x & -x \\ b & 3b+y & -y \\ c & 3c+z & -z \end{vmatrix} \xlongequal{\text{第 3 列を第 2 列に加えて}} \begin{vmatrix} a & 3a & -x \\ b & 3b & -y \\ c & 3c & -z \end{vmatrix} \xlongequal{\text{第 2 列から 3 をくくりだす}} 3\begin{vmatrix} a & a & -x \\ b & b & -y \\ c & c & -z \end{vmatrix} \xlongequal{\text{第 1 列と第 2 列が等しい}} 0$

（b） $\begin{vmatrix} 1 & a & b+c \\ 1 & b & c+a \\ 1 & c & a+b \end{vmatrix} \xlongequal{\text{第 3 列を第 2 列に加えると}} \begin{vmatrix} 1 & a+b+c & b+c \\ 1 & b+c+a & c+a \\ 1 & c+a+b & a+b \end{vmatrix} \xlongequal{\text{第 2 列から } a+b+c \text{ をくくりだす}} (a+b+c)\times$

$\begin{vmatrix} 1 & 1 & b+c \\ 1 & 1 & c+a \\ 1 & 1 & a+b \end{vmatrix} \xlongequal{\text{第 1 列と第 2 列が等しい}} 0$

（c） $\begin{vmatrix} 161 & 162 & 163 \\ 162 & 163 & 164 \\ 163 & 164 & 165 \end{vmatrix} \xlongequal{\text{第 3 行に第 2 行の } (-1) \text{ 倍を加える}} \begin{vmatrix} 161 & 162 & 163 \\ 162 & 163 & 164 \\ 1 & 1 & 1 \end{vmatrix} \xlongequal{\text{第 2 行から第 1 行をひく}} \begin{vmatrix} 161 & 162 & 163 \\ 1 & 1 & 1 \\ 1 & 1 & 1 \end{vmatrix} = 0$

問題 2.2 （a） $\begin{vmatrix} 1 & -1 & 2 \\ 3 & 5 & -2 \\ 6 & 1 & 3 \end{vmatrix} = \begin{vmatrix} 1 & 0 & 0 \\ 3 & 8 & -8 \\ 6 & 7 & -9 \end{vmatrix} = \begin{vmatrix} 1 & 0 & 0 \\ 3 & 8 & 0 \\ 6 & 7 & -2 \end{vmatrix} = 1\times 8\times(-2) = -16$

（b） $\begin{vmatrix} 1 & -2 & 1 \\ 3 & -1 & -2 \\ -2 & 1 & 1 \end{vmatrix} = \begin{vmatrix} 1-2+1 & -2 & 1 \\ 3-1-2 & -1 & -2 \\ -2+1+1 & 1 & 1 \end{vmatrix} = \begin{vmatrix} 0 & -2 & 1 \\ 0 & -1 & -2 \\ 0 & 1 & 1 \end{vmatrix} = 0$

（c） $\begin{vmatrix} 1 & 2 & 4 \\ 3 & 1 & 2 \\ -1 & 5 & 1 \end{vmatrix} = \begin{vmatrix} 1 & 2 & 4 \\ 0 & -5 & -10 \\ 0 & 7 & 5 \end{vmatrix} = -5\begin{vmatrix} 1 & 2 & 4 \\ 0 & 1 & 2 \\ 0 & 7 & 5 \end{vmatrix} = -5\begin{vmatrix} 1 & 2 & 4 \\ 0 & 1 & 2 \\ 0 & 0 & -9 \end{vmatrix} = 45$

問題 3.1 $\boldsymbol{a} = {}^t[a_1\ a_2\ a_3]$, $\boldsymbol{b} = {}^t[b_1\ b_2\ b_3]$, $\boldsymbol{c} = {}^t[c_1\ c_2\ c_3]$ とおくと，与えられた行列式は $\left|\, \boldsymbol{b}+\boldsymbol{c}\ \ \boldsymbol{c}+\boldsymbol{a}\ \ \boldsymbol{a}+\boldsymbol{b} \,\right| = |\boldsymbol{b}\,\boldsymbol{c}\,\boldsymbol{a}| + |\boldsymbol{b}\,\boldsymbol{c}\,\boldsymbol{b}| + |\boldsymbol{b}\,\boldsymbol{a}\,\boldsymbol{a}| + |\boldsymbol{b}\,\boldsymbol{a}\,\boldsymbol{b}| + |\boldsymbol{c}\,\boldsymbol{c}\,\boldsymbol{a}| + |\boldsymbol{c}\,\boldsymbol{c}\,\boldsymbol{b}| + |\boldsymbol{c}\,\boldsymbol{a}\,\boldsymbol{a}| + |\boldsymbol{c}\,\boldsymbol{a}\,\boldsymbol{b}| = |\boldsymbol{b}\,\boldsymbol{c}\,\boldsymbol{a}| + |\boldsymbol{c}\,\boldsymbol{a}\,\boldsymbol{b}| = 2|\boldsymbol{a}\,\boldsymbol{b}\,\boldsymbol{c}|$ (→ 問題 10.1 (c))

問題 3.2 $\boldsymbol{x} = {}^t[1\ 1\ -1], \boldsymbol{y} = {}^t[1\ -1\ 1], \boldsymbol{z} = {}^t[-1\ 1\ 1]$ とおくと

$$\left|\, b\boldsymbol{x}+c\boldsymbol{y}\ \ a\boldsymbol{x}+c\boldsymbol{z}\ \ a\boldsymbol{y}+b\boldsymbol{z} \,\right| = -2abc\begin{vmatrix} 1 & 1 & -1 \\ 1 & -1 & 1 \\ -1 & 1 & 1 \end{vmatrix} = -2abc\begin{vmatrix} 0 & 2 & 0 \\ 0 & 0 & 2 \\ -1 & 1 & 1 \end{vmatrix} = 8abc$$

(→ 問題 10.1 (b))

問題 3.3 $\boldsymbol{e} = {}^t[1\ 1\ 1\ 1]$, $\boldsymbol{e}_1 = {}^t[1\ 0\ 0\ 0]$, $\boldsymbol{e}_2 = {}^t[0\,1\,0\,0]$, $\boldsymbol{e}_3 = {}^t[0\,0\,1\,0]$, $\boldsymbol{e}_4 =$

${}^t[0\,0\,0\,1]$ とおくと $|\boldsymbol{e}+a\boldsymbol{e}_1\ \boldsymbol{e}+b\boldsymbol{e}_2\ \boldsymbol{e}+c\boldsymbol{e}_3\ \boldsymbol{e}+d\boldsymbol{e}_4| = abcd\,|\boldsymbol{e}_1\ \boldsymbol{e}_2\ \boldsymbol{e}_3\ \boldsymbol{e}_4| + bcd\,|\boldsymbol{e}\ \boldsymbol{e}_2\ \boldsymbol{e}_3\boldsymbol{e}_4|$ $+acd\,|\boldsymbol{e}_1\ \boldsymbol{e}\ \boldsymbol{e}_3\ \boldsymbol{e}_4| + abd\,|\boldsymbol{e}_1\ \boldsymbol{e}_2\ \boldsymbol{e}\ \boldsymbol{e}_4| + abc\,|\boldsymbol{e}_1\ \boldsymbol{e}_2\ \boldsymbol{e}_3\ \boldsymbol{e}|$

ここで $|\boldsymbol{e}_1\ \boldsymbol{e}_2\ \boldsymbol{e}_3\ \boldsymbol{e}_4| = |\boldsymbol{e}\ \boldsymbol{e}_2\ \boldsymbol{e}_3\ \boldsymbol{e}_4| = |\boldsymbol{e}_1\ \boldsymbol{e}\boldsymbol{e}_3\ \boldsymbol{e}_4| = |\boldsymbol{e}_1\ \boldsymbol{e}_2\ \boldsymbol{e}\ \boldsymbol{e}_4| = |\boldsymbol{e}_1\ \boldsymbol{e}_2\ \boldsymbol{e}_3\ \boldsymbol{e}| = 1$

だから与行列式$=abcd + bcd + acd + abd + abc = abcd\left(1 + \dfrac{1}{a} + \dfrac{1}{b} + \dfrac{1}{c} + \dfrac{1}{d}\right)$

問題 3.4　$\boldsymbol{x} = {}^t[a\,b\,c\,d]$ とおき，$\boldsymbol{e}_1, \boldsymbol{e}_2, \boldsymbol{e}_3, \boldsymbol{e}_4$ を前問と同じものとすると，

$|a\boldsymbol{x} + \boldsymbol{e}_1\ b\boldsymbol{x} + \boldsymbol{e}_2\ c\boldsymbol{x} + \boldsymbol{e}_3\ d\boldsymbol{x} + \boldsymbol{e}_4| = |a\boldsymbol{x}\ \boldsymbol{e}_2\ \boldsymbol{e}_3\ \boldsymbol{e}_4| + |\boldsymbol{e}_1\ b\boldsymbol{x}\ \boldsymbol{e}_3\ \boldsymbol{e}_4| + |\boldsymbol{e}_1\ \boldsymbol{e}_2\ c\boldsymbol{x}\ \boldsymbol{e}_4|$ $+|\boldsymbol{e}_1\ \boldsymbol{e}_2\ \boldsymbol{e}_3\ d\boldsymbol{x}| + |\boldsymbol{e}_1\ \boldsymbol{e}_2\ \boldsymbol{e}_3\ \boldsymbol{e}_4| = a^2 + b^2 + c^2 + d^2 + 1$

問題 4.1　(a) $\begin{vmatrix} 14 & -4 & 6 \\ -21 & 9 & -12 \\ 10.5 & -2 & 2.5 \end{vmatrix} = \dfrac{1}{10}\begin{vmatrix} 14 & -4 & 6 \\ -21 & 9 & -12 \\ 105 & -20 & 25 \end{vmatrix} = \dfrac{7}{10}\begin{vmatrix} 2 & -4 & 6 \\ -3 & 9 & -12 \\ 15 & -20 & 25 \end{vmatrix} =$

$\dfrac{7\times 2\times 3\times 5}{10}\begin{vmatrix} 1 & -2 & 3 \\ -1 & 3 & -4 \\ 3 & -4 & 5 \end{vmatrix} = 21\begin{vmatrix} 1 & -2 & 3 \\ 0 & 1 & -1 \\ 0 & 2 & -4 \end{vmatrix} = 21\begin{vmatrix} 1 & -2 & 3 \\ 0 & 1 & -1 \\ 0 & 0 & -2 \end{vmatrix} = -42$

(b) $=0$．奇数次の交代行列である．

問題 5.1　(a) $= -3\begin{vmatrix} 7 & 4 \\ -3 & 2 \end{vmatrix} = -78$　　(b) $= 4\begin{vmatrix} 4 & 1 \\ -3 & 2 \end{vmatrix} = 44$

(c) $= (-6)(-1)\begin{vmatrix} 5 & 3 \\ 4 & 1 \end{vmatrix} + (-1)\begin{vmatrix} 2 & 3 \\ 3 & 1 \end{vmatrix} = -35$

問題 5.2　(a) $a_{14}a_{23}a_{32}a_{41}$　　(b) $a_{15}a_{24}a_{33}a_{42}a_{51}$

注意 (a), (b)とも符号は+である．

問題 6.1　(a) $\begin{vmatrix} 1 & 1 & 2 & 3 \\ 2 & 4 & 3 & 6 \\ 1 & 2 & 4 & 3 \\ 2 & 4 & 2 & 8 \end{vmatrix} = 2\begin{vmatrix} 1 & 1 & 2 & 3 \\ 2 & 4 & 3 & 6 \\ 1 & 2 & 4 & 3 \\ 1 & 2 & 1 & 4 \end{vmatrix} = 2\begin{vmatrix} 1 & 1 & 2 & 3 \\ 0 & 2 & -1 & 0 \\ 0 & 1 & 2 & 0 \\ 0 & 1 & -1 & 1 \end{vmatrix} = 2\begin{vmatrix} 2 & -1 & 0 \\ 1 & 2 & 0 \\ 1 & -1 & 1 \end{vmatrix}$

$= 2\begin{vmatrix} 2 & -1 \\ 1 & 2 \end{vmatrix} = 10$

(b) $\begin{vmatrix} 2 & 4 & -3 & 4 \\ -5 & 2 & 1 & 5 \\ -3 & 4 & 2 & 1 \\ 4 & 6 & -7 & -2 \end{vmatrix} = 2\begin{vmatrix} 6 & 2 & -3 & 4 \\ 0 & 1 & 1 & 5 \\ -2 & 2 & 2 & 1 \\ 2 & 3 & -7 & -2 \end{vmatrix} = 4\begin{vmatrix} 3 & 2 & -5 & -6 \\ 0 & 1 & 0 & 0 \\ -1 & 2 & 0 & -9 \\ 1 & 3 & -10 & -17 \end{vmatrix}$

$= 4\begin{vmatrix} 3 & -5 & -6 \\ -1 & 0 & -9 \\ 1 & -10 & -17 \end{vmatrix} = 4\begin{vmatrix} 3 & -5 & -33 \\ -1 & 0 & 0 \\ 1 & -10 & -26 \end{vmatrix} = 4\begin{vmatrix} -5 & -33 \\ -10 & -26 \end{vmatrix} = 4(130-330) = -800$

(c) $\begin{vmatrix} 2 & -5 & 4 & 3 \\ 3 & -4 & 7 & 5 \\ 4 & -9 & 8 & 5 \\ -3 & 2 & -5 & 3 \end{vmatrix} = \begin{vmatrix} 2 & -5 & 4 & 3 \\ 1 & 1 & 3 & 2 \\ 4 & -9 & 8 & 5 \\ -3 & 2 & -5 & 3 \end{vmatrix} = \begin{vmatrix} 2 & -7 & -2 & -1 \\ 1 & 0 & 0 & 0 \\ 4 & -13 & -4 & -3 \\ -3 & 5 & 4 & 9 \end{vmatrix}$

$= -\begin{vmatrix} -7 & -2 & -1 \\ -13 & -4 & -3 \\ 5 & 4 & 9 \end{vmatrix} = -2\begin{vmatrix} -7 & -1 & -1 \\ -13 & -2 & -3 \\ 5 & 2 & 9 \end{vmatrix} = -2\begin{vmatrix} -7 & -1 & -1 \\ 1 & 0 & -1 \\ -9 & 0 & 7 \end{vmatrix}$

$= -2\begin{vmatrix} 1 & -1 \\ -9 & 7 \end{vmatrix} = 4$

(d) $\begin{vmatrix} 3 & -2 & -5 & 4 \\ -5 & 2 & 8 & -5 \\ -2 & 4 & 7 & -3 \\ 2 & -3 & -5 & 8 \end{vmatrix} = \begin{vmatrix} 3 & -2 & -5 & 4 \\ -2 & 0 & 3 & -1 \\ -2 & 4 & 7 & -3 \\ 0 & 1 & 2 & 5 \end{vmatrix} = \begin{vmatrix} 3 & 0 & -1 & 14 \\ -2 & 0 & 3 & -1 \\ -2 & 0 & -1 & -23 \\ 0 & 1 & 2 & 5 \end{vmatrix}$

$= \begin{vmatrix} 3 & -1 & 14 \\ -2 & 3 & -1 \\ -2 & -1 & -23 \end{vmatrix} = \begin{vmatrix} 3 & -1 & 14 \\ 7 & 0 & 41 \\ -5 & 0 & -37 \end{vmatrix} = \begin{vmatrix} 7 & 41 \\ -5 & -37 \end{vmatrix} = \begin{vmatrix} 7 & 41 \\ 2 & 4 \end{vmatrix} = -54$

(e) $\begin{vmatrix} 1 & 2 & 3 & 4 \\ 12 & 13 & 14 & 5 \\ 11 & 16 & 15 & 6 \\ 10 & 9 & 8 & 7 \end{vmatrix} = \begin{vmatrix} 1 & 2 & 3 & 4 \\ 0 & -11 & -22 & -43 \\ 0 & -6 & -18 & -38 \\ 0 & -11 & -22 & -33 \end{vmatrix} = \begin{vmatrix} 1 & 2 & 3 & 4 \\ 0 & -11 & -22 & -43 \\ 0 & -6 & -18 & -38 \\ 0 & 0 & 0 & 10 \end{vmatrix}$

$= 10\begin{vmatrix} 1 & 2 & 3 \\ 0 & -11 & -22 \\ 0 & -6 & -18 \end{vmatrix} = 10(-11)(-6)\begin{vmatrix} 1 & 2 & 3 \\ 0 & 1 & 2 \\ 0 & 1 & 3 \end{vmatrix} = 660$

(f) $\begin{vmatrix} 1 & 2 & 9 & 10 \\ 4 & 3 & 8 & 11 \\ 5 & 6 & 7 & 12 \\ 16 & 15 & 14 & 13 \end{vmatrix} = \begin{vmatrix} -1 & 2 & 7 & 1 \\ 1 & 3 & 5 & 3 \\ -1 & 6 & 1 & 5 \\ 1 & 15 & -1 & -1 \end{vmatrix} = \begin{vmatrix} 0 & 5 & 12 & 4 \\ 1 & 3 & 5 & 3 \\ 0 & 9 & 6 & 8 \\ 0 & 12 & -6 & -4 \end{vmatrix}$

$= -\begin{vmatrix} 5 & 12 & 4 \\ 9 & 6 & 8 \\ 12 & -6 & -4 \end{vmatrix} = -24\begin{vmatrix} 5 & 2 & 1 \\ 9 & 1 & 2 \\ 12 & -1 & -1 \end{vmatrix} = -24\begin{vmatrix} 5 & 2 & 1 \\ -1 & -3 & 0 \\ 17 & 1 & 0 \end{vmatrix} = -24\begin{vmatrix} -1 & -3 \\ 17 & 1 \end{vmatrix}$

$= -24(-1+51) = -24 \times 50 = -1200$

問題 7.1 (a) $\begin{vmatrix} 1 & a & a^3 \\ 1 & b & b^3 \\ 1 & c & c^3 \end{vmatrix} = \begin{vmatrix} 1 & a & a^3 \\ 0 & b-a & (b-a)(b^2+ba+a^2) \\ 0 & c-a & (c-a)(c^2+ca+a^2) \end{vmatrix}$

$= (b-a)(c-a)\begin{vmatrix} 1 & a & a^3 \\ 0 & 1 & b^2+ba+a^2 \\ 0 & 1 & c^2+ca+a^2 \end{vmatrix} = (b-a)(c-a)\begin{vmatrix} 1 & a & a^3 \\ 0 & 1 & b^2+ba+a^2 \\ 0 & 0 & (c-b)(c+b+a) \end{vmatrix}$

$= (a-b)(b-c)(c-a)(a+b+c)$

別解 つぎのように因数定理によってもよい．第 2 行の b を a におきかえると行列式 D は 0 になるから $(b-a)$ を因数にもつ．同様に第 3 行の c を a におきかえても，b におきかえても行列式の値は 0 になるから，結局 D は，$(b-a)(c-a)(c-b)$ を因数にもつ．そこで，$D=(b-a)(c-a)(c-b)f(a,b,c)$ とおくと $f(a,b,c)$ は a,b,c の 1 次式で対称式である．1 次の対称式は $a+b+c$ 以外にないから $D=k(b-a)(c-a)(c-b)(a+b+c)$ で k は定数である．k を定めるために対角成分の積 bc^3 の項をくらべて，$k=1$. よって，$D=(a-b)(b-c)(c-a)(a+b+c)$

(b) $$\begin{vmatrix} 1 & 1 & 1 \\ a^2 & b^2 & c^2 \\ a^3 & b^3 & c^3 \end{vmatrix} = \begin{vmatrix} 1 & 0 & 0 \\ a^2 & (b-a)(b+a) & (c-a)(c+a) \\ a^3 & (b-a)(b^2+ba+a^2) & (c-a)(c^2+ca+a^2) \end{vmatrix}$$

$$= (b-a)(c-a)\begin{vmatrix} b+a & c+a \\ b^2+ba+a^2 & c^2+ca+a^2 \end{vmatrix}$$

$$= (b-a)(c-a)\begin{vmatrix} b+a & c-b \\ b^2+ba+a^2 & (c-b)(c+b+a) \end{vmatrix}$$

$$= (b-a)(c-a)(c-b)\begin{vmatrix} b+a & 1 \\ b^2+ba+a^2 & a+b+c \end{vmatrix} = (a-b)(b-c)(c-a)(bc+ca+ab)$$

(c) $$\begin{vmatrix} 1 & b+c & bc \\ 1 & c+a & ca \\ 1 & a+b & ab \end{vmatrix} = \begin{vmatrix} 1 & b+c & bc \\ 0 & a-b & c(a-b) \\ 0 & a-c & b(a-c) \end{vmatrix} = (a-b)(a-c)\begin{vmatrix} 1 & c \\ 1 & b \end{vmatrix}$$

$$= -(a-b)(b-c)(c-a)$$

(d) $$\begin{vmatrix} 1 & 1 & 1 & 1 \\ a & x & a & a \\ b & b & x & b \\ c & c & c & x \end{vmatrix} = \begin{vmatrix} 1 & 0 & 0 & 0 \\ a & x-a & 0 & 0 \\ b & 0 & x-b & 0 \\ a & 0 & 0 & x-c \end{vmatrix} = (x-a)(x-b)(x-c)$$

(e) $$\begin{vmatrix} a & a & a & a \\ a & x & a & a \\ a & a & x & a \\ a & a & a & x \end{vmatrix} = \begin{vmatrix} a & 0 & 0 & 0 \\ a & x-a & 0 & 0 \\ a & 0 & x-a & 0 \\ a & 0 & 0 & x-a \end{vmatrix} = a(x-a)^3$$

(f) (a)の別解と同じように因数定理を用いる．

x の多項式とみて x に y,z,u をそれぞれ代入すると行列式の値は 0 となるので $(x-y),(x-z),(x-u)$ を因数としてもつ．また y の多項式とみても同様に z,u を代入すると 0 となるから $(y-z),(y-u)$ を因数にもつ．同様に $(z-u)$ も因数である．結局両辺の次数を考慮すると

$$\begin{vmatrix} 1 & 1 & 1 & 1 \\ x & y & z & u \\ x^2 & y^2 & z^2 & u^2 \\ x^3 & y^3 & z^3 & u^3 \end{vmatrix} = \pm(x-y)(x-z)(x-u)(y-z)(y-u)(z-u)$$

で yz^2u^3 の項の係数を比較すると符号は $+$ をとる．

一般に

$$\begin{vmatrix} 1 & 1 & \cdots & 1 \\ x_1 & x_2 & \cdots & x_n \\ x_1^2 & x_2^2 & \cdots & x_n^2 \\ \vdots & \vdots & \ddots & \\ x_1^{n-1} & x_2^{n-1} & \cdots & x_n^{n-1} \end{vmatrix} = (-1)^{\frac{n(n-1)}{2}} \Delta(x_1, x_2, \ldots, x_n)$$

を**ファンデルモンドの行列式**という．ここに $\Delta(x_1, x_2, \ldots, x_n)$ は**差積**または**最簡交代代**とよばれるもので

$$\begin{aligned} \Delta(x_1, x_2, \ldots, x_n) = (x_1 - x_2)(x_1 - x_2) &\cdots (x_1 - x_n) \\ \times(x_2 - x_3) &\cdots (x_2 - x_n) \\ &\cdots\cdots \\ &\times(x_{n-1} - x_n) \end{aligned}$$

である．

問題 8.1 （a） $|A| = 4, A^{-1} = \dfrac{1}{4}\begin{bmatrix} 3 & 1 & -1 \\ -6 & 2 & 2 \\ -5 & 1 & 3 \end{bmatrix}$

（b） $|A| = -1, A^{-1} = \begin{bmatrix} 0 & -1 & 1 \\ -1 & 1 & 0 \\ 1 & 1 & -1 \end{bmatrix}$

（c） $|A| = -78,\ A^{-1} = \dfrac{1}{78}\begin{bmatrix} -6 & 12 & 0 \\ 9 & 21 & -39 \\ 7 & -1 & 13 \end{bmatrix}$

問題 8.2 $|A| = a_{11}a_{22} - a_{12}a_{21}, A_{11} = a_{22}, A_{12} = -a_{21}, A_{21} = -a_{12}, A_{22} = a_{11}$.

$$A^{-1} = \frac{1}{a_{11}a_{22} - a_{12}a_{21}} \begin{bmatrix} a_{22} & -a_{12} \\ -a_{21} & a_{11} \end{bmatrix}$$

問題 9.1 係数行列を A とする．

（a） $|A| = 3,\ x = -3,\ y = 2$ （b） $|A| = 2,\ x = y = 0$ （c） $|A| = 26,\ x = -1/2,\ y = 1/2,\ z = 1$ （d） $|A| = 37,\ x = 55/37,\ y = 14/37,\ z = -2/37$

問題 10.1 （a） $BA = \begin{bmatrix} b+c & a & a \\ b & c+a & b \\ c & c & a+b \end{bmatrix}$ $\therefore$ $\begin{vmatrix} b+c & a & a \\ b & c+a & b \\ c & c & a+b \end{vmatrix}$

$$= \begin{vmatrix} 0 & 1 & 1 \\ 1 & 0 & 1 \\ 1 & 1 & 0 \end{vmatrix} \begin{vmatrix} 0 & c & b \\ c & 0 & a \\ b & a & 0 \end{vmatrix} = 4abc$$

(b) $CA = \begin{bmatrix} b+c & a-c & a-b \\ b-c & c+a & b-a \\ c-b & c-a & a-b \end{bmatrix} \quad \therefore \quad \begin{vmatrix} b+c & a-c & a-b \\ b-c & c+a & b-a \\ c-b & c-a & a+b \end{vmatrix} =$

$\begin{vmatrix} -1 & 1 & 1 \\ 1 & -1 & 1 \\ 1 & 1 & -1 \end{vmatrix} \begin{vmatrix} 0 & c & b \\ c & 0 & a \\ b & a & 0 \end{vmatrix} = 8abc$ (→ 問題 3.2)

(c) $\begin{vmatrix} b_1+c_1 & c_1+a_1 & a_1+b_1 \\ b_2+c_2 & c_2+a_2 & a_2+b_2 \\ b_3+c_3 & c_3+a_3 & a_3+b_3 \end{vmatrix} = \begin{vmatrix} a_1 & b_1 & c_1 \\ a_2 & b_2 & c_2 \\ a_3 & b_3 & c_3 \end{vmatrix} \begin{vmatrix} 0 & 1 & 1 \\ 1 & 0 & 1 \\ 1 & 1 & 0 \end{vmatrix} = 2 \begin{vmatrix} a_1 & b_1 & c_1 \\ a_2 & b_2 & c_2 \\ a_3 & b_3 & c_3 \end{vmatrix}$

(→ 問題 3.1)

問題 11.1 (a) $|A^2| = |A|^2 = a^2$ (b) $|{}^tA| = |A| = a$

(c) $|A| = a \neq 0$ より A は正則. ゆえに $AA^{-1} = E$ の両辺の行列式を考えて $|AA^{-1}| = |A||A^{-1}| = 1$. $\therefore \quad |A^{-1}| = |A|^{-1} = a^{-1}$

問題 11.2 (a) $|A||B| = |AB| = |aE| = a \neq 0$. よって $|A| \neq 0, |B| \neq 0$. ゆえに, A, B は正則.

(b) $A^m = O$ とすると $|A|^m = |A^m| = |O| = 0 \quad \therefore \quad |A| = 0$. ゆえに A は正則でない.

(c) $A^2 = A$ とする. $|A| = |A^2| = |A|^2 \quad \therefore \quad |A| = 0$ または 1. $|A| \neq 1$ ならば $|A| = 0$ で A は正則でない.

(d) $|A| \neq 0 \to |{}^tA| = |A| \neq 0$ (e) $|A^2 - E| = |A+E||A-E| = 0$

問題 11.3 (a) $|A|^2 = |A||{}^tA| = |A{}^tA| = |AA^{-1}| = |E| = 1 \quad \therefore \quad |A| = \pm 1$

(b) $|A+E| = |A(E+A^{-1})| = |A||E+A^{-1}| = |A||E+{}^tA| = |A||{}^t(E+A)|$
$= |A||E+A| = -|E+A| \quad \therefore \quad 2|A+E| = 0 \quad \therefore \quad |A+E| = 0$

(c) 同様に $|A-E| = |A||E-A| = (-1)^{n-1}(-1)^n|A-E| = -|A-E|$. $\therefore \quad 2|A-E| = 0 \quad \therefore \quad |A-E| = 0$.

問題 11.4 A が正則でなくても $A\,\mathrm{adj}A = |A|\,E$ が成り立つ. この両辺の行列式をとって $|A|\,|\mathrm{adj}\,A| = |A|^n$.

A が正則ならば $|A| \neq 0$ だから両辺を $|A|$ で割って $|\mathrm{adj}\,A| = |A|^{n-1}$.

A が正則でないならば $|A| = 0$ だから上式より $A\,\mathrm{adj}\,A = O$. よって $\mathrm{adj}\,A$ は零因子である. 零因子は正則でない (→ 第 1 章例題 11 注意) から $|\,\mathrm{adj}A| = 0$. よってこの場合も正しい.

第 4 章の解答

問題 1.1 $\begin{vmatrix} a & 1 & 1 \\ 1 & a & 1 \\ 1 & 1 & a \end{vmatrix} = (a+2)(a-1)^2$ だから $a \neq -2, a \neq 1$ のとき 1 次独立.

問題 1.2 $\mathrm{rank}\,[\boldsymbol{a}_1\ \boldsymbol{a}_2\ \boldsymbol{a}_3\ \boldsymbol{a}_4] = 3 < 4$. よって, 1 次従属.

$\boldsymbol{a}_1$	$\boldsymbol{a}_2$	$\boldsymbol{a}_3$	$\boldsymbol{a}_4$
1	3	−2	2
−1	−1	1	−1
−3	−5	4	−4
−1	3	1	2
1	3	−2	2
0	2	−1	1
0	4	−2	2
0	6	−1	4
1	3	−2	2
0	2	−1	1
0	0	2	1
0	0	0	0

問題 1.3 $[\boldsymbol{a}_1\ \boldsymbol{a}_2\ \cdots\ \boldsymbol{a}_{n+1}]$ は $n \times (n+1)$ 行列だから

$$\mathrm{rank}\,[\boldsymbol{a}_1\ \boldsymbol{a}_2\ \cdots\ \boldsymbol{a}_{n+1}] \leqq n < n+1$$

よって, $\boldsymbol{a}_1, \boldsymbol{a}_2, \ldots, \boldsymbol{a}_{n+1}$ は 1 次従属.

4

問題 2.1 連立 1 次方程式

$$x_1\boldsymbol{a}_1 + x_2\boldsymbol{a}_2 = \boldsymbol{a}$$

が解を持つ条件である. 右の表から $a = 1$. このとき

$$\boldsymbol{a} = 2\boldsymbol{a}_1 - (1/2)\boldsymbol{a}_2$$

である.

$\boldsymbol{a}_1$	$\boldsymbol{a}_2$	$\boldsymbol{a}$
1	0	2
0	2	−1
1	2	a
1	0	2
0	2	−1
0	2	$a-2$
1	0	2
0	2	−1
0	0	$a-1$

問題 2.2 同次連立方程式 $x_1\boldsymbol{a}_1 + x_2\boldsymbol{a}_2 + x_3\boldsymbol{a}_3 = \boldsymbol{0}$ を解く.

(a) 右表から $\boldsymbol{a}_3 = -2\boldsymbol{a}_1 + 3\boldsymbol{a}_2$

$\boldsymbol{a}_1$	$\boldsymbol{a}_2$	$\boldsymbol{a}_3$
2	1	−1
1	1	1
2	4	8
1	1	1
0	−1	−3
0	2	6
1	1	1
0	1	3
0	0	0

(b) 右表から $\boldsymbol{a}_2 = 2\boldsymbol{a}_1$ であるが $\mathrm{rank}\,[\boldsymbol{a}_1\ \boldsymbol{a}_2] = 1 < \mathrm{rank}\,[\boldsymbol{a}_1\ \boldsymbol{a}_2\ \boldsymbol{a}_3] = 2$ だから $\boldsymbol{a}_3$ は $\boldsymbol{a}_1$, $\boldsymbol{a}_2$ の 1 次結合で表せない.

$\boldsymbol{a}_1$	$\boldsymbol{a}_2$	$\boldsymbol{a}_3$
2	1	1
−2	−1	0
2	1	1
2	1	1
0	0	1
0	0	0
2	1	0
0	0	1
0	0	0

問題 3.1 (a)

A		
1	1	1
1	−1	−3
0	0	1
1	1	1
0	−2	−4
0	0	1
1	1	1
0	1	2
0	0	1

$\mathrm{rank}\,A = 3$ だから 1 次独立

(b)

A		
1	0	1
1	1	0
0	1	1
1	0	1
0	1	−1
0	0	1

$\mathrm{rank}\,A = 3$ だから 1 次独立

(c)

A			
1	0	0	1
1	1	0	0
0	1	1	0
0	0	1	1
1	0	0	1
0	1	0	−1
0	1	1	0
0	0	1	1
1	0	0	1
0	1	0	−1
0	0	1	1
0	0	1	1
1	0	0	1
0	1	0	−1
0	0	1	1
0	0	0	0

$\mathrm{rank}\,A = 3 < 4$ だから 1 次従属

問題 3.2 $\displaystyle\sum_{j=1}^{m} x_j \boldsymbol{b}_j = \boldsymbol{0}$ とおくと $\displaystyle\sum_{j=1}^{m} x_j \left(\sum_{i=1}^{m} p_{ij}\boldsymbol{a}_i\right) = \sum_{i=1}^{m}\left(\sum_{j=1}^{m} p_{ij}x_j\right)\boldsymbol{a}_i = \boldsymbol{0}$. $\boldsymbol{a}_1, \boldsymbol{a}_2, \ldots, \boldsymbol{a}_m$ が 1 次独立だから $i = 1, 2, \ldots, m$ に対し $\displaystyle\sum_{j=1}^{m} p_{ij}x_j = 0$ が成り立つ．この同次連立方程式が非自明解をもたないことが $\boldsymbol{b}_1, \boldsymbol{b}_2, \ldots, \boldsymbol{b}_m$ が 1 次独立であることの必要十分条件である．その条件は係数行列 $[p_{ij}]$ が正則なこと，すなわち，$\mathrm{rank}\,[p_{ij}] = m$ である．

問題 4.1 $\boldsymbol{a} = \displaystyle\sum_{i=1}^{n} x_i\boldsymbol{a}_i = \sum_{i=1}^{n} y_i\boldsymbol{a}'_i$ に基底の変換式 $\boldsymbol{a}'_j = \displaystyle\sum_{i=1}^{n} p_{ij}\boldsymbol{a}_i$ を代入すると

$$\sum_{i=1}^{n} x_i\boldsymbol{a}_i = \sum_{j=1}^{n}\left(\sum_{i=1}^{n} p_{ij}\boldsymbol{a}_i\right) = \sum_{i=1}^{n}\left(\sum_{j=1}^{n} p_{ij}y_j\right)\boldsymbol{a}_i$$

$\boldsymbol{a}_1, \boldsymbol{a}_2, \ldots, \boldsymbol{a}_n$ は 1 次独立だから $j = 1, 2, \ldots, n$ に対して $x_i = \displaystyle\sum_{j=1}^{n} p_{ij}y_j$ を得るがこれをベクトル表示すればよい．

問題 4.2 $\boldsymbol{R}^2$ の任意のベクトルを $\boldsymbol{a} = (a_1, a_2)$ とする．基底 $\mathcal{B}$ に関する $\boldsymbol{a}$ の成分を $\boldsymbol{a} = (x_1, x_2)_{\mathcal{B}}$ とすると $\begin{bmatrix} a_1 \\ a_2 \end{bmatrix} = [\boldsymbol{a}_1\ \boldsymbol{a}_2]\begin{bmatrix} x_1 \\ x_2 \end{bmatrix}$ である．同様に，$\boldsymbol{a} = (y_1, y_2)_{\mathcal{B}'}$ とすると $\begin{bmatrix} a_1 \\ a_2 \end{bmatrix} = [\boldsymbol{a}'_1\ \boldsymbol{a}'_2]\begin{bmatrix} y_1 \\ y_2 \end{bmatrix}$ である．したがって，$\begin{bmatrix} x_1 \\ x_2 \end{bmatrix} = [\boldsymbol{a}_1\ \boldsymbol{a}_2]^{-1}[\boldsymbol{a}'_1\ \boldsymbol{a}'_2]\begin{bmatrix} y_1\ y_2 \end{bmatrix}$ と

なるから変換の行列は $P=[\boldsymbol{a}_1\ \boldsymbol{a}_2]^{-1}[\boldsymbol{a}'_1\ \boldsymbol{a}'_2]$ である．今の場合

$$P=\begin{bmatrix} 2 & 1 \\ -1 & -1 \end{bmatrix}^{-1}\begin{bmatrix} 1 & -1 \\ -2 & 3 \end{bmatrix}=\begin{bmatrix} 1 & 1 \\ -1 & 2 \end{bmatrix}\begin{bmatrix} 1 & -1 \\ -2 & 3 \end{bmatrix}=\begin{bmatrix} -1 & 2 \\ 3 & -5 \end{bmatrix}$$

問題 5.1 (a) $(0,0,0)\in V$ だから $V\neq\emptyset$. $(0,a_2,a_3)+(0,b_2,b_3)=(0,a_2+b_2,\ a_3+b_3)\in V,\ \lambda(0,a_2,a_3)=(0,\lambda a_2,\lambda a_3)\in V$ だから部分空間をなす．

(b) $(1,0,0),(0,-1,0)\in V$ であるがそれらの和 $(1,-1,0)\notin V$ だから部分空間をなさない．

(c) $(1,0,0),(0,1,1)\in V$ であるがそれらの和は $(1,1,1)\notin V$ だから部分空間ではない．

(d) $(1,1,1),(-1,-1,1)\in V$ であるがそれらの和 $(0,0,2)\notin V$ だから部分空間をなさない．

問題 5.2 (a) $(0,0,0,0)\in V$ から $V\neq\emptyset$. $(a,a,a,a)+(b,b,b,b)=(a+b,a+b,a+b,a+b)\in V,\ \lambda(a,a,a,a)=(\lambda a,\lambda a,\lambda a,\lambda a)\in V$ だから部分空間をなす．

(b) $(0,0,0,0)\in V$ から $V\neq\emptyset$. $(2a,a,4a,a)+(2b,b,4b,b)=(2(a+b),a+b,4(a+b),a+b)\in V,\ \lambda(2a,a,4a,a)=(2\lambda a,\lambda a,4\lambda a,\lambda a)\in V$ だから部分空間をなす．

(c) $(1,0,0,0)\in V$ であるが $2(1,0,0,0)=(2,0,0,0)\notin V$ だから部分空間をなさない．

(d) $(1,0,0,0)\in V$ であるが $(1/2)(1,0,0,0)=(1/2,0,0,0)\notin V$ だから部分空間でない．

問題 6.1 $\dim U=s,\dim V=t,\dim U\cap V=r$ とする．$\boldsymbol{a}_1,\ldots,\boldsymbol{a}_r$ を $U\cap V$ の基底とする．これに補充して $\boldsymbol{a}_1,\ldots,\boldsymbol{a}_r,\boldsymbol{b}_{r+1},\ldots,\boldsymbol{b}_s$ を U の基底，$\boldsymbol{a}_1,\ldots,\boldsymbol{a}_r,\boldsymbol{c}_{r+1},\cdots,\boldsymbol{c}_t$ を V の基底とすると $s+t-r$ 個のベクトル

$$\boldsymbol{a}_1,\ldots,\boldsymbol{a}_r,\boldsymbol{b}_{r+1},\ldots,\boldsymbol{b}_s,\boldsymbol{c}_{r+1},\ldots,\boldsymbol{c}_t$$

は $U+V$ の基底となる．なぜならば $\boldsymbol{x}=\boldsymbol{x}_1+\boldsymbol{x}_2,\ \boldsymbol{x}_1\in U,\ \boldsymbol{x}_2\in V$ とすると $\boldsymbol{x}_1$ は $\boldsymbol{a}_1,\ldots,\boldsymbol{a}_r,\boldsymbol{b}_{r+1},\ldots,\boldsymbol{b}_s$ の 1 次結合であり，$\boldsymbol{x}_2$ は $\boldsymbol{a}_1,\ldots,\boldsymbol{a}_r,\boldsymbol{c}_{r+1},\ldots,\boldsymbol{c}_t$ の 1 次結合だから $\boldsymbol{x}_1+\boldsymbol{x}_2$ は $\boldsymbol{a}_1,\ldots,\boldsymbol{a}_r,\boldsymbol{b}_{r+1},\ldots,\boldsymbol{b}_s,\boldsymbol{c}_{r+1},\ldots,\boldsymbol{c}_t$ の 1 次結合であるから，これらは生成系である．1 次独立を示すために

$$x_1\boldsymbol{a}_1+\cdots+x_r\boldsymbol{a}_r+y_{r+1}\boldsymbol{b}_{r+1}+\cdots+y_s\boldsymbol{b}_s+z_{r+1}\boldsymbol{c}_{r+1}+\cdots+z_t\boldsymbol{c}_t=\boldsymbol{0}$$

とおくと

$$x_1\boldsymbol{a}_1+\cdots+x_r\boldsymbol{a}_r+y_{r+1}\boldsymbol{b}_{r+1}+\cdots+y_s\boldsymbol{b}_s=-z_{r+1}\boldsymbol{c}_{r+1}-\cdots-z_t\boldsymbol{c}_t$$

において左辺は U に含まれ，右辺は V に含まれるので，$z_{r+1}\boldsymbol{c}_{r+1}+\cdots+z_t\boldsymbol{c}_t$ は $U\cap V$ に含まれる．ところが $\boldsymbol{a}_1,\ldots,\boldsymbol{a}_r,\boldsymbol{c}_{r+1},\ldots,\boldsymbol{c}_t$ は 1 次独立だから $z_{r+1},\ldots,z_t$ のうち 0 でないものがあると $U\cap V$ の次元が増えることになるので $z_{r+1}=\cdots=z_t=0$ である．このとき，

$$x_1\boldsymbol{a}_1+\cdots+x_r\boldsymbol{a}_r+y_{r+1}\boldsymbol{b}_{r+1}+\cdots+y_s\boldsymbol{b}_s=\boldsymbol{0}$$

である．$\boldsymbol{a}_1, \ldots, \boldsymbol{a}_r, \boldsymbol{b}_{r+1}, \ldots, \boldsymbol{b}_s$ の 1 次独立性から $x_1 = \cdots = x_r = y_{r+1} = y_s = 0$ となって 1 次独立性が示される．直和のときは $U \cap V = \{\mathbf{0}\}$, $\dim U \cap V = 0$ だからである．

問題 6.2　$L\{\boldsymbol{a}_1, \boldsymbol{a}_2, \ldots, \boldsymbol{a}_m\} \subset V \Rightarrow \boldsymbol{a}_i \subset V$ であるが，逆に $\boldsymbol{a}_i \in V$ $(i = 1, 2, \ldots, m)$ ならば V は和とスカラー倍について閉じているので $\boldsymbol{a}_i$ $(i = 1, 2, \ldots, m)$ の 1 次結合全体を含む，すなわち $L\{\boldsymbol{a}_1, \boldsymbol{a}_2, \ldots, \boldsymbol{a}_m\} \subset V$.

問題 6.3　(a)　$\mathbf{0} \in V \quad \therefore \ V \neq \phi, \boldsymbol{x}_1, \boldsymbol{x}_2 \in V = \{\boldsymbol{x} \in \boldsymbol{R}^n; A\boldsymbol{x} = \mathbf{0}\}$ ならば $\lambda \boldsymbol{x}_1 + \mu \boldsymbol{x}_2 \in V$ だから部分空間である．

(b)　$\boldsymbol{x}(\neq \mathbf{0}) \in V = \{\boldsymbol{x} \in \boldsymbol{R}^n; A\boldsymbol{x} = \boldsymbol{b}\}$ とすると $2\boldsymbol{x} \notin V$ だから　部分空間をなさない．

問題 7.1　(a)

$\boldsymbol{a}_1$	$\boldsymbol{a}_2$	$\boldsymbol{a}_3$	$\boldsymbol{a}_4$
1	−1	−3	−1
3	−1	−5	3
−2	1	4	1
1	−1	−3	0
0	2	4	6
0	−1	−2	−1
1	−1	−3	0
0	1	2	3
0	0	0	2

3 次元，基底は $\boldsymbol{a}_1, \boldsymbol{a}_2, \boldsymbol{a}_4$

(b)

$\boldsymbol{a}_1$	$\boldsymbol{a}_2$	$\boldsymbol{a}_3$	$\boldsymbol{a}_4$
3	−5	1	4
2	−8	3	12
4	−2	−1	−4
2	−8	3	12
6	−10	2	8
0	14	−7	−28
2	−8	3	12
0	2	−1	−4
0	0	0	0

2 次元，基底は $\boldsymbol{a}_1, \boldsymbol{a}_2$

(c)

$\boldsymbol{a}_1$	$\boldsymbol{a}_2$	$\boldsymbol{a}_3$	$\boldsymbol{a}_4$
1	3	−2	6
−1	−3	2	−6
3	9	−6	18
1	3	−2	6
0	0	0	0
0	0	0	0

1 次元，基底は $\boldsymbol{a}_1$

問題 7.2　(a)

$\boldsymbol{a}_1$	$\boldsymbol{a}_2$	$\boldsymbol{a}_3$	$\boldsymbol{a}_4$
1	0	−1	1
−1	1	0	−1
0	2	1	3
1	−1	0	1
1	0	−1	1
0	1	−1	0
0	2	1	3
0	−1	1	0
1	0	−1	1
0	1	−1	0
0	0	3	3
0	0	0	0

3 次元，基底は $\boldsymbol{a}_1, \boldsymbol{a}_2, \boldsymbol{a}_3$

(b)

$\boldsymbol{a}_1$	$\boldsymbol{a}_2$	$\boldsymbol{a}_3$	$\boldsymbol{a}_4$
1	4	2	4
1	3	1	2
1	2	0	0
0	−1	−1	−2
1	4	2	4
0	−1	−1	−2
0	−2	−2	−4
0	−1	−1	−2
1	4	2	4
0	1	1	2
0	0	0	0
0	0	0	0

2 次元，基底は $\boldsymbol{a}_1, \boldsymbol{a}_2$

問題 7.3　右の表から

$L\{\boldsymbol{b}_1, \boldsymbol{b}_2\} \subset L\{\boldsymbol{a}_1, \boldsymbol{a}_2, \boldsymbol{a}_3\}$,

$\dim L\{\boldsymbol{b}_1, \boldsymbol{b}_2\} = 2 = \dim L\{\boldsymbol{a}_1, \boldsymbol{a}_2, \boldsymbol{a}_3\}$

よって $L\{\boldsymbol{a}_1, \boldsymbol{a}_2, \boldsymbol{a}_3\} = L\{\boldsymbol{b}_1, \boldsymbol{b}_2\}$

また，$\boldsymbol{a}_1 = (-4, 1)$

$\boldsymbol{a}_1$	$\boldsymbol{a}_2$	$\boldsymbol{a}_3$	$\boldsymbol{b}_1$	$\boldsymbol{b}_2$
1	3	5	1	5
1	1	3	0	1
2	2	6	0	2
1	3	5	1	5
0	−2	−2	−1	−4
0	0	0	0	0

$\boldsymbol{b}_1$	$\boldsymbol{b}_2$
1	5
0	1
0	2
1	5
0	1
0	0

問題 8.1　(a)　2 次元，基底は $(-1,0,1), (-1,1,0)$

(b)

x	y	z	u	v
1	−2	3	−1	0
1	−1	−1	2	−1
1	−2	3	−1	0
0	1	−4	3	−1
1	0	−5	5	−2
0	1	−4	3	−1

$5 - 2 = 3$ 次元，

基底は

$(2, 1, 0, 0, 1)$,

$(-5, -3, 0, 1, 0)$,

$(5, 4, 1, 0, 0)$

(c)

x	y	z	u
1	1	−2	3
1	−2	1	−1
1	7	−8	11
1	−5	4	−1
1	1	−2	3
0	−3	3	−4
0	6	−6	8
0	−6	6	−4
1	0	−1	0
0	1	−1	0
0	0	0	1

$4 - 3 = 1$ 次元，

基底は $(1, 1, 1, 0)$

(d)

x	y	z	u
1	−1	−1	2
−1	3	2	−2
−1	3	4	−1
2	6	−5	4
1	−1	−1	2
0	2	1	0
0	2	3	1
0	8	−3	0
1	−1	−1	2
0	2	1	0
0	0	2	1
0	0	−7	0
1	−1	0	2
0	2	0	0
0	0	0	1
0	0	1	0
1	0	0	0
0	1	0	0
0	0	1	0
0	0	0	1

$4 - 4 = 0$ 次元．

問題 9.1　(a)　右の表から，

$\boldsymbol{x} \in U \cap V$ である条件は

$$\begin{cases} -x +z = 0 \\ -2x -2y +u = 0 \\ x +11z -2u = 0 \\ y -20z +3u = 0 \end{cases}$$

である．

$\boldsymbol{a}_1$	$\boldsymbol{a}_2$	$\boldsymbol{x}$
1	−1	x
0	1	y
1	−1	z
2	0	u
1	−1	x
0	1	y
0	0	$z-x$
0	2	$u-2x$
1	−1	x
0	1	y
0	0	$z-x$
0	0	$u-2x-2y$

$\boldsymbol{b}_1$	$\boldsymbol{b}_2$	$\boldsymbol{x}$
2	3	x
−3	−1	y
0	1	z
1	7	u
1	7	u
0	−11	$x-2u$
0	20	$y+3u$
0	1	z
1	7	u
0	1	z
0	0	$x-2u+11z$
0	0	$y+3u-20z$

表から，$U \cap V$ は $(1,2,1,6)$ で生成される 1 次元の部分空間である．また，$\mathrm{rank}\,[\boldsymbol{a}_1\ \boldsymbol{a}_2\ \boldsymbol{b}_1\ \boldsymbol{b}_2] = 3$ だから $U+V = L\{\boldsymbol{a}_1, \boldsymbol{a}_2, \boldsymbol{b}_1\}$ である．

x	y	z	u
-1	0	1	0
-2	-2	0	1
1	0	11	-2
0	1	-20	3
1	0	-1	0
0	-2	-2	1
0	0	12	-2
0	1	-20	3
1	0	-1	0
0	1	-20	3
0	0	6	-1
0	0	-42	7
1	0	-1	0
0	1	-20	3
0	0	-6	1
0	0	0	0
1	0	-1	0
0	1	-2	0
0	0	-6	1
0	0	0	0

$\boldsymbol{a}_1$	$\boldsymbol{a}_2$	$\boldsymbol{b}_1$	$\boldsymbol{b}_2$
1	-1	2	3
0	1	-3	-1
1	-1	0	1
2	0	1	7
1	-1	2	3
0	1	-3	-1
0	0	-2	-2
0	2	-3	1
1	-1	2	3
0	1	-3	-1
0	0	1	1
0	0	0	0

(b) 右の表から，$\boldsymbol{b}_1 \in L\{\boldsymbol{a}_1, \boldsymbol{a}_2\}$．ゆえに，$V \subset U$, $U+V = U = L\{\boldsymbol{a}_1, \boldsymbol{a}_2\}$, $U \cap V = V = L\{\boldsymbol{b}_1\}$．

$\boldsymbol{a}_1$	$\boldsymbol{a}_2$	$\boldsymbol{b}_1$
1	-1	1
-1	2	1
1	0	3
-1	1	-1
1	-1	1
0	1	2
0	1	2
0	0	0
1	-1	1
0	1	2
0	0	0
0	0	0

問題 10.1 $|\boldsymbol{a}| = 2\sqrt{7}$, $|\boldsymbol{b}| = 2\sqrt{3}$, $\boldsymbol{a}\cdot\boldsymbol{b} = 12$

問題 10.2 $|\boldsymbol{a}| = \sqrt{10}$, $|\boldsymbol{b}| = \sqrt{2}$, $\boldsymbol{a}\cdot\boldsymbol{b} = 2$

問題 10.3 $|\boldsymbol{a}| = 3\sqrt{2}$, $|\boldsymbol{b}| = 2\sqrt{3}$, $\boldsymbol{a}\cdot\boldsymbol{b} = 0$

問題 11.1 $\boldsymbol{a}\cdot\boldsymbol{b} = 2b + a - 4 = 0$, $\boldsymbol{b}\cdot\boldsymbol{c} = 3b - 3 - 2c = 0$, $\boldsymbol{c}\cdot\boldsymbol{a} = 6 - 3a + 2c = 0$ から $a = 2, b = 1, c = 0$ を得るので正規化して $\boldsymbol{a}/|\boldsymbol{a}| = (1/\sqrt{3}, 1/\sqrt{3}, 1/\sqrt{3})$, $\boldsymbol{b}/|\boldsymbol{b}| = (1/\sqrt{6}, 1/\sqrt{6}, -2/\sqrt{6})$, $\boldsymbol{c}/|\boldsymbol{c}| = (1/\sqrt{2}, -1/\sqrt{2}, 0)$

問題 11.2 (a) $|\boldsymbol{a}| = \sqrt{10}$, $|\boldsymbol{b}| = \sqrt{66}$, $\boldsymbol{a}\cdot\boldsymbol{b} = 11$, $\theta = \cos^{-1}(11/\sqrt{660})$ (b) $\pm(1/\sqrt{3}, -1/\sqrt{3}, 0, 1/\sqrt{3})$ または $\pm(2/\sqrt{5}, 0, 1/\sqrt{5}, 0)$

問題 12.1 $1 = \boldsymbol{a}\cdot\boldsymbol{a} = (\boldsymbol{b}+\boldsymbol{c})\cdot(\boldsymbol{b}+\boldsymbol{c})$ から $\boldsymbol{b}\cdot\boldsymbol{c} = -6$ を得る．同様に $\boldsymbol{a}\cdot\boldsymbol{c} = -3$, $\boldsymbol{a}\cdot\boldsymbol{b} = 2$.

問題 12.2 $|\boldsymbol{a}+\boldsymbol{b}|^2 = (\boldsymbol{a}+\boldsymbol{b})\cdot(\boldsymbol{a}+\boldsymbol{b}) = |\boldsymbol{a}|^2 + 2\boldsymbol{a}\cdot\boldsymbol{b} + |\boldsymbol{b}|^2$ から $-|\boldsymbol{a}|^2/2 = \boldsymbol{a}\cdot\boldsymbol{b} = |\boldsymbol{a}||\boldsymbol{b}|\cos\theta = |\boldsymbol{a}|^2\cos\theta$ を得る．$\cos\theta = -1/2$ よって$\theta = 2\pi/3$.

問題 12.3 $7 = (\boldsymbol{a}-\boldsymbol{b})\cdot(\boldsymbol{a}-\boldsymbol{b}) = |\boldsymbol{a}|^2 - 2\boldsymbol{a}\cdot\boldsymbol{b} + |\boldsymbol{b}|^2 = 13 - 2\boldsymbol{a}\cdot\boldsymbol{b}$ より $\boldsymbol{a}\cdot\boldsymbol{b} = 3$. よって，$\cos\theta = \boldsymbol{a}\cdot\boldsymbol{b}/|\boldsymbol{a}||\boldsymbol{b}| = 1/2$ よって $\theta = \pi/3$.

問題 12.4 $|\boldsymbol{a}+\boldsymbol{b}|^2 = |\boldsymbol{a}|^2 + 2\boldsymbol{a}\cdot\boldsymbol{b} + |\boldsymbol{b}|^2$, $|\boldsymbol{a}-\boldsymbol{b}|^2 = |\boldsymbol{a}|^2 - 2\boldsymbol{a}\cdot\boldsymbol{b} + |\boldsymbol{b}|^2$ が成り立つ.

(a) 辺々加えて $|\boldsymbol{a}+\boldsymbol{b}|^2+|\boldsymbol{a}-\boldsymbol{b}|^2=2(|\boldsymbol{a}|^2+|\boldsymbol{b}|^2)$ (b) 辺々引いて $|\boldsymbol{a}+\boldsymbol{b}|^2-|\boldsymbol{a}-\boldsymbol{b}|^2=4\boldsymbol{a}\cdot\boldsymbol{b}$.

問題 13.1 (a) $1/2+b^2=a^2+1/2=1,\ a/\sqrt{2}-b/\sqrt{2}=0$ から $a=b=\pm 1/\sqrt{2}$

(b) $a+2b+c=0,\ a-b+c=0,\ a^2+b^2+c^2=1$ から $b=0,\ a=-c=\pm 1/\sqrt{2}$

(c) $a=b=\pm 12/13,\ c=d=0$

問題 13.2 $P=\begin{bmatrix} a & b \\ c & d \end{bmatrix}$ とおくと $a^2+c^2=1$ から $a=\cos\theta,\ c=\sin\theta$ となる θ を選べる．また，${}^tPP=E$ の両辺の行列式をとって $|{}^tPP|=|{}^tP||P|=|P|^2=1\quad\therefore\quad |P|=\pm 1$.
$|P|=1$ のとき，${}^tP=P^{-1}$ から $\begin{bmatrix} a & c \\ b & d \end{bmatrix}=\begin{bmatrix} d & -b \\ -c & a \end{bmatrix}$. よって $d=a, b=-c$. すなわち $P=\begin{bmatrix} \cos\theta & -\sin\theta \\ \sin\theta & \cos\theta \end{bmatrix}$.
$|P|=-1$ のとき，$\begin{bmatrix} a & c \\ b & d \end{bmatrix}=-\begin{bmatrix} d & -b \\ -c & a \end{bmatrix}$. よって $d=-a, b=c$. すなわち $P=\begin{bmatrix} \cos\theta & \sin\theta \\ \sin\theta & -\cos\theta \end{bmatrix}$.

注意 $|P|=1$ のとき P を**回転**，$|P|=-1$ のとき**折り返し**という．

問題 14.1 (a) $\boldsymbol{a}_1=\boldsymbol{x}_1/|\boldsymbol{x}_1|=(-1/\sqrt{10},3/\sqrt{10})$
$\boldsymbol{y}_2=\boldsymbol{x}_2-(\boldsymbol{x}_2\cdot\boldsymbol{a}_1)\boldsymbol{a}_1=(2,-1)-(-5/\sqrt{10})(-1/\sqrt{10},3/\sqrt{10})=(3/2,1/2)$
$\boldsymbol{a}_2=\boldsymbol{y}_2/|\boldsymbol{y}_2|=(3/\sqrt{10},1/\sqrt{10})$

(b) $\boldsymbol{a}_1=(1/\sqrt{2},1/\sqrt{2},0)$
$\boldsymbol{y}_2=\boldsymbol{x}_2-(\boldsymbol{x}_2\cdot\boldsymbol{a}_1)\boldsymbol{a}_1=(1,0,1)-(1/\sqrt{2})(1/\sqrt{2},1/\sqrt{2},0)=(1/2,-1/2,1)$
$\boldsymbol{a}_2=(1/\sqrt{6},-1/\sqrt{6},2/\sqrt{6})$
$\boldsymbol{y}_3=\boldsymbol{x}_3-(\boldsymbol{x}_3\cdot\boldsymbol{a}_1)\boldsymbol{a}_1-(\boldsymbol{x}_3\cdot\boldsymbol{a}_2)\boldsymbol{a}_2=(0,1,1)-(1/\sqrt{2})(1/\sqrt{2},1/\sqrt{2},0)-(1/\sqrt{6})(1/\sqrt{6},-1/\sqrt{6},2/\sqrt{6})=(-2/3,2/3,2/3)$, $\boldsymbol{a}_3=(-1/\sqrt{3},1/\sqrt{3},1/\sqrt{3})$

(c) $\boldsymbol{a}_1=(1/\sqrt{3},1/\sqrt{3},1/\sqrt{3})$
$\boldsymbol{y}_2=\boldsymbol{x}_2-(\boldsymbol{x}_2\cdot\boldsymbol{a}_1)\boldsymbol{a}_1=(1,0,1)-(2/\sqrt{3})(1/\sqrt{3},1/\sqrt{3},1/\sqrt{3})=(1/3,-2/3,1/3)$
$\boldsymbol{a}_2=(1/\sqrt{6},-2/\sqrt{6},1/\sqrt{6})$
$\boldsymbol{y}_3=(-1,0,1)$, $\boldsymbol{a}_3=(-1/\sqrt{2},0,1/\sqrt{2})$

(d) $\boldsymbol{a}_1=(1/\sqrt{2},1/\sqrt{2},0,0)$
$\boldsymbol{y}_2=\boldsymbol{x}_2-(\boldsymbol{x}_2\cdot\boldsymbol{a}_1)\boldsymbol{a}_1=(0,1,1,0)-(1/\sqrt{2})(1/\sqrt{2},1/\sqrt{2},0,0)=(-1/2,1/2,1,0)$
$\boldsymbol{a}_2=(-1/\sqrt{6},1/\sqrt{6},2/\sqrt{6},0)$
$\boldsymbol{y}_3=\boldsymbol{x}_3-(\boldsymbol{x}_3\cdot\boldsymbol{a}_1)\boldsymbol{a}_1-(\boldsymbol{x}_3\cdot\boldsymbol{a}_2)\boldsymbol{a}_2=(0,0,1,1)-(2/\sqrt{6})(-1/\sqrt{6},1/\sqrt{6},2/\sqrt{6},0)=(1/3,-1/3,1/3,1)$, $\boldsymbol{a}_3=(1/2\sqrt{3},-1/2\sqrt{3},1/2\sqrt{3},3/2\sqrt{3})$

4

$\boldsymbol{y}_4 = \boldsymbol{x}_4 - (\boldsymbol{x}_4 \cdot \boldsymbol{a}_1)\boldsymbol{a}_1 - (\boldsymbol{x}_4 \cdot \boldsymbol{a}_2)\boldsymbol{a}_2 - (\boldsymbol{x}_4 \cdot \boldsymbol{a}_3)\boldsymbol{a}_3 = (1,1,0,1) - (2/\sqrt{2})(1/\sqrt{2}, 1/\sqrt{2}, 0, 0) - (3/2\sqrt{3})(1/2\sqrt{3}, -1/2\sqrt{3}, 1/2\sqrt{3}, 3/2\sqrt{3}) = (-1/2, 1/2, -1/2, 1/2) = \boldsymbol{a}_4$

問題 15.1 V の正規直交基底に正規直交系 $\boldsymbol{u}_1, \ldots, \boldsymbol{u}_s$ を補充して $\boldsymbol{R}^n$ の正規直交基底を作ると $V^\perp$ は $\boldsymbol{u}_1, \ldots, \boldsymbol{u}_s$ で生成される部分空間である．よって $\boldsymbol{R}^n = V \oplus V^\perp$.

問題 15.2 (a) $L\{(-7,0,1),(0,1,0)\}$ (b) $L\{(1,1,4)\}$

(c) $L\{(-2,-2,0,1),(1,0,1,0)\}$

問題 16.1 (a) $\boldsymbol{a} = (a_1,a_2,a_3)$, $\boldsymbol{b} = (b_1,b_2,b_3)$, $\boldsymbol{c} = (c_1,c_2,c_3)$ とする．

$\boldsymbol{b} \times \boldsymbol{c} = (b_2c_3 - b_3c_2, b_3c_1 - b_1c_3, b_1c_2 - b_2c_1)$

$\boldsymbol{a} \times (\boldsymbol{b} \times \boldsymbol{c}) = (a_2(b_1c_2 - b_2c_1) - a_3(b_3c_1 - b_1c_3), a_3(b_2c_3 - b_3c_2) - a_1(b_1c_2 - b_2c_1), a_1(b_3c_1 - b_1c_3) - a_2(b_2c_3 - b_3c_2)) = ((a_2c_2 + a_3c_3)b_1 - (a_2b_2 + a_3b_3)c_1, (a_3c_3 + a_1c_1)b_2 - (a_3b_3 + a_1b_1)c_2, (a_1c_1 + a_2c_2)b_3 - (a_1b_1 + a_2b_2)c_3)$

$(\boldsymbol{a} \cdot \boldsymbol{c})\boldsymbol{b} - (\boldsymbol{a} \cdot \boldsymbol{b})\boldsymbol{c} = ((a_1c_1 + a_2c_2 + a_3c_3)b_1 - (a_1b_1 + a_2b_2 + a_3b_3)c_1, (a_1c_1 + a_2c_2 + a_3c_3)b_2 - (a_1b_1 + a_2b_2 + a_3b_3)c_2, (a_1c_1 + a_2c_2 + a_3c_3)b_3 - (a_1b_1 + a_2b_2 + a_3b_3)c_3) = ((a_2c_2 + a_3c_3)b_1 - (a_2b_2 + a_3b_3)c_1, (a_1c_1 + a_3b_3)b_2 - (a_1b_1 + a_3b_3)c_2, (a_1c_1 + a_2c_2)b_3 - (a_1b_1 + a_2b_2)c_3)$

(b)
$$\boldsymbol{a} \times (\boldsymbol{b} \times \boldsymbol{c}) = (\boldsymbol{a} \cdot \boldsymbol{c})\boldsymbol{b} - (\boldsymbol{a} \cdot \boldsymbol{b})\boldsymbol{c}$$
$$\boldsymbol{b} \times (\boldsymbol{c} \times \boldsymbol{a}) = (\boldsymbol{b} \cdot \boldsymbol{a})\boldsymbol{c} - (\boldsymbol{b} \cdot \boldsymbol{c})\boldsymbol{a}$$
$$\boldsymbol{c} \times (\boldsymbol{a} \times \boldsymbol{b}) = (\boldsymbol{c} \cdot \boldsymbol{b})\boldsymbol{a} - (\boldsymbol{c} \cdot \boldsymbol{a})\boldsymbol{b}$$

これらを辺々加えると求める等式を得る．この等式を**ヤコビの等式**という．

(c) $(\boldsymbol{a} \times \boldsymbol{b}) \cdot (\boldsymbol{c} \times \boldsymbol{d}) = (\boldsymbol{a}, \boldsymbol{b}, \boldsymbol{c} \times \boldsymbol{d}) = (\boldsymbol{b}, \boldsymbol{c} \times \boldsymbol{d}, \boldsymbol{a}) = ((\boldsymbol{b} \times (\boldsymbol{c} \times \boldsymbol{d})) \cdot \boldsymbol{a} = ((\boldsymbol{b} \cdot \boldsymbol{d})\boldsymbol{c} - (\boldsymbol{b} \cdot \boldsymbol{c})\boldsymbol{d}) \cdot \boldsymbol{a} = (\boldsymbol{b} \cdot \boldsymbol{d})(\boldsymbol{c} \cdot \boldsymbol{a}) - (\boldsymbol{b} \cdot \boldsymbol{c})(\boldsymbol{d} \cdot \boldsymbol{a}) = (\boldsymbol{a} \cdot \boldsymbol{c})(\boldsymbol{b} \cdot \boldsymbol{d}) + (\boldsymbol{a} \cdot \boldsymbol{d})(\boldsymbol{b} \cdot \boldsymbol{c})$

(d) $(\boldsymbol{a} \times \boldsymbol{b}) \times (\boldsymbol{c} \times \boldsymbol{d}) = ((\boldsymbol{a} \times \boldsymbol{b}) \cdot \boldsymbol{d})\boldsymbol{c} - ((\boldsymbol{a} \times \boldsymbol{b} \cdot \boldsymbol{c})\boldsymbol{d} = (\boldsymbol{a}, \boldsymbol{b}, \boldsymbol{d})\boldsymbol{c} - (\boldsymbol{a}, \boldsymbol{b}, \boldsymbol{c})\boldsymbol{d}$,
$(\boldsymbol{a} \times \boldsymbol{b}) \times (\boldsymbol{c} \times \boldsymbol{d}) = -(\boldsymbol{c} \times \boldsymbol{d}) \times (\boldsymbol{a} \times \boldsymbol{b}) = -((\boldsymbol{c} \times \boldsymbol{d}) \cdot \boldsymbol{b})\boldsymbol{a} + ((\boldsymbol{c} \times \boldsymbol{d}) \cdot \boldsymbol{a})\boldsymbol{b} = (\boldsymbol{c}, \boldsymbol{d}, \boldsymbol{a})\boldsymbol{b} - (\boldsymbol{c}, \boldsymbol{d}, \boldsymbol{b})\boldsymbol{a} = (\boldsymbol{a}, \boldsymbol{c}, \boldsymbol{d})\boldsymbol{b} - (\boldsymbol{b}, \boldsymbol{c}, \boldsymbol{d})\boldsymbol{a}$

問題 16.2 $|\boldsymbol{a} \times \boldsymbol{b}| = |\boldsymbol{a}||\boldsymbol{b}| \sin\theta$, $\boldsymbol{a} \cdot \boldsymbol{b} = |\boldsymbol{a}||\boldsymbol{a}| \cos\theta$ を辺々を 2 乗して加えると $|\boldsymbol{a} \times \boldsymbol{b}|^2 = |\boldsymbol{a}|^2|\boldsymbol{b}|^2$

$(a_2b_3 - a_3b_2)^2 + (a_3b_1 - a_1b_3)^2 + (a_1b_2 - a_2b_1)^2 = (a_1^2 + a_2^2 + a_3^2)(b_1^2 + b_2^2 + b_3^2) - (a_1b_1 + a_2b_2 + a_3b_3)^2$

問題 16.3 $\boldsymbol{a} \times \boldsymbol{x} = \boldsymbol{b} \Rightarrow \boldsymbol{a} \cdot (\boldsymbol{a} \times \boldsymbol{x}) = \boldsymbol{a} \cdot \boldsymbol{b}$ の左辺は $\boldsymbol{a} \cdot (\boldsymbol{a} \times \boldsymbol{x}) = (\boldsymbol{a}, \boldsymbol{a}, \boldsymbol{x}) = 0$ である．よって $\boldsymbol{a} \cdot \boldsymbol{b} = 0$. 逆に，$\boldsymbol{a} \cdot \boldsymbol{b} = 0$ のとき，$\boldsymbol{x} = \dfrac{\boldsymbol{b} \times \boldsymbol{a}}{\boldsymbol{a} \cdot \boldsymbol{a}} + \mu\boldsymbol{a}$ (μは任意) とおくと

$$\boldsymbol{a} \times \boldsymbol{x} = \frac{1}{\boldsymbol{a} \cdot \boldsymbol{a}}(\boldsymbol{a} \times (\boldsymbol{b} \times \boldsymbol{a})) + \mu\boldsymbol{a} \times \boldsymbol{a} = \frac{1}{\boldsymbol{a} \cdot \boldsymbol{a}}((\boldsymbol{a} \cdot \boldsymbol{a})\boldsymbol{b} - (\boldsymbol{a} \cdot \boldsymbol{b})\boldsymbol{a}) = \boldsymbol{b}$$

となって $\boldsymbol{x}$ は解である．

問題 17.1 $\begin{vmatrix} 1 & -1 & -1 \\ 4 & 1 & 3 \\ 7 & 2 & 5 \end{vmatrix} = -3$．よって体積は 3.

問題 17.2 $\overrightarrow{\mathrm{AB}} = (3,4,-5)-(1,1,1)=(2,3,-6)$

$\overrightarrow{\mathrm{AC}} = (-4,2,3)-(1,1,1)=(-5,1,2)$　　$\therefore\ \dfrac{1}{6}\begin{vmatrix} 2 & 3 & -6 \\ -5 & 1 & 2 \\ -6 & 2 & 5 \end{vmatrix} = \dfrac{65}{6}$

$\overrightarrow{\mathrm{AD}} = (-5,3,6)-(1,1,1)=(-6,2,5)$

問題 17.3 $\overrightarrow{\mathrm{OA}} = \boldsymbol{a}_1$, $\overrightarrow{\mathrm{OB}} = \boldsymbol{a}_2$, $\overrightarrow{\mathrm{OC}} = \boldsymbol{a}_3$ とおくと，グラムの行列式から

$$(3!V)^2 = \begin{vmatrix} \boldsymbol{a}_1\cdot\boldsymbol{a}_1 & \boldsymbol{a}_1\cdot\boldsymbol{a}_2 & \boldsymbol{a}_1\cdot\boldsymbol{a}_3 \\ \boldsymbol{a}_2\cdot\boldsymbol{a}_1 & \boldsymbol{a}_2\cdot\boldsymbol{a}_2 & \boldsymbol{a}_2\cdot\boldsymbol{a}_3 \\ \boldsymbol{a}_3\cdot\boldsymbol{a}_1 & \boldsymbol{a}_3\cdot\boldsymbol{a}_2 & \boldsymbol{a}_3\cdot\boldsymbol{a}_3 \end{vmatrix} = \begin{vmatrix} a^2 & ab\cos\gamma & ac\cos\beta \\ ab\cos\gamma & b^2 & bc\cos\alpha \\ ac\cos\beta & bc\cos\alpha & c^2 \end{vmatrix}$$

$$= (abc)^2 \begin{vmatrix} 1 & \cos\gamma & \cos\beta \\ \cos\gamma & 1 & \cos\alpha \\ \cos\beta & \cos\alpha & 1 \end{vmatrix}$$

問題 17.4 (a)　$x_1\boldsymbol{a}_1 + x_2\boldsymbol{a}_2 + \cdots + x_m\boldsymbol{a}_m = \boldsymbol{0}$ とおく．$\boldsymbol{a}_1, \boldsymbol{a}_2, \ldots, \boldsymbol{a}_m$ との内積を考えると同次連立 1 次方程式

$$\begin{cases} \boldsymbol{a}_1\cdot\boldsymbol{a}_1x_1 + \boldsymbol{a}_1\cdot\boldsymbol{a}_2x_2 + \cdots + \boldsymbol{a}_1\cdot\boldsymbol{a}_mx_m = 0 \\ \boldsymbol{a}_2\cdot\boldsymbol{a}_1x_1 + \boldsymbol{a}_2\cdot\boldsymbol{a}_2x_2 + \cdots + \boldsymbol{a}_2\cdot\boldsymbol{a}_mx_m = 0 \\ \cdots\cdots\cdots \\ \boldsymbol{a}_m\cdot\boldsymbol{a}_1x_1 + \boldsymbol{a}_m\cdot\boldsymbol{a}_2x_2 + \cdots + \boldsymbol{a}_m\cdot\boldsymbol{a}_mx_m = 0 \end{cases}$$

を得るがこれが非自明解をもたないための必要十分条件は係数行列 ($\boldsymbol{a}_1, \boldsymbol{a}_2, \ldots, \boldsymbol{a}_m$ のグラム行列) が正則であることである．

(b)　$\boldsymbol{a}_1, \boldsymbol{a}_2, \ldots, \boldsymbol{a}_m$ が正規直交系であれば $\boldsymbol{a}_i\cdot\boldsymbol{a}_j = \delta_{ij}$ だから $G = E$ である．

問題 17.5 $d = (\boldsymbol{a}_1, \boldsymbol{a}_2, \boldsymbol{a}_3) \neq 0$ とおく．$\overline{\boldsymbol{a}}_1$ は条件から

$$\begin{cases} \boldsymbol{a}_2\cdot\overline{\boldsymbol{a}}_1 = \boldsymbol{a}_3\cdot\overline{\boldsymbol{a}}_1 = 0 \\ \boldsymbol{a}_1\cdot\overline{\boldsymbol{a}}_1 = 1 \end{cases}$$

をみたす．よって，$\overline{\boldsymbol{a}}_1 = \lambda\boldsymbol{a}_2\times\boldsymbol{a}_3$ と表されるから

$$1 = \boldsymbol{a}_1\cdot\overline{\boldsymbol{a}}_1 = \boldsymbol{a}_1\cdot(\lambda\boldsymbol{a}_2\times\boldsymbol{a}_3) = \lambda(\boldsymbol{a}_1, \boldsymbol{a}_2, \boldsymbol{a}_3) = \lambda d \qquad \therefore\ \lambda = \frac{1}{d}$$

したがって $\overline{\boldsymbol{a}}_1 = \dfrac{\boldsymbol{a}_2\times\boldsymbol{a}_3}{d}$．同様に $\overline{\boldsymbol{a}}_2 = \dfrac{\boldsymbol{a}_3\times\boldsymbol{a}_1}{d}$, $\overline{\boldsymbol{a}}_3 = \dfrac{\boldsymbol{a}_1\times\boldsymbol{a}_2}{d}$ を得る．
また，$x_1\overline{\boldsymbol{a}}_1 + x_2\overline{\boldsymbol{a}}_2 + x_3\overline{\boldsymbol{a}}_3 = \boldsymbol{0}$ とおき，$\boldsymbol{a}_1$ との内積をとると $x_1 = 0$ が得られる．同様に，$\boldsymbol{a}_2, \boldsymbol{a}_3$ との内積から $x_2 = x_3 = 0$ が得られるから $\overline{\boldsymbol{a}}_1, \overline{\boldsymbol{a}}_2, \overline{\boldsymbol{a}}_3$ は 1 次独立である．

問題 18.1 $\boldsymbol{l}_1 = (2,3,4), \boldsymbol{l}_2 = (1,1,1), \boldsymbol{x}_1 = (1,2,0), \boldsymbol{x}_2 = (0,0,0)$

$d = \dfrac{(\boldsymbol{x}_1 - \boldsymbol{x}_2, \boldsymbol{l}_1, \boldsymbol{l}_2)}{\boldsymbol{l}_1\times\boldsymbol{l}_2} = \dfrac{3}{\sqrt{6}}$

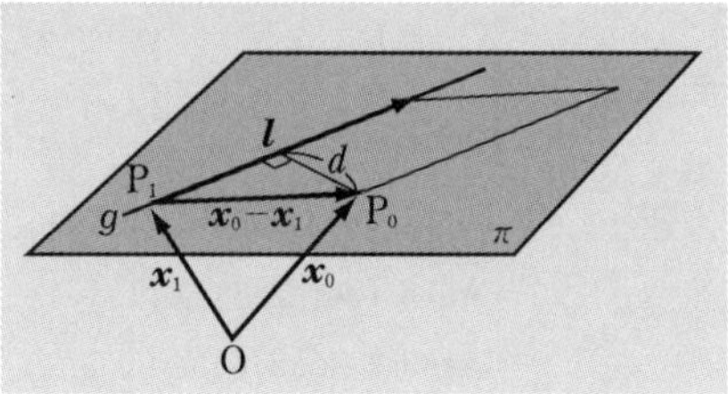

問題 18.2 g と P_0 で定まる平面上で考える．ベクトル $\boldsymbol{x}_1-\boldsymbol{x}_0$ と $\boldsymbol{l}$ が定める平行四辺形の面積 S は $S=|(\boldsymbol{x}_1-\boldsymbol{x}_0)\times\boldsymbol{l}|=|\boldsymbol{l}|d$ であるから，両辺を $|\boldsymbol{l}|$ で割れば求める式を得る．

問題 18.3 $\boldsymbol{x}_0=(3,-1,2)$, $\boldsymbol{x}_1=(1,-1,1)$, $\boldsymbol{l}=(1,1,1)$, $\boldsymbol{x}_1-\boldsymbol{x}_0=(-2,0,-1)$, $d=\sqrt{6}/\sqrt{3}=\sqrt{2}$.

4

第 5 章の解答

問題 1.1 (→ 第 1 章問題 4.1) $A=\begin{bmatrix} a & b \\ c & d \end{bmatrix}$ とすると $\varphi(t)=\begin{vmatrix} a-t & b \\ c & d-t \end{vmatrix}=t^2-(a+d)t+(ad-bc)$.

$$\therefore\quad \varphi(A)=\begin{bmatrix} a & b \\ c & d \end{bmatrix}^2-(a+d)\begin{bmatrix} a & b \\ c & d \end{bmatrix}+(ad-bc)E$$

$$=\begin{bmatrix} a^2+bc & ab+bd \\ ac+cd & bc+d^2 \end{bmatrix}-\begin{bmatrix} a^2+ad & ab+bd \\ ac+cd & ad+d^2 \end{bmatrix}+\begin{bmatrix} ad-bc & 0 \\ 0 & ad-bc \end{bmatrix}=O$$

一般の場合はつぎのように証明される．A を n 次正方行列とし，$\varphi(t)=|A-tE|$ を A の固有多項式とする．因数定理によって $\varphi(x)-\varphi(y)=(x-y)g(x,y)$ で $g(x,y)$ は x,y の $n-1$ 次の多項式である．これに $x=A$, $y=tE$ を代入すると $\varphi(A)-\varphi(t)E=(A-tE)g(A,tE)$. すなわち $\varphi(A)=\varphi(t)E+(A-tE)g(A,tE)$ である．一方，余因子行列の性質から $\varphi(t)E=(A-tE)\mathrm{adj}\ (A-tE)$ だからこれを上式に代入して

$$\varphi(A)=(A-tE)(\mathrm{adj}\ (A-tE)+g(A,tE))$$

を得る．ここで，第 2 因子は成分が t の $n-1$ 次の多項式だから n 次正方行列 $C_{n-1},\dots,C_1,C_0$ が存在して

$$\mathrm{adj}\,(A-tE)+g(A,tE)=C_{n-1}t^{n-1}+\cdots+C_1t+C_0$$

となるから

$$\varphi(A)=(A-tE)(C_{n-1}t^{n-1}+\cdots+C_1t+C_0)$$

$$=-C_{n-1}t^n+(AC_{n-1}-C_{n-2})t^{n-1}+\cdots+(AC_1-C_0)t+AC_0$$

である．ところが，左辺は t に無関係だから右辺の t の係数はすべて 0 でなければならない．よって，$C_{n-1}=O\ \therefore\ C_{n-2}=O\ \cdots\quad \therefore\ C_1=O\quad \therefore\ C_0=O$ となり $\varphi(A)=O$ である．

問題 1.2 $|P^{-1}AP-E|=|P^{-1}(A-E)P|=|P^{-1}||A-E||P|=|A-E|$

問題 1.3 $|{}^tA-tE|=|{}^t(A-tE)|=|A-tE|$

問題 1.4 固有多項式の定数項は固有値の積であり，これが 0 でないことと固有値に 0 が含まれないことは同値である．

問題 2.1 (a) $A\boldsymbol{x}=\lambda\boldsymbol{x}$ の両辺に A を左からかけて $A^2\boldsymbol{x}=\lambda A\boldsymbol{x}=\lambda^2\boldsymbol{x}$. 一方，$A^2\boldsymbol{x}=E\boldsymbol{x}=\boldsymbol{x}$. よって $\lambda^2\boldsymbol{x}=\boldsymbol{x}$, $\boldsymbol{x}\neq\boldsymbol{0}$ から $\lambda^2=1\quad\therefore\quad\lambda=\pm1$.

(b) $A^k=O$ とすると $A^k\boldsymbol{x}=\lambda^k\boldsymbol{x}$ および $A^k\boldsymbol{x}=\boldsymbol{0}$ を得るから $\lambda^k=0\quad\therefore\quad\lambda=0$.

5

(c) A が正則なら固有値 $\lambda \neq 0$. $A\boldsymbol{x} = \lambda\boldsymbol{x}$ に左から A^{-1}, λ^{-1} をかければ $A^{-1}\boldsymbol{x} = \lambda^{-1}\boldsymbol{x}$ を得るが，これは λ^{-1} が A^{-1} の固有値であることを示している．

(d) $g(t) = \sum_{i=0}^{m} a_i t^i$ とすると $g(A) = \sum_{i=0}^{m} a_i A^i$. よって $g(A)\boldsymbol{x} = \sum_{i=0}^{m} a_i A^i \boldsymbol{x} = \sum_{i=0}^{m} a_i \lambda^i \boldsymbol{x} = g(\lambda)\boldsymbol{x}$

問題 2.2 (a) $\boldsymbol{x} = (1, 1, \ldots, 1)$ とおくと $A\boldsymbol{x} = \boldsymbol{x}$. これは 1 が固有値であることを示している．

(b) $A\boldsymbol{x} = \lambda\boldsymbol{x}$, $\boldsymbol{x} = {}^t[x_1\ x_2\ \cdots\ x_n]$ とし，$x_1, x_2, \ldots, x_n$ のうち絶対値が最大なものを $x_i\ (\neq 0)$ とする．$A\boldsymbol{x} = \lambda\boldsymbol{x}$ の第 i 行を比較すると $a_{i1}x_1 + a_{i2}x_2 + \cdots + a_{in}x_n = \lambda x_i$ を得る．

$$\begin{aligned} \therefore\quad |\lambda||x_i| &= |\lambda x_i| = |a_{i1}x_1 + a_{i2}x_2 + \cdots + a_{in}x_n| \\ &\leqq a_{i1}|x_1| + a_{i2}|x_2| + \cdots + a_{in}|x_n| \\ &\leqq (a_{i1} + a_{i2} + + \cdots + a_{in})|x_i| = |x_i| \qquad \therefore\quad |\lambda| \leqq 1 \end{aligned}$$

問題 2.3 固有多項式 $\varphi(t) = |A - tE| = (\lambda_1 - t)(\lambda_2 - t)\cdots(\lambda_n - t)$ に $t = 1$ を代入すると $\varphi(1) = |A - E| = (\lambda_1 - 1)(\lambda_2 - 1)\cdots(\lambda_n - 1)$ であるから $|E - A| = (-1)^n|A - E| = (-1)^n\varphi(1) = (1 - \lambda_1)(1 - \lambda_2)\cdots(1 - \lambda_n) > 0$.

問題 2.4 (a) $-1, 1$ (対合)　(b) $0, 1$ (べき等)　(c) $1/6, 1$ (確率)　(d) 0 (べき零)　(e) $0, 1$ (べき等)　(f) $-1, 0, 1$

問題 3.1 固有値 λ に対する固有空間を $V(\lambda)$ とする．

(a) $V(-1) = L\{(-1, 1)\}$, $V(3) = L\{(-5, 3)\}$　(b) $V(5) = L\{(-3, 2)\}$

(c) $V(-2) = L\{(1, -1, 2)\}$, $V(1) = L\{(0, -1, 1)\}$, $V(5) = L\{(1, -1, 1)\}$

(d) $V(-1) = L\{(1, 1, 2)\}$, $V(3) = L\{(1, 1, 1)\}$

(e) $V(-2) = L\{(1, 0, 1), (1, 1, 1)\}$　(f) $V(-1) = L\{(1, 0, 1)\}$

問題 4.1 固有値 λ に対する固有空間，一般固有空間をそれぞれ $V(\lambda)$, $W(\lambda)$ とする．

(a) $V(1) = W(1) = L\{(-1, 1, -0)\}$, $V(2) = W(2) = L\{(-2, 1, 2)\}$, $V(3) = W(3) = L\{(-1, 1, 2)\}$

(b) $V(1) = W(1) = L\{(-1, -2, 3)\}$, $V(3) = W(3) = L\{(-2, 0, 7), (1, 7, 0)\}$

(c) $V(2) = L\{(-1, -2, 3)\}$, $W(2) = \boldsymbol{R}^3$

問題 5.1 固有多項式は $\varphi(t) = t^2 - 5t + 7$. $t^4 - 4t^3 - t^2 + 2t - 5 = (t^2 + t - 3)\varphi(t) - 20t + 16$　$\therefore\quad \varphi(A) = -20A + 16E = \begin{bmatrix} -24 & 20 \\ -20 & -44 \end{bmatrix}$

問題 5.2 $A^3 - 3A^2 - 24A - 28E = O$ である．$-9E$.

問題 5.3 固有多項式は $\varphi(t) = t^3 - t^2 - t + 1$ であるから $A^3 - A = A^2 - E$.

$$\therefore \quad A^4 - A^2 = A^3 - A = A^2 - E, \quad \ldots, \quad A^n - A^{n-2} = A^2 - E$$

が成り立つ．これから

$$A^{100} = (A^{100} - A^{98}) + (A^{98} - A^{96}) + \cdots + (A^4 - A^2) + (A^2 - E) + E$$
$$= 50(A^2 - E) + E = 50A^2 - 49E = \begin{bmatrix} 1 & 0 & 0 \\ 50 & 1 & 0 \\ 50 & 0 & 1 \end{bmatrix}$$

実際，t^{100} を $\varphi(t)$ で割ると商 $q(t)$ は複雑であるが $t^{100} = q(t)\varphi(t) + 50t^2 + 49$ である．

問題 6.1 固有値 λ に対する標数を k, 代数的重複度を m とする．$n-m = \mathrm{rank}\,(A-\lambda E)^k < \mathrm{rank}\,(A-\lambda E)^{k-1} < \cdots < \mathrm{rank}\,(A-\lambda E) \leqq n-1$ だから $k \leqq (n-1)-(n-m)+1 = m$ を得る．

問題 6.2 $g(t) = q(t)f(t) + r(t)$, $\deg r(t) < \deg f(t)$ とし，t に A を代入すると $g(A) = f(A) = O$ だから $r(A) = O$ である．もし，$r(t) = 0$ でないとすると最高次の係数を 1 にすれば最小多項式よりも次数が低い多項式で A を代入すると O になるものが得られたことになるので矛盾である．また，固有値 λ に対する固有ベクトルを $\boldsymbol{x}$ とすると，$A\boldsymbol{x} = \lambda\boldsymbol{x}$. よって $f(A)\boldsymbol{x} = f(\lambda)\boldsymbol{x}$ で左辺は $\mathbf{0}$，右辺は $\boldsymbol{x} \neq \mathbf{0}$ より $f(\lambda) = 0$ である．

問題 6.3 $f(t)$ を最小多項式とするとすべての固有値は $f(t) = 0$ の根である．正則である必要十分条件は 0 を固有値にもたないことだから $f(t)$ の定数項 $= f(0) \neq 0$

問題 6.4 $\varphi(t)$ を固有多項式，$f(t)$ を最小多項式とする．

(a) $\varphi(t) = -(1+t)(2-t)(3-t)$，$f(t) = (t+1)(t-2)(t-3)$

(b) $\varphi(t) = (1+t)^2(5-t)$，$\mathrm{rank}\,(A+E) = 1 = 3-2$ から固有値 -1 の標数は 1 だから $f(t) = (t+1)(t-5)$

(c) $\varphi(t) = t^2(4-t)$, $\mathrm{rank}\,A = 2 \neq 3-2$, $\mathrm{rank}\,A^2 = 1 = 3-2$ から固有値 0 の標数は 2. よって，$f(t) = t^2(t-4)$

問題 7.1 (a) 固有多項式 $\varphi(t) = (\lambda - t)^2$. 固有空間の次元 (幾何的重複度) $\dim V(\lambda) = 2 - \mathrm{rank}\,(A - \lambda E) = 2 - 1 = 1 \neq 2$ (代数的重複度)．よって，対角化可能でない．

(b) 固有方程式 $\varphi(t) = (\lambda - t)(\mu - t) = 0$ が重根をもたないから対角化可能である．

(c) $\varphi(t) = (\lambda - t)^2(\mu - t)$. $\dim V(\lambda) = 3 - \mathrm{rank}\,(A - \lambda E) = 1 \neq 2$ だから対角化可能でない．

問題 8.1 (a) 固有多項式 $\varphi(t) = (t+3)(t-4)$，$P = \begin{bmatrix} -3 & -2 \\ 5 & 1 \end{bmatrix}$ とおくと

$$P^{-1}AP = \begin{bmatrix} -3 & 0 \\ 0 & 4 \end{bmatrix}$$

5

（b） $\varphi(t) = -(2+t)(3-t)(4-t)$. $P = \begin{bmatrix} -1 & 0 & -1 \\ -2 & 1 & 4 \\ 1 & 1 & 1 \end{bmatrix}$ とおくと

$$P^{-1}AP = \begin{bmatrix} -2 & 0 & 0 \\ 0 & 3 & 0 \\ 0 & 0 & 4 \end{bmatrix}$$

（c） $\varphi(t) = -t^2(6+t)$. $\dim V(0) = 3 - \operatorname{rank} A = 1 \neq 2$. よって，対角化可能でない．

問題 9.1　$g(t) = t^2 - t$ とおくと最小多項式 $f(t)$ は $g(t)$ の約数だから $f(t) = 0$ は重根をもたない．よって，A は対角化可能である．また，固有多項式は $\varphi(t) = (-1)^n t^s (t-1)^r$ の形だから適当な正則行列 P によって

$$P^{-1}AP = \begin{bmatrix} 1 & & & & & \\ & \ddots & & & & \\ & & 1 & & & \\ & & & 0 & & \\ & & & & \ddots & \\ & & & & & 0 \end{bmatrix} \begin{matrix} \left.\vphantom{\begin{matrix}1\\ \ddots \\ 1\end{matrix}}\right\} r \\ \\ \\ \end{matrix}$$

となる．$\operatorname{rank} A = \operatorname{rank}(P^{-1}AP) = r = \operatorname{tr}(P^{-1}AP) = \operatorname{tr} A$.

問題 9.2　（a） A の異なる n 個の正の固有値を $\lambda_1, \lambda_2, \cdots, \lambda_n$ とすると対角化可能だから適当な正則行列 P に対して

$$P^{-1}AP = \begin{bmatrix} \lambda_1 & & & \\ & \lambda_2 & & \\ & & \ddots & \\ & & & \lambda_n \end{bmatrix} = \begin{bmatrix} \sqrt{\lambda_1} & & & \\ & \sqrt{\lambda_2} & & \\ & & \ddots & \\ & & & \sqrt{\lambda_n} \end{bmatrix}^2 = C^2,$$

$$C = \begin{bmatrix} \sqrt{\lambda_1} & & & \\ & \sqrt{\lambda_2} & & \\ & & \ddots & \\ & & & \sqrt{\lambda_n} \end{bmatrix}$$

そこで，$B = PCP^{-1}$ とおくと

$$B^2 = PCP^{-1}PCP^{-1} = PC^2P^{-1} = A$$

である．

（b） $P = \begin{bmatrix} 1 & 1 \\ -1 & -2 \end{bmatrix}$ とおくと $P^{-1}AP = \begin{bmatrix} 1 & 0 \\ 0 & 4 \end{bmatrix}$.

そこで，

$$B = P\begin{bmatrix} 1 & 0 \\ 0 & 2 \end{bmatrix}P^{-1} = \begin{bmatrix} 1 & 1 \\ -1 & -2 \end{bmatrix}\begin{bmatrix} 1 & 0 \\ 0 & 2 \end{bmatrix}\begin{bmatrix} 2 & 1 \\ -1 & -1 \end{bmatrix} = \begin{bmatrix} 0 & -1 \\ 2 & 3 \end{bmatrix}$$

とおくと $B^2 = A$.

問題 10.1 λ, μ を異なる数とする．ジョルダン標準形の型はつぎの 3 つである．

固有多項式	最小多項式	ジョルダン標準形の型
$(t-\lambda)^2$	$t-\lambda$	$\begin{bmatrix} \lambda & 0 \\ 0 & \lambda \end{bmatrix}$
	$(t-\lambda)^2$	$\begin{bmatrix} \lambda & 1 \\ 0 & \lambda \end{bmatrix}$
$(t-\lambda)(t-\mu)$	$(t-\lambda)(t-\mu)$	$\begin{bmatrix} \lambda & 0 \\ 0 & \mu \end{bmatrix}$

問題 10.2 （a） 最小多項式が重根をもたないから対角化可能である．

$$\begin{bmatrix} \lambda & & & \\ & \lambda & & \\ & & \mu & \\ & & & \mu \end{bmatrix}$$

（b） λ の標数は 2 だから λ に関する最大のジョルダン細胞の次数は 2 である．

$$\begin{bmatrix} \lambda & 1 & & \\ & \lambda & & \\ & & \lambda & \\ & & & \mu \end{bmatrix}$$

（c） λ の標数は 3 だから最大のジョルダン細胞の次数は 3 である．

$$\begin{bmatrix} \lambda & 1 & & \\ & \lambda & 1 & \\ & & \lambda & \\ & & & \lambda \end{bmatrix}$$

問題 11.1 （a） 最小多項式は $f(t) = (t-\lambda)^3$ だから最大のジョルダン細胞の次数は 3 である．固有空間の次元 $\dim V(\lambda) = 7 - \operatorname{rank}(A - \lambda E) = 7 - 4 = 3$ はジョルダン細胞の個数であり，j 次のジョルダン細胞の個数を l_j とすると $l_1 = 1 - 8 + 7 = 0$, $l_2 = 0 - 2 + 4 = 2$, $l_3 = 0 - 0 + 1 = 1$ である．

$$\begin{bmatrix} \lambda & 1 & & & & & \\ & \lambda & & & & & \\ & & \lambda & 1 & & & \\ & & & \lambda & & & \\ & & & & \lambda & 1 & \\ & & & & & \lambda & 1 \\ & & & & & & \lambda \end{bmatrix}$$

（b） 最小多項式は $f(t) = (t-\lambda)^4$ で最大のジョルダン細胞の次数は 4 でありジョルダン細胞の個数（固有空間の次元）は 3 である．

$$\begin{bmatrix} \lambda & & & & & & \\ & \lambda & 1 & & & & \\ & & \lambda & & & & \\ & & & \lambda & 1 & & \\ & & & & \lambda & 1 & \\ & & & & & \lambda & 1 \\ & & & & & & \lambda \end{bmatrix}$$

問題 11.2 （a） $f(t) = (t-\lambda)^3$, $\dim V(\lambda) = 4 - \operatorname{rank}(A - \lambda E) = 2$

$$\begin{bmatrix} \lambda & & & \\ & \lambda & 1 & \\ & & \lambda & 1 \\ & & & \lambda \end{bmatrix}$$

（b） $f(t) = (t-\lambda)^2$, $\dim V(\lambda) = 4 - \operatorname{rank}(A - \lambda E) = 2$

$$\begin{bmatrix} \lambda & 1 & & \\ & \lambda & & \\ & & \lambda & 1 \\ & & & \lambda \end{bmatrix}$$

問題 11.3 A が 3 次の正方行列のとき，$\varphi(t) = (t-\lambda)^3$，$T = A - \lambda E$

階数			V の次元	λの標数	ジョルダン標準形	W の基底
T	T^2	T^3				
0	0	0	3	1	$\begin{bmatrix} \lambda & & \\ & \lambda & \\ & & \lambda \end{bmatrix}$	
1	0	0	2	2	$\begin{bmatrix} \lambda & 1 & \\ & \lambda & \\ & & \lambda \end{bmatrix}$	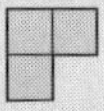
2	1	0	1	3	$\begin{bmatrix} \lambda & 1 & \\ & \lambda & 1 \\ & & \lambda \end{bmatrix}$	

A が 4 次の正方行列のとき，$\varphi(t) = (t-\lambda)^4$，$T = A - \lambda E$

階数				V の次元	λの標数	ジョルダン標準形	W の基底
T	T^2	T^3	T^4				
0	0	0	0	4	1	$\begin{bmatrix} \lambda & & & \\ & \lambda & & \\ & & \lambda & \\ & & & \lambda \end{bmatrix}$	
1	0	0	0	3	2	$\begin{bmatrix} \lambda & 1 & & \\ & \lambda & & \\ & & \lambda & \\ & & & \lambda \end{bmatrix}$	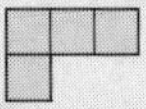
2	0	0	0	2	2	$\begin{bmatrix} \lambda & 1 & & \\ & \lambda & & \\ & & \lambda & 1 \\ & & & \lambda \end{bmatrix}$	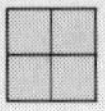
2	1	0	0	2	3	$\begin{bmatrix} \lambda & 1 & & \\ & \lambda & 1 & \\ & & \lambda & \\ & & & \lambda \end{bmatrix}$	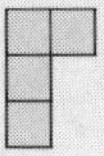
3	2	1	0	1	4	$\begin{bmatrix} \lambda & 1 & & \\ & \lambda & 1 & \\ & & \lambda & 1 \\ & & & \lambda \end{bmatrix}$	

問題 12.1 (a) $P = \begin{bmatrix} 5 & 1 \\ 5 & 0 \end{bmatrix}$，$P^{-1}AP = \begin{bmatrix} -4 & 1 \\ 0 & -4 \end{bmatrix}$ (b) $P = \begin{bmatrix} 3 & 1 \\ 1 & 0 \end{bmatrix}$，

$P^{-1}AP = \begin{bmatrix} -2 & 1 \\ 0 & -2 \end{bmatrix}$ （c） $P = \begin{bmatrix} -1 & -1 \\ 1 & 0 \end{bmatrix}$, $P^{-1}AP = \begin{bmatrix} 0 & 1 \\ 0 & 0 \end{bmatrix}$

問題 13.1 （a） $P = \begin{bmatrix} 1 & 1 & 0 \\ -2 & 0 & 1 \\ 1 & 0 & 0 \end{bmatrix}$, $P^{-1}AP = \begin{bmatrix} 7 & 1 & 0 \\ 0 & 7 & 0 \\ 0 & 0 & 7 \end{bmatrix}$

（b） $P= \begin{bmatrix} -9 & -3 & 14 \\ -18 & 3 & -5 \\ 27 & 0 & 0 \end{bmatrix}$, $P^{-1}AP = \begin{bmatrix} 2 & 1 & 0 \\ 0 & 2 & 1 \\ 0 & 0 & 2 \end{bmatrix}$

（c） $P = \begin{bmatrix} 1 & 0 & 0 \\ 1 & 0 & 1 \\ 0 & -1 & 1 \end{bmatrix}$, $P^{-1}AP = \begin{bmatrix} -2 & 1 & 0 \\ 0 & -2 & 0 \\ 0 & 0 & 4 \end{bmatrix}$

（d） $P = \begin{bmatrix} 0 & 0 & 1 & 0 \\ 0 & 1 & 0 & 0 \\ 1 & -1 & 0 & 1 \\ 1 & 0 & 0 & 0 \end{bmatrix}$, $P^{-1}AP = \begin{bmatrix} -1 & 1 & 0 & 0 \\ 0 & -1 & 0 & 0 \\ 0 & 0 & -1 & 1 \\ 0 & 0 & 0 & -1 \end{bmatrix}$

（e） $P = \begin{bmatrix} 0 & -1 & 0 & 1 \\ -1 & -1 & 0 & 2 \\ -1 & 0 & 1 & 3 \\ -1 & -2 & 0 & 2 \end{bmatrix}$, $P^{-1}AP = \begin{bmatrix} 4 & 1 & 0 & 0 \\ 0 & 4 & 1 & 0 \\ 0 & 0 & 4 & 0 \\ 0 & 0 & 0 & 4 \end{bmatrix}$

（f） $P = \begin{bmatrix} 0 & 1 & -2 & 3 \\ 1 & -1 & 2 & -4 \\ 1 & -2 & 3 & -7 \\ 1 & 0 & 0 & 0 \end{bmatrix}$, $P^{-1}AP = \begin{bmatrix} 5 & 1 & 0 & 0 \\ 0 & 5 & 1 & 0 \\ 0 & 0 & 5 & 1 \\ 0 & 0 & 0 & 5 \end{bmatrix}$

問題 14.1 （a） $P = \begin{bmatrix} 1 & 8 \\ 1 & 3 \end{bmatrix}$, $P^{-1}AP = \begin{bmatrix} -3 & 0 \\ 0 & 2 \end{bmatrix}$,

$$A^n = \frac{1}{5} \begin{bmatrix} -3(-3)^n + 8 \cdot 2^n & 8(-3)^n - 8 \cdot 2^n \\ -3(-3)^n + 3 \cdot 2^n & 8(-3)^n - 3 \cdot 2^n \end{bmatrix}$$

（b） $P = \begin{bmatrix} 2 & 1 \\ 1 & 0 \end{bmatrix}$, $P^{-1}AP = \begin{bmatrix} -5 & 1 \\ 0 & -5 \end{bmatrix}$, $A^n = (-5)^{n-1} \begin{bmatrix} 2n-5 & -4n \\ n & -2n-5 \end{bmatrix}$

（c） $P = \begin{bmatrix} -1 & -1 & -1 \\ -2 & 0 & 1 \\ 7 & 1 & 1 \end{bmatrix}$, $P^{-1}AP = \begin{bmatrix} -1 & 0 & 0 \\ 0 & 1 & 0 \\ 0 & 0 & 2 \end{bmatrix}$,

$$A^n = \frac{1}{6} \begin{bmatrix} -(-1)^n+9-2 \cdot 2^n & 6-6 \cdot 2^n & -(-1)^n+3-2 \cdot 2^n \\ -2(-1)^n \quad +2 \cdot 2^n & 6 \cdot 2^n & -2(-1)^n \quad +2 \cdot 2^n \\ 7(-1)^n-9+2 \cdot 2^n & -6+6 \cdot 2^n & 7(-1)^n-3+2 \cdot 2^n \end{bmatrix}$$

(d) $P=\begin{bmatrix}1&0&1\\1&0&0\\0&1&0\end{bmatrix}$, $P^{-1}AP=\begin{bmatrix}2&1&0\\0&2&0\\0&0&3\end{bmatrix}$, $(P^{-1}AP)^n=\begin{bmatrix}2^n&n2^{n-1}&0\\0&2^n&0\\0&0&3^n\end{bmatrix}$,

$$A^n=\begin{bmatrix}-n2^{n-1}+3^n&(n+2)2^{n-1}-3^n&n2^{n-1}\\-n2^{n-1}&(n+2)2^{n-1}&n2^{n-1}\\-2\cdot2^{n-1}+3^n&2\cdot2^{n-1}-3^n&2\cdot2^{n-1}\end{bmatrix}$$

問題 15.1

(a) $P=\begin{bmatrix}-1&-1\\7&1\end{bmatrix}$, $P^{-1}AP=\begin{bmatrix}-4&0\\0&2\end{bmatrix}$, $\exp P=\dfrac{1}{6}\begin{bmatrix}-e^{-4}+7e^2&-e^{-4}+e^2\\7e^{-4}-7e^2&7e^{-4}-e^2\end{bmatrix}$

(b) $P=\begin{bmatrix}-2&1\\4&0\end{bmatrix}$, $P^{-1}AP=\begin{bmatrix}3&1\\0&3\end{bmatrix}$, $\exp A=e^{-3}\begin{bmatrix}-1&-1\\4&3\end{bmatrix}$

(c) $P=\begin{bmatrix}-1&1&5\\1&2&11\\1&2&7\end{bmatrix}$, $P^{-1}AP=\begin{bmatrix}-2&0&0\\0&1&0\\0&0&2\end{bmatrix}$,

$$\exp A=\frac{1}{12}\begin{bmatrix}8e^{-2}+4e&-3e^{-2}-12e+15e^2&-e^{-2}+16e-15e^2\\-8e^{-2}+8e&3e^{-2}-24e+33e^3&e^{-2}+32e-33e^2\\-be^{-2}+8e&3e^{-2}-24e+21e^2&e^{-2}+32e-21e^2\end{bmatrix}$$

(d) $P=\begin{bmatrix}1&1&-2\\0&1&-4\\0&0&4\end{bmatrix}$, $P^{-1}AP=\begin{bmatrix}3&1&0\\0&3&0\\0&0&3\end{bmatrix}$, $\exp A=e^3\begin{bmatrix}-1&2&1\\-4&5&2\\4&-4&-1\end{bmatrix}$

問題 16.1 (a) $A=\begin{bmatrix}4&10\\-3&-7\end{bmatrix}$, $P=\begin{bmatrix}-5&-2\\3&1\end{bmatrix}$, $P^{-1}AP=\begin{bmatrix}-2&0\\0&-1\end{bmatrix}$, $\begin{bmatrix}x_n\\y_n\end{bmatrix}=$

$A^n\begin{bmatrix}3\\1\end{bmatrix}=\begin{bmatrix}-5(-2)^n+6(-1)^n&-10(-2)^n+10(-1)^n\\3(-2)^n-(-1)^n&6(-2)^n-5(-1)^n\end{bmatrix}\begin{bmatrix}3\\1\end{bmatrix}=\begin{bmatrix}-25(-2)^n+28(-1)^n\\15(-2)^n-14(-1)^n\end{bmatrix}$

(b) $A=\begin{bmatrix}0&1\\-9&-6\end{bmatrix}$, $P=\begin{bmatrix}1&0\\-3&1\end{bmatrix}$, $P^{-1}AP=\begin{bmatrix}-3&1\\0&-3\end{bmatrix}$, $\begin{bmatrix}x_n\\y_n\end{bmatrix}=A^n\begin{bmatrix}1\\2\end{bmatrix}=$

$(-3)^{n-1}\begin{bmatrix}-3+3n&n\\-9n&-3-3n\end{bmatrix}\begin{bmatrix}1\\2\end{bmatrix}=(-3)^{n-1}\begin{bmatrix}-3+5n\\-6-15n\end{bmatrix}$

問題 17.1 $AB=BA=\begin{bmatrix}-25&42\\-14&24\end{bmatrix}$ である．$P=\begin{bmatrix}3&2\\2&1\end{bmatrix}$ とおくと $P^{-1}AP=\begin{bmatrix}3&0\\0&4\end{bmatrix}$, $P^{-1}BP=\begin{bmatrix}1&0\\0&-1\end{bmatrix}$

第 6 章の解答

問題 1.1　(a)　$\boldsymbol{x} = (x_1, x_2)$, $\boldsymbol{y} = (y_1, y_2)$ とすると $f(\boldsymbol{x}+\boldsymbol{y}) = f(x_1+y_1, x_2+y_2) = (x_1+y_1)(x_2+y_2) \neq x_1x_2 + y_1y_2 = f(\boldsymbol{x}) + f(\boldsymbol{y})$ だから線形写像でない.

(b)　線形写像である. 表現行列は $\begin{cases} f(\boldsymbol{e}_1) = \ (1,0,1) \\ f(\boldsymbol{e}_2) = (1,1,-1) \\ f(\boldsymbol{e}_3) = \ (0,0,0) \end{cases}$ から $\begin{bmatrix} 1 & 1 & 0 \\ 0 & 1 & 0 \\ 1 & -1 & 0 \end{bmatrix}$

(c)　線形写像である. 表現行列は $f(\boldsymbol{e}_1) = 2$, $f(\boldsymbol{e}_2) = -3$, $f(\boldsymbol{e}_3) = 4$ から $\begin{bmatrix} 2 & -3 & 4 \end{bmatrix}$

(d)　$f(\boldsymbol{x}+\boldsymbol{y}) = ((x_1+y_1)^2, (x_2+y_2)^2) \neq (x_1^2+y_1^2, x_2^2+y_2^2) = f(\boldsymbol{x}) + f(\boldsymbol{y})$ だから線形写像でない.

問題 1.2　(a)　$\iota_n(\lambda\boldsymbol{x}+\mu\boldsymbol{y}) = \lambda\boldsymbol{x}+\mu\boldsymbol{y} = \lambda\iota_n(\boldsymbol{x}) + \mu\iota_n(\boldsymbol{y})$ から線形写像. 表現行列は n 次単位行列 E である.　(b)　$o_{m,n}(\lambda\boldsymbol{x}+\mu\boldsymbol{y}) = \boldsymbol{0} = \lambda o_{m,n}(\boldsymbol{x}) + \mu o_{m,n}(\boldsymbol{y})$ だから線形写像. 表現行列は $m \times n$ 行列の零行列 O である.

問題 2.1　表現行列は $A = \begin{bmatrix} 1 & 2 & -1 & 0 \\ -1 & 0 & 1 & 1 \end{bmatrix}$ だから $A\boldsymbol{x} = \begin{bmatrix} 1 & 2 & -1 & 0 \\ -1 & 0 & 1 & 1 \end{bmatrix} \begin{bmatrix} 3 \\ 1 \\ -1 \\ 2 \end{bmatrix} = \begin{bmatrix} 6 \\ -2 \end{bmatrix}$.

問題 2.2　表現行列を A とすると $A \begin{bmatrix} -1 & 0 & 3 \\ 0 & 1 & -1 \\ 2 & 1 & 0 \end{bmatrix} = \begin{bmatrix} -5 & 0 & -5 \\ 0 & 1 & -1 \\ 3 & 6 & 9 \end{bmatrix}$.

よって

$$A = \begin{bmatrix} -5 & 0 & -5 \\ 0 & 1 & -1 \\ 3 & 6 & 9 \end{bmatrix} \begin{bmatrix} -1 & 0 & 3 \\ 0 & 1 & -1 \\ 2 & 1 & 0 \end{bmatrix}^{-1} = \begin{bmatrix} -5 & 0 & -5 \\ 0 & 1 & -1 \\ 3 & 6 & 9 \end{bmatrix} \frac{1}{7} \begin{bmatrix} -1 & -3 & 3 \\ 2 & 6 & 1 \\ 2 & -1 & 1 \end{bmatrix}$$

$$= \frac{1}{7} \begin{bmatrix} -5 & 20 & -20 \\ 0 & 7 & 0 \\ 27 & 18 & 24 \end{bmatrix}$$

問題 3.1　f, g の表現行列をそれぞれ A, B とする. $f+g$, $g \circ f$, $f \circ g$ に対応する表現行列はそれぞれ $A+B$, BA, AB である.

(a)　$A = \begin{bmatrix} 0 & 1 \\ 1 & 0 \end{bmatrix}$, $B = \begin{bmatrix} 1 & 0 \\ 0 & 0 \end{bmatrix}$, $A+B = \begin{bmatrix} 1 & 1 \\ 1 & 0 \end{bmatrix}$, $BA = \begin{bmatrix} 0 & 1 \\ 0 & 0 \end{bmatrix}$, $AB = \begin{bmatrix} 0 & 0 \\ 1 & 0 \end{bmatrix}$

(b)　$A = \begin{bmatrix} -4/5 & -3/5 \\ -3/5 & 4/5 \end{bmatrix}$, $B = \begin{bmatrix} \sqrt{2}/2 & \sqrt{2}/2 \\ -\sqrt{2}/2 & \sqrt{2}/2 \end{bmatrix}$, $AB = (\sqrt{2}/10) \begin{bmatrix} -1 & -7 \\ -7 & 1 \end{bmatrix}$,

$BA = (\sqrt{2}/10) \begin{bmatrix} -7 & 1 \\ 1 & 7 \end{bmatrix}$, $A+B = \begin{bmatrix} -4/5+\sqrt{2}/2 & -3/5+\sqrt{2}/2 \\ -3/5-\sqrt{2}/2 & 4/5+\sqrt{2}/2 \end{bmatrix}$

(c) $A = \begin{bmatrix} \sqrt{3}/2 & -1/2 \\ 1/2 & \sqrt{3}/2 \end{bmatrix}$, $B = \begin{bmatrix} 2 & 0 \\ 0 & 2 \end{bmatrix}$, $A + B = \begin{bmatrix} 2+\sqrt{3}/2 & -1/2 \\ 1/2 & 2+\sqrt{3}/2 \end{bmatrix}$,

$BA = AB = \begin{bmatrix} \sqrt{3} & -1 \\ 1 & \sqrt{3} \end{bmatrix}$

(d) $A = \begin{bmatrix} 1/2 & 1/2 \\ 1/2 & 1/2 \end{bmatrix}$, $B = \begin{bmatrix} 1/2 & -\sqrt{3}/2 \\ \sqrt{3}/2 & 1/2 \end{bmatrix}$, $A+B = (1/2)\begin{bmatrix} 2 & 1-\sqrt{3} \\ 1+\sqrt{3} & 2 \end{bmatrix}$,

$AB = (1/4)\begin{bmatrix} 1+\sqrt{3} & 1-\sqrt{3} \\ 1+\sqrt{3} & 1-\sqrt{3} \end{bmatrix}$, $BA = (1/4)\begin{bmatrix} 1-\sqrt{3} & 1-\sqrt{3} \\ 1+\sqrt{3} & 1+\sqrt{3} \end{bmatrix}$

問題 4.1

(a) $\mathrm{Im}\, f = L\{(-1,1,2),(3,7,-1)\}$, $\mathrm{Ker}\, f = L\{(-11,-7,0,5),(-3,-1,5,0)\}$

(b) $\mathrm{Im}\, f = L\{(1,1,2,1),(1,-1,1,1,),(2,1,3,0)\}$, $\mathrm{Ker}\, f = \{\mathbf{0}\}$

(c) $\mathrm{Im}\, f = L\{(1,2,3),(3,1,2),(2,1,3)\}$, $\mathrm{Ker}\, f = \{\mathbf{0}\}$

問題 4.2 右の表から $A\boldsymbol{x} = \boldsymbol{a}$ は解をもたない. $\{\boldsymbol{x}; A\boldsymbol{x} = \boldsymbol{a}\} \neq \phi$. $\{\boldsymbol{x}; A\boldsymbol{x} = \boldsymbol{b}\} \ni \boldsymbol{x} = (-1,2,0,0) + \lambda(1/2, -5/2, 1, 0) + \mu(-1/2, 1/2, 0, 1)$.

A				$\boldsymbol{a}$	$\boldsymbol{b}$
2	0	−1	1	1	−2
1	1	2	0	−1	1
−1	3	8	−2	1	7
1	0	−1/2	1/2	0	−1
0	1	5/2	−1/2	0	2
0	0	0	0	1	0

問題 5.1 $\boldsymbol{b} \in f(V)$ とすると $\boldsymbol{b} = f(\boldsymbol{a})$, $\boldsymbol{a} \in V$ である. $\boldsymbol{a} = x_1\boldsymbol{a}_1 + x_2\boldsymbol{a}_2 + \cdots + x_m\boldsymbol{a}_m$ と表されるから, $f(\boldsymbol{a}) = x_1 f(\boldsymbol{a}_1) + x_2 f(\boldsymbol{a}_2) + \cdots + x_m f(\boldsymbol{a}_m)$. よって, $f(V)$ は $f(\boldsymbol{a}_1), f(\boldsymbol{a}_2), \ldots, f(\boldsymbol{a}_m)$ で生成される.

問題 5.2 $f^{-1}(\boldsymbol{a}) = \emptyset$ ならば部分空間でない. $f^{-1}(\boldsymbol{a}) \neq \emptyset$ として $\boldsymbol{x}_1, \boldsymbol{x}_2 \in f^{-1}(\boldsymbol{a})$ とすると $f(\boldsymbol{x}_1) = f(\boldsymbol{x}_2) = \boldsymbol{a}$ $\therefore$ $f(\boldsymbol{x}_1 + \boldsymbol{x}_2) = 2\boldsymbol{a}$ $\therefore$ $\boldsymbol{x}_1 + \boldsymbol{x}_2 \notin f^{-1}(\boldsymbol{a})$.

問題 5.3 (a) f : 全射 $\Leftrightarrow$ $\mathrm{Im}\, f = \boldsymbol{R}^m$ $\Leftrightarrow$ $\dim \mathrm{Im}\, f = m$ $\Leftrightarrow$ $\mathrm{rank}\, A = m$

(b) f : 単射 $\Leftrightarrow$ $\mathrm{Ker}\, f = \{\mathbf{0}\}$ $\Leftrightarrow$ $\dim\ \mathrm{Ker}\, f = 0$ または $\dim \mathrm{Im}\, f = n$ (次元定理) $\Leftrightarrow$ $\mathrm{rank}\, A = n$

問題 6.1 $\lambda_1\boldsymbol{x}_1 + \lambda_2\boldsymbol{x}_2 + \cdots + \lambda_k\boldsymbol{x}_k = \mathbf{0}$ とおくと $f(\lambda_1\boldsymbol{x}_1 + \lambda_2\boldsymbol{x}_2 + \cdots + \lambda_k\boldsymbol{x}_k) = \mathbf{0}$ から $\lambda_1 f(\boldsymbol{x}_1) + \lambda_2 f(\boldsymbol{x}_2) + \cdots + \lambda_k f(\boldsymbol{x}_k) = f(\mathbf{0}) = \mathbf{0}$ を得るが $f(\boldsymbol{x}_1), f(\boldsymbol{x}_2), \ldots, f(\boldsymbol{x}_k)$ が 1 次独立だから $\lambda_1 = \lambda_2 = \cdots = \lambda_k = 0$. よって, $\boldsymbol{x}_1, \boldsymbol{x}_2, \ldots, \boldsymbol{x}_k$ は 1 次独立.

問題 6.2 $\boldsymbol{x}, \boldsymbol{y} \in \boldsymbol{R}^n$, $\boldsymbol{x} = \lambda_1\boldsymbol{a}_1 + \lambda_2\boldsymbol{a}_2 + \cdots + \lambda_n\boldsymbol{a}_n$, $\boldsymbol{y} = \mu_1\boldsymbol{a}_1 + \mu_2\boldsymbol{a}_2 + \cdots + \mu_n\boldsymbol{a}_n$ に対し

$$\begin{aligned} f(\alpha\boldsymbol{x} + \beta\boldsymbol{y}) &= f((\alpha\lambda_1 + \beta\mu_1)\boldsymbol{a}_1 + (\alpha\lambda_2 + \beta\mu_2)\boldsymbol{a}_2 + \cdots + (\alpha\lambda_n + \beta\mu_n)\boldsymbol{a}_n) \\ &= (\alpha\lambda_1 + \beta\mu_1)\boldsymbol{b}_1 + (\alpha\lambda_2 + \beta\mu_2)\boldsymbol{b}_2 + \cdots + (\alpha\lambda_n + \beta\mu_n)\boldsymbol{b}_n \\ &= \alpha(\lambda_1\boldsymbol{b}_1 + \lambda_2\boldsymbol{b}_2 + \cdots + \lambda_n\boldsymbol{b}_n) + \beta(\mu_1\boldsymbol{b}_1 + \mu_2\boldsymbol{b}_2 + \cdots + \mu_n\boldsymbol{b}_n) \\ &= \alpha f(\boldsymbol{x}) + \beta f(\boldsymbol{y}) \end{aligned}$$

問題 6.3 (a) $\operatorname{Im} f$ は A の列ベクトルで生成されるから $\dim \operatorname{Im} f = \operatorname{rank} A$.

(b) $\operatorname{Ker} f$ は $A\boldsymbol{x} = \boldsymbol{0}$ の解空間であるから $\dim \operatorname{Ker} f = n - \operatorname{rank} A$.

問題 7.1 $Q = \begin{bmatrix} 1 & -2 & 0 \\ 0 & 1 & 0 \\ 1 & -1 & 1 \end{bmatrix}$, $P = \begin{bmatrix} 1 & 0 & 0 & -9 \\ 0 & 1 & 0 & -7 \\ 0 & 0 & 1 & 0 \\ 0 & 0 & 0 & 1 \end{bmatrix}$ とすると求める表現行列は

$$Q^{-1}AP = \begin{bmatrix} 1 & 2 & 0 \\ 0 & 1 & 0 \\ -1 & -1 & 1 \end{bmatrix} \begin{bmatrix} 1 & -2 & 0 & -5 \\ 0 & 1 & 0 & 7 \\ 1 & -1 & 0 & 2 \end{bmatrix} \begin{bmatrix} 1 & 0 & 0 & -9 \\ 0 & 1 & 0 & -7 \\ 0 & 0 & 1 & 0 \\ 0 & 0 & 0 & 1 \end{bmatrix} = \begin{bmatrix} 1 & 0 & 0 & 0 \\ 0 & 1 & 0 & 0 \\ 0 & 0 & 0 & 0 \end{bmatrix}$$

問題 7.2 (1) $A = E^{-1}AE$ である.

(2) P, Q を正則とし $A = Q^{-1}BP$ とすると $B = (Q^{-1})^{-1}AP^{-1}$ で Q^{-1}, P^{-1} は正則である.

(3) P, Q, R, S を正則とし $A = Q^{-1}BP, B = S^{-1}CR$ とすると $A = (SQ)^{-1}CRP$ で SQ も RP も正則である.

問題 8.1 平面は $\boldsymbol{p}_1 = (-1, 1, 0)$, $\boldsymbol{p}_2 = (-1, 0, 1)$ で張られ平面の法線ベクトルは $\boldsymbol{p}_3 = (1, 1, 1)$ である. これらは 1 次独立だから $\mathcal{P} = \{\boldsymbol{p}_1, \boldsymbol{p}_2, \boldsymbol{p}_3\}$ は $\boldsymbol{R}^3$ の基底である. $P = [\boldsymbol{p}_1\ \boldsymbol{p}_2\ \boldsymbol{p}_3]$ とおく. f の定義から $f(\boldsymbol{p}_1) = \boldsymbol{p}_1$, $f(\boldsymbol{p}_2) = \boldsymbol{p}_2$, $f(\boldsymbol{p}_3) = \boldsymbol{0}$ だから f の基底 $\mathcal{P}$ に関する表現行列は $P^{-1}AP = \begin{bmatrix} 1 & 0 & 0 \\ 0 & 1 & 0 \\ 0 & 0 & 0 \end{bmatrix}$ である. したがって,

$$A = P\begin{bmatrix} 1 & 0 & 0 \\ 0 & 1 & 0 \\ 0 & 0 & 0 \end{bmatrix}P^{-1} = \begin{bmatrix} -1 & -1 & 1 \\ 1 & 0 & 1 \\ 0 & 1 & 1 \end{bmatrix} \begin{bmatrix} 1 & 0 & 0 \\ 0 & 1 & 0 \\ 0 & 0 & 0 \end{bmatrix} \frac{1}{3} \begin{bmatrix} -1 & 2 & -1 \\ -1 & -1 & 2 \\ 1 & 1 & 1 \end{bmatrix} = \frac{1}{3} \begin{bmatrix} 2 & -1 & -1 \\ -1 & 2 & -1 \\ -1 & -1 & 2 \end{bmatrix}$$

問題 8.2 h の方向ベクトルは $\boldsymbol{p}_1 = (2, -1)$, g の方向ベクトルは $\boldsymbol{p}_2 = (3, 2)$ で $\boldsymbol{p}_1$, $\boldsymbol{p}_2$ は $\boldsymbol{R}^2$ の基底である. $P = [\boldsymbol{p}_1\ \boldsymbol{p}_2]$ とおく. f の定義から $f(\boldsymbol{p}_1) = \boldsymbol{p}_1$, $f(\boldsymbol{p}_2) = \boldsymbol{0}$ だから, f の基底 $\mathcal{P} = \{\boldsymbol{p}_1, \boldsymbol{p}_2\}$ に関する表現行列は

$$P^{-1}AP = \begin{bmatrix} 1 & 0 \\ 0 & 0 \end{bmatrix}$$

であり,

$$A = P\begin{bmatrix} 1 & 0 \\ 0 & 0 \end{bmatrix}P^{-1} = \begin{bmatrix} 2 & 3 \\ -1 & 2 \end{bmatrix} \begin{bmatrix} 1 & 0 \\ 0 & 0 \end{bmatrix} \frac{1}{7} \begin{bmatrix} 2 & -3 \\ 1 & 2 \end{bmatrix} = \frac{1}{7} \begin{bmatrix} 4 & -6 \\ -2 & 3 \end{bmatrix}$$

6

問題 9.1 A は正則で $A^{-1} = \frac{1}{8}\begin{bmatrix} -3 & 5 & -4 \\ 4 & -4 & 8 \\ 1 & 1 & -4 \end{bmatrix}$ だから f は正則変換である.

$$P = \begin{bmatrix} 1 & 1 & 1 \\ 1 & 0 & 1 \\ 0 & 1 & 1 \end{bmatrix}$$

とおくと

$$P^{-1}A^{-1}P = \begin{bmatrix} 1 & 0 & -1 \\ 1 & -1 & 0 \\ -1 & 1 & 1 \end{bmatrix} \frac{1}{8}\begin{bmatrix} -3 & 5 & -4 \\ 4 & -4 & 8 \\ 1 & 1 & -4 \end{bmatrix} \begin{bmatrix} 1 & 1 & 1 \\ 1 & 0 & 1 \\ 0 & 1 & 1 \end{bmatrix} = \frac{1}{8}\begin{bmatrix} 0 & -4 & 0 \\ 2 & -19 & -10 \\ 0 & 16 & 8 \end{bmatrix}$$

問題 9.2 f の標準的な基底に関する表現行列を A とすると, f が全射でも単射でも $\operatorname{rank} A = n$ である (→ 問題 5.3).

問題 10.1 $A^2 = A$ だからべき等変換である. 右表から $\operatorname{rank} A = 2$ であるから

A		
2	−2	4
−1	3	4
1	−2	−3
1	−2	−3
0	1	1
0	4	4
1	0	−1
0	1	1
0	0	0

$$\operatorname{Im} f = L\{\boldsymbol{p}_1, \boldsymbol{p}_2\}, \quad \boldsymbol{p}_1 = (2, -1, 1), \quad \boldsymbol{p}_2 = (-2, 3, -2)$$

$$\operatorname{Ker} f = L\{\boldsymbol{p}_3\}, \quad \boldsymbol{p}_3 = (1, -1, 1)$$

$P = [\boldsymbol{p}_1\ \boldsymbol{p}_2\ \boldsymbol{p}_3]$ とおくと

$$P^{-1}AP = \begin{bmatrix} 1 & 0 & -1 \\ 0 & 1 & 1 \\ -1 & 2 & 4 \end{bmatrix} \begin{bmatrix} 2 & -2 & 4 \\ -1 & 3 & 4 \\ 1 & -2 & -3 \end{bmatrix} \begin{bmatrix} 2 & -2 & 1 \\ -1 & 3 & -1 \\ 1 & -2 & 1 \end{bmatrix} = \begin{bmatrix} 1 & 0 & 0 \\ 0 & 1 & 0 \\ 0 & 0 & 0 \end{bmatrix}$$

問題 11.1 (a)

$$\begin{aligned} f(\boldsymbol{e}_1) &= \boldsymbol{e}_1 + \boldsymbol{e}_2 \\ f(\boldsymbol{e}_2) &= -\boldsymbol{e}_1 + \boldsymbol{e}_2 \\ f(\boldsymbol{e}_3) &= \boldsymbol{e}_4 \\ f(\boldsymbol{e}_4) &= 7\boldsymbol{e}_3 + 4\boldsymbol{e}_4 \end{aligned}$$

よって, $V_1 = L\{\boldsymbol{e}_1, \boldsymbol{e}_2\}$, $V_2 = L\{\boldsymbol{e}_3, \boldsymbol{e}_4\}$ は不変部分空間.

(b)

$$\begin{aligned} f(\boldsymbol{e}_1) &= -3\boldsymbol{e}_1 \\ f(\boldsymbol{e}_2) &= 5\boldsymbol{e}_1 + 4\boldsymbol{e}_2 \\ f(\boldsymbol{e}_3) &= \boldsymbol{e}_3 - 2\boldsymbol{e}_4 \\ f(\boldsymbol{e}_4) &= \boldsymbol{e}_4 \end{aligned}$$

$V_1 = L\{\boldsymbol{e}_1\}$, $V_2 = L\{\boldsymbol{e}_4\}$, $V_3 = L\{\boldsymbol{e}_1, \boldsymbol{e}_2\}$, $V_4 = L\{\boldsymbol{e}_3, \boldsymbol{e}_4\}$, $V_5 = L\{\boldsymbol{e}_1, \boldsymbol{e}_4\}$, $V_6 = L\{\boldsymbol{e}_1, \boldsymbol{e}_3, \boldsymbol{e}_4\}$, $V_7 = L\{\boldsymbol{e}_1, \boldsymbol{e}_2, \boldsymbol{e}_4\}$, は不変部分空間.

問題 11.2 $\boldsymbol{x} \in \operatorname{Ker} f \ \Rightarrow\ f(\boldsymbol{x}) = \boldsymbol{0} \in \operatorname{Ker} f$ よって $f(\operatorname{Ker} f) \subset \operatorname{Ker} f$. $\boldsymbol{x} \in \operatorname{Im} f \ \Rightarrow\ f(\boldsymbol{x}) \in \operatorname{Im} f$ よって $f(\operatorname{Im} f) \subset \operatorname{Im} f$.

問題 11.3　k を λ の標数として一般固有空間を $W=\{\boldsymbol{x};\in \boldsymbol{R}^n, (A-\lambda E)^k\boldsymbol{x}=\boldsymbol{0}\}$ とする．$\boldsymbol{x}\in W \Rightarrow\ (A-\lambda E)^k A\boldsymbol{x}=A(A-\lambda E)^k\boldsymbol{x}=A\boldsymbol{0}=\boldsymbol{0}\ \Rightarrow\ A\boldsymbol{x}\in W$ である．

問題 11.4　$\boldsymbol{x}\in U\cap V$ とすると $f(\boldsymbol{x})\in U\cap V$．$\boldsymbol{u}\in U, \boldsymbol{v}\in V$ とすると $f(\boldsymbol{u}+\boldsymbol{v})=f(\boldsymbol{u})+f(\boldsymbol{v})\in U+V$．

問題 12.1　(a)　固有値は 1(重根), 5 で固有値 1 に対する固有空間は $V(1)=L\{\boldsymbol{x}_1, \boldsymbol{x}_2\}, \boldsymbol{x}_1=(-1,0,1), \boldsymbol{x}_2=(-2,1,0)$．固有値 5 に対する固有空間は $V(5)=L\{\boldsymbol{x}_3\}$, $\boldsymbol{x}_3=(1,1,1)$ である．したがって，求める 1 次元の不変部分空間は λ, μ を任意として $L\{\lambda\boldsymbol{x}_1+\mu\boldsymbol{x}_2\}$, $L\{\boldsymbol{x}_3\}$ である．

注意　$V(1)$ は 2 次元の不変部分空間である．

(b)　固有値は -2 (重根), 4. $V(-2)=L\{(1,1,0)\}$, $V(4)=L\{(0,1,1)\}$ が 1 次元不変部分空間．

(c)　実の固有値は -3 だけで $V(-3)=L\{(-1,-1,3)\}$ が 1 次元不変部分空間．

問題 13.1　(a)　部分空間であることは $\boldsymbol{0}$ は V_1, V_2 のどちらにも含まれるから $V_1\neq\emptyset, V_2\neq\emptyset$．$\boldsymbol{x}_1, \boldsymbol{x}_2\in V_i (i=1,2)$ に対して $\lambda\boldsymbol{x}_1+\mu\boldsymbol{x}_2\in V_i$．また，$\boldsymbol{x}\in V_i \Rightarrow\ f(\boldsymbol{x})=\pm\boldsymbol{x}\in V_i (i=1,2)$ だから V_1, V_2 ともに不変部分空間である．

(b)　$\boldsymbol{x}\in\boldsymbol{R}^n$ に対して $\boldsymbol{y}=f(\boldsymbol{x})$ とおくと $f(\boldsymbol{y})=\boldsymbol{x}$ である．よって，

$$f(\boldsymbol{x}+\boldsymbol{y})=f(\boldsymbol{x})+f(\boldsymbol{y})=\boldsymbol{y}+\boldsymbol{x}, \quad \therefore\quad \boldsymbol{x}+\boldsymbol{y}\in V_1,$$

$$f(\boldsymbol{x}-\boldsymbol{y})=f(\boldsymbol{x})-f(\boldsymbol{y})=\boldsymbol{y}-\boldsymbol{x}=-(\boldsymbol{x}-\boldsymbol{y}), \quad \therefore\quad \boldsymbol{x}-\boldsymbol{y}\in V_2$$

$\boldsymbol{x}_1=(1/2)(\boldsymbol{x}+\boldsymbol{y})$, $\boldsymbol{x}_2=(1/2)(\boldsymbol{x}-\boldsymbol{y})$ とおくと，

$$\boldsymbol{x}_1\in V_1, \quad \boldsymbol{x}_2\in V_2, \quad \boldsymbol{x}=\boldsymbol{x}_1+\boldsymbol{x}_2$$

よって，$\boldsymbol{R}^n=V_1+V_2$．

$$\boldsymbol{x}\in V_1\cap V_2\ \Rightarrow\ \boldsymbol{x}=f(\boldsymbol{x})=-\boldsymbol{x}, \quad \therefore\quad \boldsymbol{x}=\boldsymbol{0}$$

よって $V_1\cap V_2=\{\boldsymbol{0}\}$．ゆえに $\boldsymbol{R}^n=V_1\oplus V_2$．

問題 14.1　$f(\boldsymbol{e}_1)=(1-2l^2,\ -2lm,\ -2ln)$
$f(\boldsymbol{e}_2)=(-2lm,\ 1-2m^2,\ -2mn)$
$f(\boldsymbol{e}_3)=(-2ln,\ -2mn\ \ 1-2n^2)$
だから表現行列は

$$\begin{bmatrix} 1-2l^2 & -2lm & -2ln \\ -2lm & 1-2m^2 & -2mn \\ -2ln & -2mn & 1-2n^2 \end{bmatrix}$$

問題 14.2　直交変換に対応する表現行列 A は直交行列である．第 4 章問題 13.2 から $|A|=1$ のとき $A=\begin{bmatrix} \cos\theta & -\sin\theta \\ \sin\theta & \cos\theta \end{bmatrix}$ でこれは原点のまわりの θ だけの回転を表わす．

$|A|=-1$ のとき $A=\begin{bmatrix}\cos\theta & \sin\theta\\ \sin\theta & -\cos\theta\end{bmatrix}$ でこれは直線 $y=\left(\tan\dfrac{\theta}{2}\right)x$ に関する折り返しである．

問題 14.3 (a) A は直交行列で $|A|=-1$. よって，折り返しである．この場合，固有値は $1,-1$ で固有値 1 に対する固有ベクトル $(1,2)$ が折り返しの軸の方向ベクトルである．

(b) A は直交行列で $|A|=1$. よって，回転で $\cos\theta=1/2$, $\sin\theta=\sqrt{3}/2$ より回転角は $\theta=\pi/3$.

問題 15.1 直線の方向ベクトルは $(1,1,2)$. 正規化すると $\boldsymbol{p}_1=(1/\sqrt{6},1/\sqrt{6},2/\sqrt{6})$. これを法線ベクトルにもつ平面は $(-1,1,0),(-2,0,1)$ で張られるからグラム・シュミットの直交化法によって正規直交化して $\boldsymbol{p}_2=(-1/\sqrt{2},1/\sqrt{2},0)$, $\boldsymbol{p}_3=(-1/\sqrt{3},-1\sqrt{3},1/\sqrt{3})$ とすると $\mathcal{P}=\{\boldsymbol{p}_1,\boldsymbol{p}_2,\boldsymbol{p}_3\}$ は $\boldsymbol{R}^3$ の正規直交基底で $\boldsymbol{p}_1=\boldsymbol{p}_2\times\boldsymbol{p}_3$ だから右手系である．問題の f は $\boldsymbol{p}_1$ 方向の成分を変えず $\boldsymbol{p}_2,\boldsymbol{p}_3$ で張られる平面上のベクトルを $\pi/3$ だけ回転させるのだから $\mathcal{P}$ に関する f の表現行列は

$$B=\begin{bmatrix}1 & 0 & 0\\ 0 & 1/2 & -\sqrt{3}/2\\ 0 & \sqrt{3}/2 & 1/2\end{bmatrix}$$

である．したがって，

$$P=[\boldsymbol{p}_1\ \boldsymbol{p}_2\ \boldsymbol{p}_3]=\begin{bmatrix}1/\sqrt{6} & -1/\sqrt{2} & -1/\sqrt{3}\\ 1/\sqrt{6} & 1/\sqrt{2} & -1/\sqrt{3}\\ 2/\sqrt{6} & 0 & 1/\sqrt{3}\end{bmatrix}$$

とおくと f の標準的な基底に関する表現行列 A は

$$A=PBP^{-1}=\begin{bmatrix}7/12 & 1/12-1/\sqrt{2} & 1/6-1/2\sqrt{2}\\ 1/12-1/\sqrt{2} & 7/12 & 1/6-1/2\sqrt{2}\\ 2/\sqrt{6}-1/2\sqrt{2} & 1/6+1/2\sqrt{2} & 5/6\end{bmatrix}$$

問題 15.2 (a) A は固有値 1 をもち 1 に対する固有ベクトルは $(1,1,1)$ で正規化すると $\boldsymbol{p}_1=(1/\sqrt{3},1/\sqrt{3},1/\sqrt{3})$. これに垂直な平面は $(-1,1,0)$, $(-1,0,1)$ で生成されるからグラム·シュミットの直交化法によって正規直交化して $\boldsymbol{p}_2=(-1/\sqrt{2},1/\sqrt{2},0)$, $\boldsymbol{p}_3=(-1/\sqrt{6},1/\sqrt{6},2/\sqrt{6})$ とすると $\mathcal{P}=\{\boldsymbol{p}_1,\boldsymbol{p}_2,\boldsymbol{p}_3\}$ は $\boldsymbol{p}_1=\boldsymbol{p}_2\times\boldsymbol{p}_3$ だから $\boldsymbol{R}^3$ の右手系の正規直交基底である．

$$P=[\boldsymbol{p}_1\ \boldsymbol{p}_2\ \boldsymbol{p}_3]=\begin{bmatrix}1/\sqrt{3} & -1/\sqrt{2} & -1/\sqrt{6}\\ 1/\sqrt{3} & 1/\sqrt{2} & -1/\sqrt{6}\\ 1/\sqrt{3} & 0 & 2/\sqrt{6}\end{bmatrix}$$

とおくと $\mathcal{P}$ に関する表現行列は

$$P^{-1}AP=\begin{bmatrix}1 & 0 & 0\\ 0 & -1/2 & -\sqrt{3}/2\\ 0 & \sqrt{3} & -1/2\end{bmatrix}=\begin{bmatrix}1 & 0 & 0\\ 0 & \cos(2\pi/3) & -\sin(2\pi/3)\\ 0 & \sin(2\pi/3) & \cos(2\pi/3)\end{bmatrix}$$

だから $\boldsymbol{p}_1$ 方向を回転軸として $\boldsymbol{p}_2, \boldsymbol{p}_3$ で張られる平面上のベクトルを $2\pi/3$ だけ回転することを示している.

(b) A は固有値 1 をもちそれに対する固有ベクトルは $(1, -1, 0)$ で正規化すると $\boldsymbol{p}_1 = (1/\sqrt{2}, -1/\sqrt{2}, 0)$. これに垂直な平面を張るベクトルからグラム・シュミットの直交化法によって $\boldsymbol{R}^3$ の右手系正規直交基底 $\boldsymbol{p}_1 = (1/\sqrt{2}, -1/\sqrt{2}, 0), \boldsymbol{p}_2 = (1/\sqrt{2}, 1/\sqrt{2}, 0), \boldsymbol{p}_3 = (0, 0, 1)$ を得る.

$$P = \begin{bmatrix} 1/\sqrt{2} & 1/\sqrt{2} & 0 \\ -1/\sqrt{2} & 1/\sqrt{2} & 0 \\ 0 & 0 & 1 \end{bmatrix}$$

とおくと $\mathcal{P} = \{\boldsymbol{p}_1, \boldsymbol{p}_2, \boldsymbol{p}_3\}$ に関する表現行列は

$$P^{-1}AP = \begin{bmatrix} 1 & 0 & 0 \\ 0 & 1/\sqrt{2} & -1/\sqrt{2} \\ 0 & 1/\sqrt{2} & 1/\sqrt{2} \end{bmatrix} = \begin{bmatrix} 1 & 0 & 0 \\ 0 & \cos(\pi/4) & -\sin(\pi/4) \\ 0 & \sin(\pi/4) & \cos(\pi/4) \end{bmatrix}$$

だから $\boldsymbol{p}_1$ 方向を回転軸とし $\boldsymbol{p}_2, \boldsymbol{p}_3$ で張られる平面上のベクトルを $\pi/4$ だけ回転するものである.

第7章の解答

問題 1.1 (a) 固有値は -2(重根), 7. 固有値 -2 に対する固有ベクトル ${}^t[1\ 1\ 0], {}^t[-1\ 0\ 2]$ の基底を正規直交化して

$$\boldsymbol{p}_1 = {}^t[1/\sqrt{2}\ \ 1/\sqrt{2}\ 0], \quad \boldsymbol{p}_2 = {}^t[-1/3\sqrt{2}\ \ 1/3\sqrt{2}\ \ 4/3\sqrt{2}]$$

固有値 7 に対する単位固有ベクトルは

$$\boldsymbol{p}_3 = {}^t[2/3\ \ -2/3\ \ 1/3]$$

$P = [\boldsymbol{p}_1\ \boldsymbol{p}_2\ \boldsymbol{p}_3]$ とおくと P は直交行列で ${}^tPAP = \begin{bmatrix} -2 & 0 & 0 \\ 0 & -2 & 0 \\ 0 & 0 & 7 \end{bmatrix}$.

(b) 固有値は $-1, 1, 2$ でこれらに対する単位固有ベクトルはそれぞれ

$$\boldsymbol{p}_1 = {}^t[-1/\sqrt{2}\ \ 1/\sqrt{2}\ \ 0], \quad \boldsymbol{p}_2 = {}^t[1/\sqrt{2}\ \ 1/\sqrt{2}\ \ 0], \quad \boldsymbol{p}_3 = {}^t[0\ \ 0\ \ 1]$$

であるから $P = [\boldsymbol{p}_1\ \boldsymbol{p}_2\ \boldsymbol{p}_3]$ は直交行列で ${}^tPAP = \begin{bmatrix} -1 & 0 & 0 \\ 0 & 1 & 0 \\ 0 & 0 & 2 \end{bmatrix}$.

(c) 固有値は $-2, 2$(重根). 固有値 -2 に対する単位固有ベクトルは

$$\boldsymbol{p}_1 = {}^t[-1/2\ \ 1/2\ \ 1/\sqrt{2}]$$

固有値 2 に対する固有ベクトル $(1, 1, 0), (\sqrt{2}, 0, 1)$ を正規直交化して

$$\boldsymbol{p}_2 = {}^t[1/\sqrt{2}\ \ 1/\sqrt{2}\ \ 0], \quad \boldsymbol{p}_3 = {}^t[1/2\ \ -1/2\ \ 1/\sqrt{2}]$$

$P = [\boldsymbol{p}_1\ \boldsymbol{p}_2\ \boldsymbol{p}_3]$ とおくと ${}^tPAP = \begin{bmatrix} -2 & 0 & 0 \\ 0 & 2 & 0 \\ 0 & 0 & 2 \end{bmatrix}$.

問題 2.1 (a) A の固有値は $-1, 1$ で単位固有ベクトルはそれぞれ

$$\boldsymbol{p}_1 = {}^t[-2/\sqrt{5}\ \ 1/\sqrt{5}], \quad \boldsymbol{p}_2 = {}^t[1/\sqrt{5}\ \ 2/\sqrt{5}]$$

だから $P = [\boldsymbol{p}_1\ \boldsymbol{p}_2]$ とおくと ${}^tPAP = \begin{bmatrix} -1 & 0 \\ 0 & 1 \end{bmatrix}$. これが標準形である.

(b) 与えられた行列 $A = \begin{bmatrix} \cos(\pi/3) & -\sin(\pi/3) \\ \sin(\pi/3) & \cos(\pi/3) \end{bmatrix}$ は標準形である.

(c) A の固有値は $1, \pm i$. 固有値 1 に対する単位固有ベクトルとして $\boldsymbol{p}_1 = {}^t[2/3\ \ 1/3\ \ 2/3]$.

7

固有値 i に対する単位固有ベクトルとして

$$
\begin{aligned}
&{}^t[-(4\pm 3i)/3\sqrt{10}\ \ (-2\pm 6i)/3\sqrt{10}\ \ 1/3\sqrt{10}]\\
&\quad = {}^t[-4/3\sqrt{10}\ \ -2/3\sqrt{10}\ \ 1/3\sqrt{10}] \pm i\,{}^t[-1/\sqrt{10}\ \ 2/\sqrt{10}\ \ 0] = \boldsymbol{s} \pm i\boldsymbol{t}
\end{aligned}
$$

$$
\boldsymbol{p}_2 = \sqrt{2}\boldsymbol{s} = {}^t[-4/3\sqrt{5}\ \ -2/3\sqrt{5}\ \ 5/3\sqrt{5}], \quad \boldsymbol{p}_3 = \sqrt{2}\boldsymbol{t} = {}^t[-1/\sqrt{5}\ \ 2/\sqrt{5}\ \ 0]
$$

として $P = [\boldsymbol{p}_1\ \boldsymbol{p}_2\ \boldsymbol{p}_3]$ とおくと

$$
{}^tPAP = \begin{bmatrix} 1 & 0 & 0 \\ 0 & 0 & 1 \\ 0 & -1 & 0 \end{bmatrix} = \begin{bmatrix} 1 & 0 & 0 \\ 0 & \cos(-\pi/2) & -\sin(-\pi/2) \\ 0 & \sin(-\pi/2) & \cos(-\pi/2) \end{bmatrix}
$$

（d） 固有値は $1, (1\pm\sqrt{3}i)/2$. 固有値 1 に対する単位固有ベクトルとして $\boldsymbol{p}_1 = {}^t[1/\sqrt{3}\ \ 1/\sqrt{3}\ \ 1/\sqrt{3}]$. $(1\pm\sqrt{3}i)/2$ に対する固有ベクトルとして

$$
\begin{aligned}
&{}^t[(-1\pm\sqrt{3}i)/2\sqrt{3}\ \ -(1\pm\sqrt{3}i)/2\sqrt{3}\ \ 1/\sqrt{3}]\\
&\quad = {}^t[-1/2\sqrt{3}\ \ -1/2\sqrt{3}\ \ 1/\sqrt{3}] \pm i\,{}^t[1/2\ \ -1/2\ \ 0] = \boldsymbol{s} \pm i\boldsymbol{t}
\end{aligned}
$$

とする．そこで，

$$
\boldsymbol{p}_2 = \sqrt{2}\boldsymbol{s} = {}^t[-1/\sqrt{6}\ \ -1/\sqrt{6}\ \ 2/\sqrt{6}], \quad \boldsymbol{p}_3 = \sqrt{2}\boldsymbol{t} = {}^t[1/\sqrt{2}\ \ -1/\sqrt{2}\ \ 0]
$$

とし，$P = [\boldsymbol{p}_1\ \boldsymbol{p}_2\ \boldsymbol{p}_3]$ とおくと

$$
{}^tPAP = \begin{bmatrix} 1 & 0 & 0 \\ 0 & 1/2 & \sqrt{3}/2 \\ 0 & -\sqrt{3}/2 & 1/2 \end{bmatrix} = \begin{bmatrix} 1 & 0 & 0 \\ 0 & \cos(-\pi/3) & -\sin(-\pi/3) \\ 0 & \sin(-\pi/3) & \cos(-\pi/3) \end{bmatrix}
$$

問題 3.1 $AB = BA = \begin{bmatrix} -1 & 0 & -4 \\ 0 & -6 & 0 \\ -4 & 0 & -1 \end{bmatrix}$ である．A の固有値は $-1, 2, 3$ でこれらに対する単位固有ベクトルは

$$
\boldsymbol{p}_1 = {}^t[1/\sqrt{2}\ \ 0\ \ 1/\sqrt{2}], \quad \boldsymbol{p}_2 = {}^t[0\ \ 1\ \ 0], \quad \boldsymbol{p}_3 = {}^t[-1/\sqrt{2}\ \ 0\ \ 1/\sqrt{2}]
$$

$P = [\boldsymbol{p}_1\ \boldsymbol{p}_2\ \boldsymbol{p}_3]$ とおくと

$$
{}^tPAP = \begin{bmatrix} -1 & 0 & 0 \\ 0 & 2 & 0 \\ 0 & 0 & 3 \end{bmatrix} \quad \text{でこのとき} \quad {}^tPBP = \begin{bmatrix} 5 & 0 & 0 \\ 0 & -3 & 0 \\ 0 & 0 & 1 \end{bmatrix}
$$

問題 4.1 （a） $\begin{bmatrix} x_1 & x_2 \end{bmatrix} \begin{bmatrix} 2 & 2 \\ 2 & 3 \end{bmatrix} \begin{bmatrix} x_1 \\ x_2 \end{bmatrix}$ （b） $\begin{bmatrix} x_1 & x_2 & x_3 \end{bmatrix} \begin{bmatrix} 1 & 1/2 & 1 \\ 1/2 & -3 & -1/2 \\ 1 & -1/2 & 0 \end{bmatrix} \begin{bmatrix} x_1 \\ x_2 \\ x_3 \end{bmatrix}$

（c） $\begin{bmatrix} x_1 & x_2 & x_3 \end{bmatrix} \begin{bmatrix} 0 & 0 & 1/2 \\ 0 & 0 & 1/2 \\ 1/2 & 1/2 & 0 \end{bmatrix} \begin{bmatrix} x_1 \\ x_2 \\ x_3 \end{bmatrix}$

問題 4.2 $2x_1^2+x_2^2+5x_3^2+6x_1x_2+8x_2x_3-2x_1x_3$

問題 5.1 (a) 対応する行列 $A=\begin{bmatrix}3&2&2\\2&2&0\\2&0&4\end{bmatrix}$ の固有値は $0,3,6$. これらに対する単位固有ベクトルはそれぞれ

$$\boldsymbol{p}_1={}^t[-2/3\ \ 2/3\ \ 1/3],\quad \boldsymbol{p}_2={}^t[-1/3\ \ -2/3\ \ 2/3],\quad \boldsymbol{p}_3={}^t[2/3\ \ 1/3\ \ 2/3]$$

だから $P=[\boldsymbol{p}_1\ \boldsymbol{p}_2\ \boldsymbol{p}_3]$ とおくと

$${}^tPAP=\begin{bmatrix}0&0&0\\0&3&0\\0&0&6\end{bmatrix}$$

したがって，変数変換 $\boldsymbol{x}=P\boldsymbol{y}$, $\boldsymbol{y}={}^t[y_1\ \ y_2\ \ y_3]$ によって標準形は $f=3y_2^2+6y_3^2$.

(b) $A=\begin{bmatrix}4&-1&1\\-1&4&-1\\1&-1&4\end{bmatrix}$ の固有値は 3(重根), 6. 固有値 3 に対する正規直交化された固有ベクトルとして

$$\boldsymbol{p}_1={}^t[-1/\sqrt{2}\ \ 0\ \ 1/\sqrt{2}],\quad \boldsymbol{p}_2={}^t[1/\sqrt{6}\ \ 2/\sqrt{6}\ \ 1/\sqrt{6}]$$

固有値 6 に対する単位固有ベクトルは

$$\boldsymbol{p}_3={}^t[1/\sqrt{3}\ \ -1/\sqrt{3}\ \ 1/\sqrt{3}]$$

よって $P=[\boldsymbol{p}_1\ \boldsymbol{p}_2\ \boldsymbol{p}_3]$ とおくと

$${}^tPAP=\begin{bmatrix}3&0&0\\0&3&0\\0&0&6\end{bmatrix}$$

したがって，変数変換 $\boldsymbol{x}=P\boldsymbol{y}$, $\boldsymbol{y}={}^t[y_1\ \ y_2\ \ y_3]$ によって標準形は $f=3y_1^2+3y_2^2+6y_3^2$.

(c) $A=\begin{bmatrix}7&-2&1\\-2&10&-2\\1&-2&7\end{bmatrix}$ の固有値は 6(重根), 12. 固有値 6 に対する固有ベクトルを正規直交化して

$$\boldsymbol{p}_1={}^t[-1/\sqrt{2}\ \ 0\ \ 1/\sqrt{2}],\quad \boldsymbol{p}_2={}^t[1/\sqrt{3}\ \ 1/\sqrt{3}\ \ 1/\sqrt{3}]$$

12 に対する単位固有ベクトルは

$$\boldsymbol{p}_3={}^t[1/\sqrt{6}\ \ -2/\sqrt{6}\ \ 1/\sqrt{6}]$$

よって，$P = [\boldsymbol{p}_1\ \boldsymbol{p}_2\ \boldsymbol{p}_3]$ とおくと

$$ {}^tPAP = \begin{bmatrix} 6 & 0 & 0 \\ 0 & 6 & 0 \\ 0 & 0 & 12 \end{bmatrix} $$

したがって，$\boldsymbol{x} = P\boldsymbol{y}$，$\boldsymbol{y} = {}^t[y_1\ \ y_2\ \ y_3]$ によって $f = 6y_1^2 + 6y_2^2 + 12y_3^2$.

問題 5.2　(a)　$A = \begin{bmatrix} a & -1 & 1 \\ -1 & a & -1 \\ 1 & -1 & a \end{bmatrix}$ の固有多項式は $|A-tE| = -(t-a+1)^2(t-a-2)$ だから固有値は $a-1, a+2$. よって，正値である必要十分条件は $a > 1$.

(b)　$A = \begin{bmatrix} 1 & a & a \\ a & 1 & a \\ a & a & 1 \end{bmatrix}$ の固有多項式は $|A - tE| = -(t-1+a)^2(t-1-2a)$. 固有値は $-a+1, 2a+1$. よって，正値である範囲は $-1/2 < a < 1$.

問題 5.3　内積の定義のうち (1), (2), (3) が成立することはすぐわかる．A の固有値がすべて正だから 2 次形式 ${}^t\boldsymbol{x}A\boldsymbol{x}$ は正値である．$\boldsymbol{a}(\in \boldsymbol{R}^n)$ に対し $\boldsymbol{a} \neq \boldsymbol{0}$ ならば $\boldsymbol{a}\cdot\boldsymbol{a} = {}^t\boldsymbol{a}A\boldsymbol{a} > 0$. よって (4) が成り立つ．

問題 6.1　${}^tAA = \begin{bmatrix} 1 & 2 \\ 2 & 8 \end{bmatrix}$ の固有値は $(9 \pm \sqrt{65})/2$. よって最小値は $(9 - \sqrt{65})/2$.

問題 6.2　$A = \begin{bmatrix} 2 & 2 & 2 \\ 2 & 3 & 0 \\ 2 & 0 & 1 \end{bmatrix}$ の固有値は $-1, 2, 5$. よって，${}^t[x\ y\ z] = {}^t[-2/3\ \ 1/3\ \ 2/3]$ のとき最小値 -1. ${}^t[x\ y\ z] = {}^t[2/3\ \ 2/3\ \ 1/3]$ のとき最大値 5.

問題 7.1　(a)　$Q = \begin{bmatrix} 3 & 2 \\ 2 & 6 \end{bmatrix}$, $\boldsymbol{b} = \begin{bmatrix} -3 \\ -1 \end{bmatrix}$,

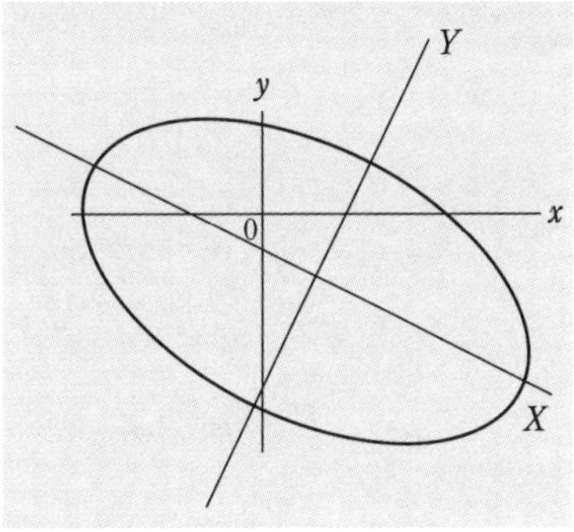

$\boldsymbol{x} = \begin{bmatrix} x \\ y \end{bmatrix}$ とおく．Q の固有値は $2, 7$ でそれらに対する単位固有ベクトルはそれぞれ

$$ \boldsymbol{p}_1 = {}^t[2/\sqrt{5}\quad -1/\sqrt{5}], \quad \boldsymbol{p}_2 = {}^t[1/\sqrt{5}\quad 2/\sqrt{5}] $$

だから座標変換 ($-\tan^{-1}(1/2)$ の回転)

$$ P = [\boldsymbol{p}_1\ \boldsymbol{p}_2], \quad \boldsymbol{x} = P\boldsymbol{y}, \quad \boldsymbol{y} = {}^t[x'\ y'] $$

を行なうと

$$ 2(x')^2 - 2\sqrt{5}x' + 7(y')^2 - 2\sqrt{5}y' + 2 = 0 $$

を得る．さらに座標の平行移動

$$\begin{bmatrix} x' \\ y' \end{bmatrix} = \begin{bmatrix} X \\ Y \end{bmatrix} + \begin{bmatrix} \sqrt{5}/2 \\ \sqrt{5}/7 \end{bmatrix}$$

によって標準形 $2X^2 + 7Y^2 = 17/14$ を得る．これは楕円である．

注意 座標変換の式は $\begin{bmatrix} x \\ y \end{bmatrix} = \begin{bmatrix} 2/\sqrt{5} & 1/\sqrt{5} \\ -1/\sqrt{5} & 2/\sqrt{5} \end{bmatrix} \begin{bmatrix} X \\ Y \end{bmatrix} + \begin{bmatrix} 8/7 \\ -3/14 \end{bmatrix}$ である．

(b) $Q = \begin{bmatrix} 4 & 6 \\ 6 & 4 \end{bmatrix}$, $\boldsymbol{b} = \begin{bmatrix} -6 \\ -4 \end{bmatrix}$. Q の固有値は $-2, 10$ で単位固有ベクトルはそれぞれ

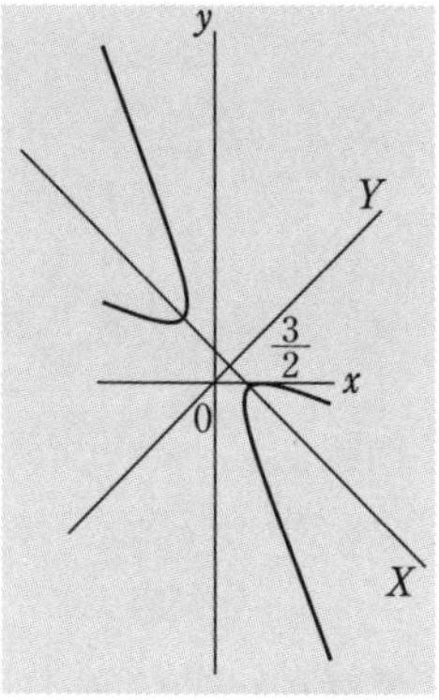

$$\boldsymbol{p}_1 = {}^t[1/\sqrt{2} \ \ -1/\sqrt{2}], \quad \boldsymbol{p}_2 = {}^t[1/\sqrt{2} \ \ 1/\sqrt{2}]$$

だから座標変換 $(-\pi/4$ の回転)

$$P = [\boldsymbol{p}_1 \ \boldsymbol{p}_2], \quad \boldsymbol{x} = P\boldsymbol{y}, \quad \boldsymbol{y} = {}^t[x' \ y']$$

を行なうと

$$-2(x')^2 - 2\sqrt{2}x' + 10(y')^2 - 10\sqrt{2}y' + 9 = 0$$

を得る．さらに座標の平行移動

$$\begin{bmatrix} x' \\ y' \end{bmatrix} = \begin{bmatrix} X \\ Y \end{bmatrix} + \begin{bmatrix} -1/\sqrt{2} \\ 1/\sqrt{2} \end{bmatrix}$$

によって標準形 $2X^2 - 10Y^2 = 5$ を得る．これは双曲線である．

注意 座標変換の式は $\begin{bmatrix} x \\ y \end{bmatrix} = \begin{bmatrix} 1/\sqrt{2} & 1/\sqrt{2} \\ -1/\sqrt{2} & 1/\sqrt{2} \end{bmatrix} \begin{bmatrix} X \\ Y \end{bmatrix} + \begin{bmatrix} 0 \\ 1 \end{bmatrix}$ である．

(c) $Q = \begin{bmatrix} 4 & -3 \\ -3 & -4 \end{bmatrix}$, $\boldsymbol{b} = \begin{bmatrix} 1 \\ 3 \end{bmatrix}$. Q の固有値は $-5, 5$ で単位固有ベクトルはそれぞれ

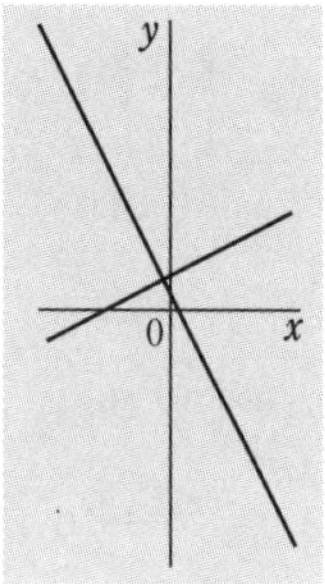

$$\boldsymbol{p}_1 = {}^t[1/\sqrt{10} \ \ 3/\sqrt{10}], \quad \boldsymbol{p}_2 = {}^t[-3/\sqrt{10} \ \ 1/\sqrt{10}]$$

よって，座標変換 $(\tan^{-1} 3$ の回転)

$$P = [\boldsymbol{p}_1 \ \boldsymbol{p}_2], \quad \boldsymbol{x} = P\boldsymbol{y}, \quad \boldsymbol{y} = {}^t[x' \ y']$$

を行なうと

$$-5(x')^2 + (25/\sqrt{10})x' + 5(y')^2 - (15/\sqrt{10})y' - 2 = 0$$

を得る．これは $(x' + y' - 4/\sqrt{10})(x' - y' - 1/\sqrt{10}) = 0$ となるから交わる 2 直線を表す．

注意 もとの方程式は $(x - 2y + 2)(4x + 2y - 1) = 0$ である．

7

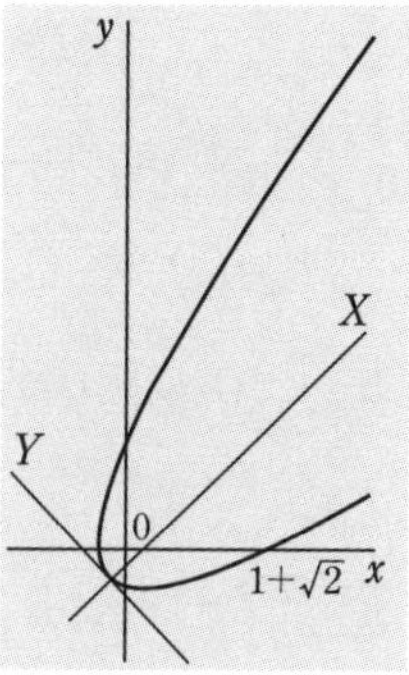

問題 8.1 (a) $Q=\begin{bmatrix}1&-1\\-1&1\end{bmatrix}$, $2\boldsymbol{b}=\begin{bmatrix}-2\\-1\end{bmatrix}$. Q の固有値は $0,2$ でこれらに対する単位固有ベクトルはそれぞれ

$$\boldsymbol{p}_1={}^t[1/\sqrt{2}\ \ 1/\sqrt{2}],\quad \boldsymbol{p}_2={}^t[-1/\sqrt{2}\ \ 1/\sqrt{2}]$$

だから座標変換 ($\pi/4$ の回転)

$$P=[\boldsymbol{p}_1\ \boldsymbol{p}_2],\quad \boldsymbol{x}=P\boldsymbol{y},\quad \boldsymbol{y}={}^t[x'\ y']$$

を行なうと

$$2(y')^2+(1/\sqrt{2})y'-(3/\sqrt{2})x'-1=0$$

を得る．さらに座標の平行移動

$$\begin{bmatrix}x'\\y'\end{bmatrix}=\begin{bmatrix}X\\Y\end{bmatrix}+\begin{bmatrix}-17/24\sqrt{2}\\-1/4\sqrt{2}\end{bmatrix}$$

によって標準形 $Y^2=(3/2\sqrt{2})X$ を得る．これは放物線である．

注意 座標変換の式は $\begin{bmatrix}x\\y\end{bmatrix}=\begin{bmatrix}1/\sqrt{2}&-1/\sqrt{2}\\1/\sqrt{2}&1/\sqrt{2}\end{bmatrix}\begin{bmatrix}X\\Y\end{bmatrix}+\begin{bmatrix}-11/48\\-23/48\end{bmatrix}$ である．

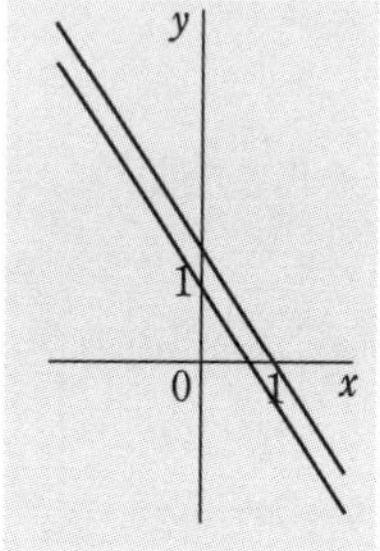

(b) $Q=\begin{bmatrix}9&6\\6&4\end{bmatrix}$, $2\boldsymbol{b}=\begin{bmatrix}-15\\-10\end{bmatrix}$. Q の固有値は $0,13$ でそれぞれの単位固有ベクトルは

$$\boldsymbol{p}_1={}^t[2/\sqrt{13}\ \ -3/\sqrt{13}],\quad \boldsymbol{p}_2={}^t[3/\sqrt{13}\ \ 2/\sqrt{13}]$$

だから座標変換 ($\tan^{-1}(3/2)$ の回転)

$$P=[\boldsymbol{p}_1\ \boldsymbol{p}_2],\quad \boldsymbol{x}=P\boldsymbol{y},\quad \boldsymbol{y}={}^t[x'\ y']$$

を行なうと

$$13(y')^2-5\sqrt{13}y'+6=0$$

を得る．これは $(y'-2/\sqrt{13})(y'-3/\sqrt{13})=0$ となるから平行 2 直線を表す．

注意 もとの方程式は $(3x+2y-2)(3x+2y-3)=0$ である．

（c） $Q = \begin{bmatrix} 1 & 2 \\ 2 & 4 \end{bmatrix}$, $\boldsymbol{b} = \begin{bmatrix} -1 \\ -2 \end{bmatrix}$. Q の固有値は $0, 5$ で単位固有ベクトルはそれぞれ

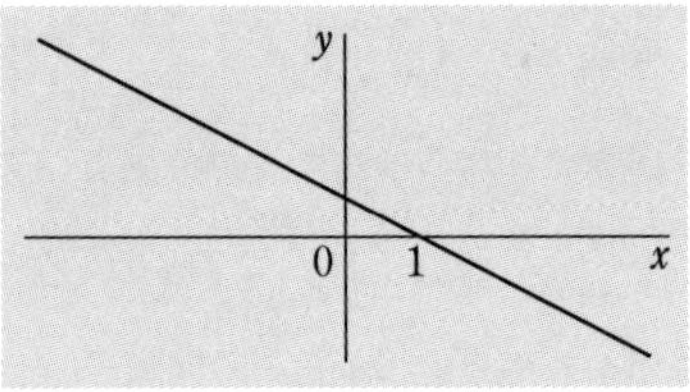

$$\boldsymbol{p}_1 = {}^t[2/\sqrt{5} \ \ -1/\sqrt{5}], \quad \boldsymbol{p}_2 = {}^t[1/\sqrt{5} \ \ 2/\sqrt{5}]$$

よって座標変換 ($\tan^{-1}(1/2)$ の回転)

$$P = [\boldsymbol{p}_1 \ \boldsymbol{p}_2], \quad \boldsymbol{x} = P\boldsymbol{y}, \quad \boldsymbol{y} = {}^t[x' \ y']$$

を行なうと

$$5(y')^2 - 2\sqrt{5}y' + 1 = 0$$

を得る．これは $(y' - 1/\sqrt{5})^2 = 0$ となるから 1 直線を表す．

注意 もとの方程式は $(x + 2y - 1)^2 = 0$ である．

（d） （c）と同様にして $(y' + 1/\sqrt{5})^2 = -1/5$ を得る．これは虚の平行 2 直線を表す．

問題 9.1 （a） 2 次曲線を表す方程式に $x = x' + x_0$, $y = y' + y_0$ を代入して整頓すると

$$\begin{gathered} a(x')^2 + 2hx'y' + b(y')^2 + 2((ax_0 + hy_0 + g)x' + (hx_0 + by_0 + f)y') \\ +(ax_0 + hy_0 + g)x_0 + (hx_0 + by_0 + f)y_0 + gx_0 + fy_0 + c = 0 \end{gathered}$$

となるがここで

$$ax_0 + hy_0 + g = 0, \quad hx_0 + by_0 + f = 0$$

を用いれば

$$a(x')^2 + 2hx'y' + b(y')^2 = \kappa, \quad \kappa = -(gx_0 + fy_0 + c)$$

を得る．

7

（b） $Q = \begin{bmatrix} a & h \\ h & b \end{bmatrix}$ の固有値 α, β に対する単位固有ベクトルをそれぞれ $\boldsymbol{p}_1, \boldsymbol{p}_2$ とし $P = [\boldsymbol{p}_1 \ \boldsymbol{p}_2]$ とおくと P は直交行列であり，座標変換 $\begin{bmatrix} x' \\ y' \end{bmatrix} = P \begin{bmatrix} X \\ Y \end{bmatrix}$ を行なえば $\alpha X^2 + \beta Y^2 = \kappa$ となる．

注意 $\boldsymbol{p}_1, \boldsymbol{p}_2$ を適当に選べば P を回転行列（$|P| = 1$）とすることができる．

問題 10.1 （a） 例題 10 と同様にして $X^2 + 2Y^2 + 4Z^2 = 4 - d$ を得る．よって，$d > 4$ ならば虚の楕円面，$d = 4$ ならば一点，$d < 4$ ならば楕円面を表す．

（b） $Q = \begin{bmatrix} 0 & 1 & 1 \\ 1 & 0 & 1 \\ 1 & 1 & 0 \end{bmatrix}$ の固有値は -1(重根), 2 で -1 に対する固有ベクトル ${}^t[-1 \ \ 0 \ \ 1]$, ${}^t[-1 \ \ 1 \ \ 0]$ を正規直交化して

$$\boldsymbol{p}_1 = {}^t[-1/\sqrt{2} \ \ 0 \ \ 1/\sqrt{2}], \quad \boldsymbol{p}_2 = {}^t[1/\sqrt{6} \ \ -2/\sqrt{6} \ \ 1/\sqrt{6}]$$

2 に対する単位固有ベクトルは

$$\boldsymbol{p}_3 = {}^t[1/\sqrt{3}\ \ 1/\sqrt{3}\ \ 1/\sqrt{3}]$$

よって $P = [\boldsymbol{p}_1\ \boldsymbol{p}_2\ \boldsymbol{p}_3]$ とおき座標変換

$$\boldsymbol{x} = P\boldsymbol{x}', \quad \boldsymbol{x}' = {}^t[x'\ y'\ z']$$

を行なうと

$$(x')^2 + (y')^2 - 2(z')^2 = d$$

を得る．よって, $d > 0$ ならば一葉双曲面, $d = 0$ ならば錐面, $d < 0$ ならば二葉双曲面を表す.

問題 11.1 （a） 例題 11 と同様にして $3(x' + 1/\sqrt{3})^2 = 1 - d$ を得る．よって，$d > 1$ ならば虚の平行二平面，$d = 1$ ならば一平面，$d < 1$ ならば平行二平面を表す.

（b） $Q = \begin{bmatrix} 1 & 0 & 0 \\ 0 & 3 & -3 \\ 0 & -3 & 3 \end{bmatrix}$ の固有値は $1, 6, 0$ でそれぞれに対する単位固有ベクトルは

$$\boldsymbol{p}_1 = {}^t[1\ \ 0\ \ 0], \quad \boldsymbol{p}_2 = {}^t[0\ \ 1/\sqrt{2}\ \ -1/\sqrt{2}], \quad \boldsymbol{p}_3 = {}^t[0\ \ 1/\sqrt{2}\ \ 1/\sqrt{2}]$$

だから $P = [\boldsymbol{p}_1\ \boldsymbol{p}_2\ \boldsymbol{p}_3]$ とおき座標変換

$$\boldsymbol{x} = P\boldsymbol{x}', \quad \boldsymbol{x}' = {}^t[x'\ y'\ z']$$

を行なうと

$$(x')^2 + 2x' + 6(y')^2 + 6\sqrt{2}y' + d = 0$$

を得る．さらに座標の平行移動

$${}^t[x'\ y'\ z'] = {}^t[X\ Y\ Z] + {}^t[-1\ \ -1/\sqrt{2}\ \ 0]$$

によって

$$X^2 + 6Y^2 = 4 - d$$

となる．したがって $d > 4$ ならば虚の楕円柱，$d = 4$ ならば一直線，$d < 4$ ならば楕円柱を表す.

7

（c） （b)と同じ P によって $(x')^2 + 2x' + 6(y')^2 - 6\sqrt{2}z' + 1 = 0$ となる．さらに座標の平行移動

$${}^t[x'\ y'\ z'] = {}^t[X\ Y\ Z] + {}^t[-1\ \ 0\ \ 0]$$

によって

$$X^2 + 6Y^2 = 6\sqrt{2}Z$$

を得る．これは楕円放物面を表す.

（d） $Q = \begin{bmatrix} 1 & 1 & -2 \\ 1 & 1 & -2 \\ -2 & 2 & 0 \end{bmatrix}$ の固有値は $-2, 4, 0$．これらに対する単位固有ベクトルはそれぞれ

$$\boldsymbol{p}_1 = {}^t[1/\sqrt{6}\ 1/\sqrt{6}\ \ 2/\sqrt{6}], \quad \boldsymbol{p}_2 = {}^t[1/\sqrt{3}\ 1/\sqrt{3}\ \ -1/\sqrt{3}], \quad \boldsymbol{p}_3 = {}^t[1/\sqrt{2}\ \ -1/\sqrt{2}\ \ 0]$$

だから $P=[\boldsymbol{p}_1\ \boldsymbol{p}_2\ \boldsymbol{p}_3]$ とおき座標変換

$$\boldsymbol{x}=P\boldsymbol{x}', \quad \boldsymbol{x}'={}^t[x'\ y'\ z']$$

を行なうと

$$-2(x')^2+4(y')^2+(2\sqrt{6}/3)x'+(16\sqrt{3}/3)y'+d=0$$

を得る．さらに座標の平行移動

$${}^t[x'\ y'\ z']={}^t[X\ Y\ Z]+{}^t[1/\sqrt{6}\quad -2/\sqrt{3}\ \ 0]$$

によって

$$-2X^2+4Y^2=5-d$$

となる．したがって $d=5$ ならば交わる二平面，$d\neq 5$ ならば双曲線柱を表す．

(e) (d)と同じ P によって

$$-2(x')^2+4(y')^2+4\sqrt{3}y'+2\sqrt{2}z'+4=0$$

を得るが，さらに座標の平行移動

$${}^t[x'\ y'\ z']={}^t[X\ Y\ Z]+{}^t[0\quad -\sqrt{3}/2\quad -\sqrt{2}/4]$$

によって $2X^2-4Y^2=2\sqrt{2}Z$ となるがこれは双曲放物面を表す．

7

索　引

あ 行

か 行

さ 行

た 行

な 行

は 行

ま 行

や 行

ら 行

わ 行

欧 字

著者略歴

寺田文行（てらだ ふみゆき）

1948年　東北帝国大学理学部数学科卒業
現　在　早稲田大学名誉教授
　　　　理学博士

木村宣昭（きむら のりあき）

1967年　早稲田大学理工学部数学科卒業
現　在　前日本大学教授
　　　　理学博士

新・演習数学ライブラリ＝1
演習と応用 線形代数

2000年7月10日 ©　初版発行
2016年2月25日　初版第15刷発行

著者　寺田文行　　発行者　森平敏孝
　　　木村宣昭　　印刷者　山岡景仁
　　　　　　　　　製本者　関川安博

発行所　株式会社 サイエンス社
〒151–0051　東京都渋谷区千駄ヶ谷1丁目3番25号
営業 ☎ (03) 5474–8500（代）　振替 00170–7–2387
編集 ☎ (03) 5474–8600（代）
FAX ☎ (03) 5474–8900

印刷　三美印刷　　製本　関川製本所

《検印省略》

ISBN4-7819-0955-8

PRINTED IN JAPAN

サイエンス社のホームページのご案内
http://www.saiensu.co.jp
ご意見・ご要望は
rikei@saiensu.co.jp まで．

公　　式

● 空間における直線の方程式 ●

○ 1点 (x_1, y_1, z_1) を通り，方向ベクトル $\boldsymbol{l} = (l, m, n)$ の直線

ベクトル表示　$\boldsymbol{x} = \boldsymbol{x}_1 + t\boldsymbol{l}$, $\boldsymbol{x} = (x, y, z)$, $\boldsymbol{x}_1 = (x_1, y_1, z_1)$

媒介変数表示　$\begin{cases} x = x_1 + tl \\ y = y_1 + tm \\ z = z_1 + tn \end{cases}$　標準形　$\dfrac{x - x_1}{l} = \dfrac{y - y_1}{m} = \dfrac{z - z_1}{n}$

(分母 $= 0$ なら 分子 $= 0$)

● 空間における平面の方程式 ●

○ 1点 (x_1, y_1, z_1) を通り，法線ベクトル $\boldsymbol{n} = (a, b, c)$ の平面

内積表示　$\boldsymbol{n} \cdot (\boldsymbol{x} - \boldsymbol{x}_1) = 0$

成分表示　$ax + by + cz + d = 0, \quad d = -ax_1 - by_1 - cz_1$

○ 1点 (x_1, y_1, z_1) を通り，2つの1次独立なベクトル $\boldsymbol{l}_1 = (l_1, m_1, n_1)$, $\boldsymbol{l}_2 = (l_2, m_2, n_2)$ で張られる平面

ベクトル表示　$\boldsymbol{x} = \boldsymbol{x}_1 + t\boldsymbol{l}_1 + s\boldsymbol{l}_2$

媒介変数表示　$\begin{cases} x = x_1 + tl_1 + sl_2 \\ y = y_1 + tm_1 + sm_2 \\ z = z_1 + tn_1 + sn_2 \end{cases}$

行列式表示　$\begin{vmatrix} x - x_1 & y - y_1 & z - z_1 \\ l_1 & m_1 & n_1 \\ l_2 & m_2 & n_2 \end{vmatrix} = 0$

● 平面の線形変換と表現行列 A ●

恒等変換　任意の点を同じ点に写像　$A = E$

零変換　任意の点をすべて原点に写像　$A = O$

回転　原点のまわりの θ だけの回転　$A = \begin{bmatrix} \cos\theta & -\sin\theta \\ \sin\theta & \cos\theta \end{bmatrix}$

折り返し　$y = mx$ に関する対称移動　$A = \begin{bmatrix} \cos\theta & \sin\theta \\ \sin\theta & -\cos\theta \end{bmatrix}$

$\left(m = \tan\dfrac{\theta}{2}\right)$　$= \dfrac{1}{m^2 + 1} \begin{bmatrix} -m^2 + 1 & 2m \\ 2m & m^2 - 1 \end{bmatrix}$

正射影　$y = mx$ 上への正射影　$A = \dfrac{1}{m^2 + 1} \begin{bmatrix} 1 & m \\ m & m^2 \end{bmatrix}$

相似変換　原点を相似の中心とする相似比 k の拡大 (縮小)　$A = \begin{bmatrix} k & 0 \\ 0 & k \end{bmatrix}$